全国科学技术名词审定委员会

科学技术名词·自然科学卷（全藏版）

7

海峡两岸动物学名词

海峡两岸动物学名词工作委员会

国家自然科学基金资助项目

科 学 出 版 社

北 京

内 容 简 介

　　本书是由海峡两岸动物学界专家会审的海峡两岸动物学名词对照本，是在全国科学技术名词审定委员会公布的动物学名词的基础上增补修订而成。内容包括普通动物学、动物分类学、动物生态学、动物胚胎学、动物组织学、无脊椎动物学和脊椎动物学等，共收词约 7800 条。本书供海峡两岸动物学界和相关领域的人士使用。

图书在版编目（CIP）数据

科学技术名词. 自然科学卷：全藏版 / 全国科学技术名词审定委员会审定.
—北京：科学出版社，2017.1
　ISBN 978-7-03-051399-1

　Ⅰ. ①科… Ⅱ. ①全… Ⅲ. ①科学技术–名词术语 ②自然科学–名词术语
Ⅳ. ①N61

　中国版本图书馆 CIP 数据核字（2016）第 314947 号

责任编辑：高素婷 / 责任校对：陈玉凤
责任印制：张　伟 / 封面设计：铭轩堂

科 学 出 版 社 出版
北京东黄城根北街 16 号
邮政编码：100717
http://www.sciencep.com
北京厚诚则铭印刷科技有限公司印刷
科学出版社发行　各地新华书店经销
*
2017 年 1 月第　一　版　　开本：787×1092 1/16
2017 年 1 月第一次印刷　　印张：27
字数：618 000
定价：5980.00 元（全 30 册）

（如有印装质量问题，我社负责调换）

海峡两岸动物学名词工作委员会委员名单

召集人：宋大祥

委　　员（按姓氏笔画为序）：

史新柏　　冯祚建　　朱作言　　朱蔚彤　　刘瑞玉

刘锡兴　　杨　进　　宋延龄　　张天荫　　张知彬

陈清潮　　周开亚　　周庆强　　郑光美　　程　红

秘　　书：张永文　　高素婷

召集人：周延鑫

委　　员（按姓氏筆畫爲序）：

吕光洋　　巫文隆　　李培芬　　余玉林　　沈世傑

邵廣昭　　卓逸民　　周文豪　　施習德　　趙大衛

盧重成　　謝豐國　　顧世紅

序

科学技术名词作为科技交流和知识传播的载体,在科技发展和社会进步中起着重要作用。规范和统一科技名词,对于一个国家的科技发展和文化传承是一项重要的基础性工作和长期性任务,是实现科技现代化的一项支撑性系统工程。没有这样一个系统的规范化的基础条件,不仅现代科技的协调发展将遇到困难,而且,在科技广泛渗入人们生活各个方面、各个环节的今天,还将会给教育、传播、交流等方面带来困难。

科技名词浩如烟海,门类繁多,规范和统一科技名词是一项十分繁复和困难的工作,而海峡两岸的科技名词要想取得一致更需两岸同仁作出坚韧不拔的努力。由于历史的原因,海峡两岸分隔逾50年。这期间正是现代科技大发展时期,两岸对于科技新名词各自按照自己的理解和方式定名,因此,科技名词,尤其是新兴学科的名词,海峡两岸存在着比较严重的不一致。同文同种,却一国两词,一物多名。这里称"软件",那里叫"软体";这里称"导弹",那里叫"飞弹";这里写"空间",那里写"太空";如果这些还可以沟通的话,这里称"等离子体",那里称"电浆";这里称"信息",那里称"资讯",相互间就不知所云而难以交流了。"一国两词"较之"一国两字"造成的后果更为严峻。"一国两字"无非是两岸有用简体字的,有用繁体字的,但读音是一样的,看不懂,还可以听懂。而"一国两词"、"一物多名"就使对方既看不明白,也听不懂了。台湾清华大学的一位教授前几年曾给时任中国科学院院长周光召院士写过一封信,信中说:"1993年底两岸电子显微学专家在台北举办两岸电子显微学研讨会,会上两岸专家是以台湾国语、大陆普通话和英语三种语言进行的。"这说明两岸在汉语科技名词上存在着差异和障碍,不得不借助英语来判断对方所说的概念。这种状况已经影响两岸科技、经贸、文教方面的交流和发展。

海峡两岸各界对两岸名词不一致所造成的语言障碍有着深刻的认识和感受。具有历史意义的"汪辜会谈"把探讨海峡两岸科技名词的统一列入了共同协议之中,此举顺应两岸民意,尤其反映了科技界的愿望。两岸科技名词要取得统一,首先是需要了解对方。而了解对方的一种好的方式就是编订名词对照本,在编订过程中以及编订后,经过多次的研讨,逐步取得一致。

全国科学技术名词审定委员会(简称全国科技名词委)根据自己的宗旨和任务,始终把海峡两岸科技名词的对照统一工作作为责无旁贷的历史性任务。近些年一直本着积极推进,增进了解;择优选用,统一为上;求同存异,逐步一致的精神来开展这项工作。先后接待和安排了许多台湾同仁来访,也组织了多批专家赴台参加有关学科的名词对照研讨会。工作中,按照先急后缓、先易后难的精神来安排。对于那些与"三通"

有关的学科,以及名词混乱现象严重的学科和条件成熟、容易开展的学科先行开展名词对照。

在两岸科技名词对照统一工作中,全国科技名词委采取了"老词老办法,新词新办法",即对于两岸已各自公布、约定俗成的科技名词以对照为主,逐步取得统一,编订两岸名词对照本即属此例。而对于新产生的名词,则争取及早在协商的基础上共同定名,避免以后再行对照。例如101~109号元素,从9个元素的定名到9个汉字的创造,都是在两岸专家的及时沟通、协商的基础上达成共识和一致,两岸同时分别公布的。这是两岸科技名词统一工作的一个很好的范例。

海峡两岸科技名词对照统一是一项长期的工作,只要我们坚持不懈地开展下去,两岸的科技名词必将能够逐步取得一致。这项工作对两岸的科技、经贸、文教的交流与发展,对中华民族的团结和兴旺,对祖国的和平统一与繁荣富强有着不可替代的价值和意义。这里,我代表全国科技名词委,向所有参与这项工作的专家们致以崇高的敬意和衷心的感谢!

值此两岸科技名词对照本问世之际,写了以上这些,权当作序。

2002 年 3 月 6 日

前　言

随着海峡两岸动物学界的学术交流不断加强,由于名词的差异所带来的不便也日益突显。有鉴于此,海峡两岸的动物学工作者一致认为应该尽快共同编著出版《海峡两岸动物学名词》(对照本)。全国科学技术名词审定委员会、中国动物学会和台湾"李国鼎科技发展基金会"、台湾"科学出版事业基金会"有关负责人和专家经协商,确定在 2003 年启动此项工作,并为便于开展工作,成立了"海峡两岸动物学名词工作委员会"。委员会以河北大学生命科学学院宋大祥院士和台湾"科学出版事业基金会"董事长周延鑫教授分别为大陆和台湾方面的召集人。

根据筹备会议决议,台湾专家以全国科学技术名词审定委员会公布的《动物学名词》(1996)为蓝本,并参考有关资料整理出了海峡两岸动物学名词对照初稿。2003 年 9 月 23~30 日在北京和南京召开了海峡两岸动物学名词对照的第一次研讨会,共有大陆的 21 位专家和台湾的 8 位专家参加。会上先就对照本的收词、增词和词条审定的原则进行了讨论。然后,与会专家分为动物生态学,动物组织学和动物胚胎学,普通动物学、动物分类学、无脊椎动物学和脊椎动物学三组进行逐条讨论。在各自组内,分别对两岸专家所提供的词条逐一进行对照,许多词条通过讨论达成共识而予以统一。对一时难以确定的部分词条,大家认为还需要在会后征求更广范围的专家意见,决定留待下次研讨会予以确定。通过这次会议的充分交流,为下一步名词的对照和统一工作奠定了良好的基础。

经过会后约一年时间的分头对名词的整理和协商的工作,于 2004 年 10 月 12~17 日在台北召开了第二次研讨会。参加会议的有来自大陆的专家 12 人和台湾各科研单位和大学的专家和代表50 余人。会议分组对前述的动物学分支学科名词进行了热烈、认真的讨论,并获得建设性的成果。值得一提的是,在北京和台北的两次研讨会上,两岸动物学专家都能从科学的态度出发,实事求是地就两岸不一致的名词认真交换意见,本着尊重习惯、择优选择、取长补短、求同存异的原则,使得一些名词达到了统一,对部分约定俗成的名词暂时各自保留,对一些学术上存在争议的名词进行了较为深入的讨论,使认识接近。但由于动物学涉及的范围十分广阔,难免仍有少部分名词一时难以达成共识,大家表示各自在会后分别召集有关专家再讨论,以求进一步的完善。可以说,两次会议都是在轻松、和谐、愉快的气氛中进行的,达到了促进交流和加深理解的目的,取得了超过预期的成果。

现在,经过第二次会后所做的为时半年多的后续工作,终于形成了对照本的最终稿,准备付梓。本书的出版表明我们经过两年多的共同努力终于在这方面迈出了坚实的第一步,为今后继续深入一步做好两岸名词的对照打下了良好的基础。但同时我们也深切体会到,随着动物学的迅速发展,新的名词会不断涌现,这将是一项长期的工作。尤其是,如何在新名词一出现时,及早达成共识,既能使新拟的中文名更合理科学,又免去了以后的许多不便。同时,我们也感到在这项工作中的两点遗憾:一是此书收录的名词尚远远不足,但限于时间和人力,未能补充更多的名词;二是动物学中动物分类单元的名称的对照和统一也是重要的一个方面,今后如有可能,应该补做这方面的工作。当然,就本书已提供的词条而言,难免尚有不妥之处,还望海峡两岸广大的动物学界同仁不吝指正。实际上,对极个别的词条,即使在参与此项工作的专家内部也存在一些不同的见解,我们在最终作决定时可能有取舍不当之处,也有待进一步的验证。

此项工作得到国家自然科学基金会和台湾"李国鼎科技发展基金会"、台湾"科学出版事业基金会"的经费支持。在工作过程中,承中国科学院动物研究所、南京师范大学、台湾"中央研究院生物多样性研究中心"等单位给予大力的支持,谨此致以深切的谢意。

海峡两岸动物学名词工作委员会

2005 年 7 月

编 排 说 明

一、本书是海峡两岸动物学名词对照本。

二、本书分正篇和副篇两部分。正篇按汉语拼音顺序编排;副篇按英文的字母顺序编排。

三、[ ]中的字使用时可以省略。

正篇

五、正名和异名分别排序,并在异名处用(=)注明正名。

六、对应的英文名为多个时用","分隔,英文缩写词排在全称后的( )内。

副篇

七、英文名对应多个相同概念的汉文名时用","分隔,不同概念的用① ② ③分别注明。

八、英文名的同义词或近义词用(=)注明。

目　录

正 篇

A

祖 国 大 陆 名	台 湾 地 区 名	英 文 名
阿利马幼体	阿利馬幼體	alima larva
埃塞俄比亚界(＝热带界)		
矮个虫	侏儒個蟲	dwarf zooid
矮雄	矮雄	dwarf male
艾伦律	艾倫定律	Allen's rule
暗层生物	暗層生物	stygobiont
暗带,A 带	暗帶,A 帶	dark band, A band
暗块	暗塊	phaeodium
暗区	暗區	area opaca
凹环	凹環	scrobicular ring
凹蹼足	凹蹼足	incised palmate foot
凹缘	凹緣	emargination
螯	螯	chela
螯基	螯基	paturon
螯耙	耙器	rastellum
螯肢	螯肢	chelicera
螯肢齿	牙堤齒	cheliceral tooth
螯肢动物	螯肢動物	chelicerate, Chelicerata(拉)
螯状	螯狀	chelate
螯足	螯足	cheliped
澳大利亚界	澳洲界	Australian realm

B

祖 国 大 陆 名	台 湾 地 区 名	英 文 名
八辐骨针	八輻骨針	octact, octactine
靶器官	靶器官	target organ

祖国大陆名	台湾地区名	英 文 名
白化[型]	白化[型]	albinism
白肌纤维	白肌纖維	white muscle fiber
白介素	介白素	interleukin
白膜	白膜	tunica albuginea
白色体	白色體	leucoplast
白髓	白髓	white pulp
白体	白體	corpus albicans
白细胞	白血球	leukocyte，leucocyte，white blood cell（WBC）
白脂肪,单泡脂肪	白脂肪,單泡脂肪	white fat，unilocular fat
白质	白質	white matter
斑	斑	macula
斑块	塊斑	patch
板鳞(蜥蜴类)	板鱗(蜥蜴類)	callose
板星骨针	板星骨針	caniaster
半板	半板	demi-plate
半变态	半變態	hemi-anamorphosis
半齿关节	半齒關節	hemigomph articulation
半洞居生物	半洞居生物	hemitroglobiont
半对趾足	半對趾足	semi-zygodactylous foot
半浮游生物(=阶段浮游生物)		
半规管	半規管	semicircular canal
半奇静脉	半奇靜脈	hemiazygos vein
半陆生的	半陸生的	semiterrestrial
半膜	半膜	semi-membrane
半蹼	半蹼	half webbed
半蹼足	半蹼足	semipalmate foot，half webbed foot
半栖土壤生物	半土棲生物	geocole
半桥粒	半橋粒	hemidesmosome
半日潮	半日潮	semi-diurnal tide
半鳃	半鳃	hemibranch
半深海浮游生物	半深海浮游生物	bathypelagic plankton
半渗透膜	半滲透膜	semipermeable membrane
半水生	半水生	semi-aquatic
半索动物	半索動物	hemichordate，Hemichordata（拉）
半咸水	半鹹水	brackish water
半咸水浮游生物	半鹹水浮游生物	brackish water plankton

祖国大陆名	台湾地区名	英 文 名
半阴茎	半陰莖	hemipenis
半缘生长	半緣生長	semiperipheral growth
半月瓣	半月瓣	semilunar valve
半月节律	半月節律	semilunar rhythm
半月膜	半月膜	semilunar membrane
半针六星骨针	半針六星骨針	hemioxyhexaster
伴骨针	伴骨針	comitalia
伴生种	伴生種	companion species
伴随刚毛	伴隨剛毛	companion seta
伴随免疫	伴隨免疫	concomitant immunity
瓣	瓣	valve
瓣间联系	瓣間聯繫	interlamellar junction
瓣卵胞	瓣卵胞	valve ovicell
瓣蹼足	瓣足	lobed foot
瓣区	瓣區	petaloid arca
瓣胃	重瓣胃	omasum
瓣状步带	瓣狀步帶	petaloid ambulacrum
瓣状叉棘	瓣狀叉棘	valvate pedicellaria
棒尖骨针	棒尖骨針	strongyloxea
棒尾尾蚴	棒尾尾蚴	rhopalocercous cercaria
棒星骨针	棒星骨針	strongylaster
棒形骨针	棒形骨針	club
棒枝骨针	棒枝骨針	strongyloclad
棒状骨针	棒狀骨針	strongyle
棒状体	棒狀體	rhoptry
棒状纤毛	棒狀纖毛	clavate cilium
包囊	包囊	cyst
包囊形成	胞囊形成	encystment
包皮	包皮	prepuce
包蜕膜	包蜕膜	capsular decidua
孢堆果	孢堆果	sorocarp
孢堆果发生	孢堆果發生	sorogenesis
孢内生殖	孢内生殖	endodyogeny
孢内体	孢内體	endodyocyte
孢囊子	孢囊子	cystozoite
孢质［团］	孢原質	sporoplasm
孢子	孢子	spore
孢子堆	孢子囊群	sorus

祖 国 大 陆 名	台 湾 地 区 名	英 文 名
孢子发生	孢子發生	sporogenesis
孢子管	孢子管	sporoduct
孢子果	孢子果	sporangium, sporocarp, fruiting body
孢[子]母细胞	孢子母細胞	sporoblast
孢[子]囊	孢子囊	sporocyst
孢子生殖	孢子生殖	sporogony
孢子生殖细胞	孢子生殖細胞	sporogonic cell
孢子形成	孢子形成	sporulation
胞肛	胞肛	cytoproct, cytopyge
胞间连丝	胞間連絲	plasmodesma
胞口	胞口	cytostome, ooepore（苔藓动物）
胞亲	胞親	sib
胞室	胞室	alveolus
胞外膜	外表質	epicyte
胞咽	胞咽	cytopharynx
胞咽杆	胞咽桿	cytopharyngeal rod
胞咽盔	胞咽盔	cytopharyngeal armature
胞咽篮	胞咽籃	cytopharyngeal basket
胞咽囊	胞咽囊	cytopharyngeal pouch
胞咽器	胞咽器	cytopharyngeal apparatus
胞饮泡	胞飲泡	pinocytotic vesicle
胞饮[作用]	胞飲作用	pinocytosis
胞蚴	胞蚴	sporocyst
胞质分裂	胞質分裂	cytokinesis
胞质内囊	胞質内囊	intracytoplasmic pouch
胞质杂种	胞質雜種	cybrid
饱和种群	飽和族群	asymptotic population
饱食感	飽食感	satiety
保虫宿主(=储存宿主)		
保护膜	保護膜	protective membrane
保护色	保護色	protective coloration
保护性适应	保護性適應	protective adaptation
保护种	保護種	protective species
保护组织	内襯組織	lining tissue
保留[学]名	保留名	nomen conservandum
堡礁	堡礁	barrier reef
抱持器	抱持器	clasping organ

祖 国 大 陆 名	台 湾 地 区 名	英 文 名
抱雌沟	抱雌溝	gynecophoric canal
抱合体	抱合體	pseudoconjugant
抱卵片	抱卵片	oostegite
抱卵肢	抱卵肢	oostegopod
鲍曼囊(＝肾小囊)		
鲍曼腺(＝嗅腺)		
暴发	爆發	overshoot
杯形细胞	杯狀細胞	goblet cell
贝壳	貝殼	conch, shell
贝壳素	貝殼素	conchiolin
贝类学	貝殼學	conchology
备雄	備雄	complemental male
背板	背板	tergum, notum(昆虫), dorsal lamina(脊椎动物)
背瓣	背瓣	dorsal valve
背侧板	背側板	pleurotergite
背侧褶	背側褶	dorsolateral fold
背肠隔膜	背腸隔膜	dorsal mesentery
背肠系膜	背腸繫膜	dorsal mesentery
背窦	背竇	dorsal sinus
背腹壳间缘	背腹殼間緣	commissure
背刚毛	背剛毛	notoseta
背刚叶	背剛葉	notosetal lobe
背根	背根	dorsal root
背棘	背棘	dorsal spine
背脊	背脊	dorsal keel
背甲	背甲	tergum, tergite, carapace
背孔	背孔	dorsal pore, tergopore(苔藓动物)
背阔肌	闊背肌	latissimus dorsi muscle
背肋	背肋	dorsal rib
背囊	背囊	dorsal sac
背鳍	背鰭	dorsal fin
背鳍降肌	背鰭下掣肌	depressor dorsalis muscle
背鳍倾肌	背鰭傾肌	inclinator dorsalis muscle
背鳍竖肌	背鰭豎肌	dorsal erector muscle
背鳍缩肌	背鰭牽縮肌	retractor dorsalis muscle
背鳍引肌	背鰭牽引肌	protractor dorsalis muscle
背器	背器	dorsal organ

祖国大陆名	台湾地区名	英　文　名
背桥	背橋	lorum
背三角板	背三角板	chilidium
背三角孔	背三角孔	notothyrium
背三角双板	背三角雙板	chilidial plates
背上膜	背上膜	supra-dorsal membrane
背神经节	背神經節	dorsal ganglion
背腕板	背腕板	dorsal arm plate
背纤毛器	背纖毛器	dorsal ciliated organ
背须	背鬚	dorsal cirrus
背缘	背緣	dorsal brim
背肢	背肢	notopodium
背中隔[壁]	背中隔	middorsal septum
背主动脉	背大動脈	dorsal aorta
背足刺舌叶	背足刺舌葉	notoacicular ligule
背最长肌	背長肌	longissimus dorsi muscle
被覆皮壳	被覆皮殼	encrustation
被覆上皮	被覆上皮	covering epithelium, lining epithelium
被覆型[群体]	被覆型	incrusting type
被膜	被膜	capsule
被囊	被囊	tunic
被囊神经末梢	被囊神經末梢	encapsulated nerve ending
贲门	賁門	cardia
贲门部	賁門部	cardiac region
贲门腺	賁門腺	cardiac gland
本地种	本土種	native species
本名	本名	nomen triviale
本能	本能	instinct
本能释放机制	本能釋放機制	innate releasing mechanism
本能行为	本能行為	instinctive behavior
本鳃(=栉鳃)		
本体感受器	本體感受器	proprioceptor
鼻	鼻	nose
鼻骨	鼻骨	nasal bone
鼻甲骨	鼻甲骨	turbinal bone
鼻孔	鼻孔	nostril
鼻囊	鼻囊	nasal capsule
鼻旁窦	鼻副竇	paranasal sinus
鼻腔	鼻腔	nasal cavity

祖国大陆名	台湾地区名	英　文　名
鼻栓	鼻栓	nasal plug
鼻窝(＝嗅窝)		
鼻腺	鼻腺	nasal gland
鼻须(鸟)	鼻部剛毛	nasal bristle
鼻咽括约肌	鼻咽括约肌	nasopharyngeal sphincter muscle
比德腺	畢德氏腺	Bidder's gland
比对	對齊	alignment
比较解剖学	比較解剖學	comparative anatomy
比目鱼肌	比目魚肌	soleus muscle
笔毛动脉	筆毛動脈	penicillar artery
闭颚肌	閉顎肌	mandibular occlusor
闭管循环系[统]	閉鎖循環系統	closed vascular system
闭合孔	閉合孔	lipostomous
闭孔	閉孔	obturator foramen
闭壳肌	閉殼肌	adductor muscle
闭壳肌痕	閉殼肌痕	adductor scar
闭锁黄体	閉鎖黃體	atretic corpus luteum
闭锁卵泡	閉鎖卵泡	atretic follicle
闭锁小带(＝紧密连接)		
闭锥	閉錐	phragmocone
蔽所(＝隐蔽处)		
壁板	壁板	paries
壁层	壁層	parietal layer
壁孔	壁孔	cinclides
壁孔室	壁孔室	mural porechamber
壁卵胞	壁卵胞	parietal ovicell
壁体腔膜	壁體腔膜	parietal peritoneum
壁蜕膜	壁蜕膜	parietal decidua
壁细胞	壁細胞	parietal cell, oxyntic cell
臂	臂	arm
臂丛	前肢神經叢	brachial plexus
臂动脉	肱動脈	brachial artery
边板	邊板	side plate
边缘层	邊緣層	marginal layer, cortex-medulla border
边缘刺	邊緣刺	marginal spine
边缘个虫	邊緣個蟲	marginal zooid
边缘孔	邊緣孔	marginal pore

祖国大陆名	台湾地区名	英 文 名
边缘囊	邊緣囊	marginal vesicle
边缘区	邊緣區	marginal zone
边缘吸盘	邊緣吸盤	marginal sucker
边缘效应	邊緣效應	edge effect
编码	編碼	code
鞭钩原基	鞭鈎原基	scutica
鞭毛	鞭毛	flagellum
鞭毛侧丝	鞭茸	flimmer
鞭毛袋	鞭毛袋	flagellar pocket
鞭毛动基体复合体	鞭毛動基體複合體	flagellar base-kinetoplast complex
鞭毛根丝	鞭毛根絲	flagellar rootlet
鞭毛过渡区	鞭毛過渡區	flagellar transition region
鞭毛[基体]系统,毛基体系统	鞭毛系統	mastigont system
鞭毛孔	鞭毛孔	flagellar pore
鞭毛列	鞭毛列	flagellar row
鞭毛膨大区	鞭毛膨大區	flagellar swelling
鞭毛室	鞭毛室	flagellate chamber
鞭毛丝	鞭毛絲	mastigoneme
鞭毛足	鞭毛足	flagellipodium
鞭状附肢	鞭狀附肢	filamentary appendage
鞭状腺	鞭狀腺	flagelliform gland
扁盘动物	扁盤動物	placozoan, Placozoa(拉)
扁平上皮	扁平上皮	squamous epithelium
扁平细胞	扁平細胞	pinacocyte
扁桃体	扁桃體,扁桃腺	tonsil
扁桃体隐窝	扁桃體隱窩	tonsil crypt
扁形动物	扁形動物	platyhelminth, flatworm, Platyhelminthes (拉)
变凹型椎体	變凹型椎體	anomocoelous centrum
变态	變態	metamorphosis
变位名称	顛字名稱	anagram
变温动物	變溫動物	poikilotherm, poikilothermal animal
变温性	變溫性	poikilothermy
变形体	變形體	amoebula, plasmodium
变形细胞	變形細胞	amoebocyte
变异度	變異度	degree of variability
变异性	變異性	variability

祖国大陆名	台湾地区名	英　文　名
变种	變異體	variety
标本	標本	specimen
标本收藏	收藏品	collection
标记,标志	標記	marking, tagging
标记重捕法,标志重捕法	標記重捕法	marking-recapture method, tagging-recapture method
标志(=标记)		
标志重捕法(=标记重捕法)		
表层水	表層水	surface water
表层洋带	表層洋帶	epipelagic zone
表裂	表裂	peripheral cleavage
表面活性物质	表面活性物質	surfactant
表面卵裂	表面卵裂	superficial cleavage
表膜	表膜	pelliclc
表膜嵴	表膜嵴	pellicular crest
表膜孔	表膜孔	pellicular pore
表膜泡	表膜泡	pellicular alveolus
表膜上膜	表膜上膜	perilemma
表膜条纹	表膜條紋	pellicular stria
表膜下微管	表膜下微管	subpellicular microtubule
表膜下纤毛网格	表膜下纖毛網格	infraciliary lattice
表膜下纤毛系	表膜下纖毛系	infraciliature
表皮	表皮	epidermis
表皮刺	表皮刺	culticular spine
表皮嵴	表皮嵴	epidermal ridge
表型分类学(=表型系统学)		
表型系统学,表型分类学	表型分類學	phenetics
表须	突出骨針	prostalia, pleuralia
表质	表質	epiplasm
鳔	鳔	swim bladder
濒危种	瀕危種	endangered species
髌骨	膝蓋骨	patella
冰雪浮游生物	冰雪浮游生物	cryoplankton
柄	柄	pedicel, petiole, manubrium（多毛类）
柄肌	柄肌	pedicular muscle

祖国大陆名	台湾地区名	英 文 名
并系	侧系,併系	paraphyly
并系的	侧系的,併系的	paraphyletic
并趾足	駢趾足	syndactylous foot
波动膜	波動膜	undulating membrane
波动足	波動足	undulipodium
波利囊	波利囊	Polian vesicle
玻璃膜	玻璃膜	glassy membrane
玻璃体	玻璃體	vitreous body
玻璃[体]蛋白	玻璃體蛋白	vitrein
玻璃体管	玻璃體管	hyaloid canal
玻璃体腔	玻璃體腔	vitreous space
玻璃体细胞	玻璃體細胞	hyalocyte
玻璃状液	玻璃狀液	vitreous humor
钵口幼体	缽口幼體	scyphistoma
伯贝克颗粒	伯貝克氏顆粒	Birbeck granule
伯格曼律	伯格曼定律	Bergmann's rule
博氏器,博亚努斯器	博氏器	organ of Bojanus
博亚努斯器(=博氏器)		
补偿深度	補償深度	compensation depth
补偿作用	補償作用	compensation
补充量	加入量,補充量,入添量	recruitment
补模标本	補模式	apotype
补遗	補遺	addenda
哺乳动物	哺乳類動物	mammal
哺乳动物学,兽类学	哺乳動物學	mammalogy, theriology
捕食	捕食	predation
捕食理论	捕食理論	predation theory
捕食者	捕食者	predator
捕捉触手	捕捉觸手	prehensile tentacle
不等侧的	不等側的	inequilateralis
不等卵裂	不等卵裂	unequal cleavage
不等卵囊腔胚	不等卵囊腔胚	unequal coeloblastula
不等趾足	不等趾足	anisodactylous foot
不定型卵裂	不定形卵裂	indeterminate cleavage
不动关节	不動關節	syzygy, immovable joint(脊椎动物), synarthrosis(脊椎动物)
不动指	不動指	fixed finger, immovable finger

祖国大陆名	台湾地区名	英 文 名
不全裂	不全卵裂	meroblastic cleavage, incomplete cleavage
不完全变态	不完全變態	incomplete metamorphosis
不育	不育	infertility, sterility
不育个虫	不育個蟲	sterile zooid
步带	步帶	ambulacral zone
步带板	步帶板	ambulacral plate
步带道	步帶道	ambulacral avenue
步带沟	步帶溝	ambulacral furrow
步带骨	步帶骨	ambulacral ossicle
步带孔	步帶孔	ambulacral pore
步带区	步帶區	ambulacral area
步带系	步帶系	ambulacral system
步足	步足	pereiopod, walking leg, ambulatory leg
部	部	division

C

祖国大陆名	台湾地区名	英 文 名
残体	殘體	residual body, residuum
残遗种(=孑遗种)		
糙皮症	粗皮症	pellagra
槽板	槽板	socket plate
槽脊	槽脊	socket ridge
槽生齿	槽生齒	thecodont
草地生物	草地生物	leimocole
草栖生物	草棲生物	caespiticole, gramnicole
草原群落	草原群落,草原群聚	prairie community
侧板	侧板	lateral plate, lateral compartment, pleurum
侧背腔	侧背腔	dorsolateral compartment
侧壁	侧壁	lateral wall
侧壁孔	侧壁孔	areole, areolar pore
侧扁	侧扁	compressed
侧步带板	侧步帶板	adambulacral plate
侧步带棘	侧步帶棘	adambulacral spine
侧肠隔膜	侧腸隔膜	lateral mesentery
侧齿	侧齒	lateral tooth
侧带线	侧帶線	lateral fasciole
侧副支	侧副支	collateral branch

祖 国 大 陆 名	台 湾 地 区 名	英 文 名
侧腹静脉	腹侧静脈	lateral abdominal vein
侧腹腔	侧腹腔	ventrolateral compartment
侧感觉器	侧感覺器	lateral sense organ
侧沟	侧溝	lateral groove
侧脊	侧脊	lateral carina
侧甲	侧甲,侧片	pleurum, pleuron, pleurite
侧结节	外踝	lateral condyle
侧孔室	侧孔室	lateral porechamber
侧口板	侧口板	adoral plate, adoral shield
侧口前角	侧口前角	lateral prostomial horn
侧面的	侧面的	lateral
侧膜	侧膜	lateral membrane
侧脑室	侧腦室	lateral ventricle
侧气管网结	侧氣管網結	lateral anastomose
侧前叶	侧前葉	prelateral lobe
侧鳃	侧鳃	pleurobranchia
侧三叉骨针	侧三叉骨針	plagiotriaene
侧神经节	侧神經節	pleural ganglion
侧神经索	侧神經索	pleural nerve cord
侧生齿	侧生齒	pleurodont
侧生动物	侧生動物	parazoan, Parazoa(拉)
侧生器管	侧器官	lateral organ
侧体囊	侧體囊	parasomal sac
侧头器	侧頭器	organ of Tomosvery
侧突起	侧突起	lateral process
侧腕	侧腕	lateral arm
侧腕板	侧腕板	lateral arm plate
侧围口翼	侧圍口翼	lateral peristomial wing
侧胃的	侧胃的	paragastric
侧窝	侧窝	areola
侧吸吮杯	侧吸吮杯	lateral suctorial cup
侧纤毛	侧纖毛	lateral cilium
侧纤毛束	侧纖毛束	lateral tract of cilia
侧线	侧線	lateral line
侧线管	侧線管	lateral line canal
侧线器官	侧線器官	lateral line organ
侧小齿	侧小齒	lateral denticle
侧亚顶突	侧面把持器	lateral subterminal apophysis

祖国大陆名	台湾地区名	英 文 名
侧眼	側眼	stemmate, lateral eye
侧叶	側葉	lateral lobe
侧翼	側翼	lateral wing
侧翼膜	側翼膜	lateral ala
侧阴道	側陰道	lateral vagina
侧脏神经连索	側臟神經連索	pleuro-visceral connective
侧针	側針	lateral stylet
侧中胚层	側中胚層	lateral mesoderm
侧椎体	側椎體	pleurocentrum
侧足神经连索	側足神經連索	pleuro-pedal connective
参差型椎体	参差型椎體	diplasiocoelous centrum
叉洞角	叉洞角	pronghorn
叉杆骨片	叉桿骨片	eutaxiclad
叉骨	叉骨	furcula
叉棘	叉棘	pcdiccllaria
叉头骨针	叉頭骨針	crutch
叉尾尾蚴	叉尾尾蚴	furocercous cercaria
叉星骨针	叉星骨針	chiaster
叉针骨针	叉針骨針	rhopalostyle
叉状幼体(=磷虾类溞状幼体)		
插入器	栓子	embolus
缠带	捕帶	swathing band
缠卵腔	纏卵腔	nidamental chamber
缠卵腺	纏卵腺	nidamental gland
产孔	產孔	birth pore
产两性单性生殖	產兩性單性生殖	deuterotoky, amphitoky
产卵	產卵,排放配子,排放幼體	oviposition, spawning
产卵洄游	產卵迴游	spawning migration
产卵力	產卵力	fecundity
产热	產熱	thermogenesis
产雄精子	產雄精子	androspermium
长柄齿刚毛	長柄齒剛毛	long-handled seta
长久性寄生虫,终生寄生虫	終生寄生蟲	permanent parasite
长腕幼体	長腕幼體	pluteus
肠	腸	intestine

祖国大陆名	台湾地区名	英 文 名
肠叉	腸叉	intestinal bifurcation
肠道淋巴组织	腸道淋巴組織	gut associated lymphatic tissue（GALT）
肠沟	腸溝	typhlosole
肠盲道	腸盲道	typhlosolis
[肠]盲囊	盲囊,盲管	diverticulum
肠腔法	腸腔法	enterocoelic method
肠嗜铬细胞	腸嗜鉻細胞	enterochromaffin cell
肠体腔	腸體腔	enterocoel
肠系膜	腸繫膜	mesentery
肠下静脉	腸下靜脈	subintestinal vein
肠腺	腸腺	intestinal gland, crypt of Lieberkühn
肠支	腸盲囊	intestinal cecum
常见种	常見種	common species
常量营养物	高量營養物	macronutrient
常栖林底层生物	林地常棲生物	patocole
常生齿	恆齒	evergrowing tooth
场	場	field
场梯度	場梯度	field gradient
超额数毛基体	超額數毛基體	supernumerary kinetosome
超寄生	超寄生	superparasitism
超体积	超體積	hyper volume
超微型浮游生物	超微型浮游生物	picoplankton, ultra[nanno] plankton
超维空间	超維空間	hyperspace
超种	超種	super-species
巢寄生	巢寄生	brood parasitism, inquilinism
巢气味	巢氣味	nest odor
巢式等级	巢式階級	nested hierarchy
巢域,活动范围	活動範圍	home range
潮池	潮池	tidal pool
潮间带	潮間帶	intertidal
潮间带群落	潮間帶群落,潮間帶群聚	intertidal community
潮气量	潮氣量	tidal air
潮上带	潮上帶	supratidal zone
潮汐	潮汐	tides
潮汐节律	潮汐節律	tidal rhythm
潮汐滩地	潮汐灘地	tidal flat
潮汐涨幅周期	潮汐漲幅週期	tidal amplitude cycle

祖国大陆名	台湾地区名	英 文 名
潮汐钟	潮汐時鐘	tidal clock
潮汐周期	潮汐週期	tidal cycle
潮溪	潮溪	tidal creek
潮下带	潮下帶	subtidal zone
潮线下群落	潮線下群落,潮線下群聚	subtidal community
尘细胞	塵細胞	dust cell, alveolar macrophage
沉积物循环,沉积型循环	沉積物循環	sedimentary cycle
沉积型循环(=沉积物循环)		
晨昏迁徙	晨昏遷徙	twilight migration
成带现象,带状分布	成帶現象,帶狀分佈	zonation
成骨细胞	骨母細胞	osteoblast
成红血细胞	紅血球母細胞	erythroblast
成肌细胞	肌母細胞	myoblast
成卵细胞	成卵細胞	ooblast
成囊细胞	成囊細胞	capsulogenic cell
成胚细胞	成胚細胞	embryoblast
成软骨细胞	軟骨母細胞	chondroblast
成神经细胞	神經母細胞	neuroblast
成熟	成熟	maturation
成熟节片	成熟節片	mature segment, mature proglottid
成熟卵泡	成熟卵泡	mature follicle, Graafian follicle
成束茎	成束莖	fascicled stem
成束现象	成束現象	fasciculation
成体	成體	adult
成体器官发生	成體器官發生	imaginal organogenesis
成纤维细胞	纖維母細胞	fibroblast
成心细胞	心母細胞	cardioblast
成血管细胞	血管母細胞	angioblast
城市化	都市化	urbanization
池塘群落	池塘群落,池塘群聚	tiphium
池塘生物	池塘生物	tiphicole
持久性	持久性	persistence
匙板	匙板	spondylium
匙骨	匙骨	cleithrum
匙状刚毛	匙狀剛毛	spatulate seta

祖 国 大 陆 名	台 湾 地 区 名	英 文 名
尺侧腕伸肌	尺侧腕伸肌	extensor carpi ulnaris muscle
尺度上推	尺度上推	scaling up
尺度下推	尺度下推	scaling down
尺骨	尺骨	ulna
齿板	齒板	dental plate
齿槽	齒槽	dental socket
齿槽装置	齒槽裝置	tooth-socket device
齿刚毛	齒剛毛	dentate seta
齿根	齒根	tooth root
齿骨	齒骨	dentary bone
齿骨质	齒堊質	cement
齿冠	齒冠	tooth crown
齿环	齒環	denticulate ring
齿棘	齒棘	tooth papilla
齿尖	齒尖	tooth cusp
齿[间]隙	齒間隙	diastema
齿颈	齒頸	tooth neck
齿裂	裂縫	slit
齿片刚节	齒片剛節	unciniger
齿片刚毛	齒片鈎毛	uncinus
齿舌	齒舌	radula
齿舌囊	齒舌囊	radula sac
齿舌下器	齒舌下器	subradular organ
齿式	齒式	dental formula
齿髓	齒髓	dental pulp
[齿]髓腔	[齒]髓腔	pulp cavity
齿体	小齒	denticle
齿突	齒突	odontoid process, condyle
齿窝	齒窩	tooth socket
齿下口棘	齒下口棘	infradental papilla
齿龈	齒齦	gum
齿质	齒質	dentine
赤道部	赤道部	ambitus
赤道沟(=中纬沟)		
赤道卵裂(=中纬[卵]裂)		
翅(=翼)		
翅斑(=翼镜)		

祖国大陆名	台湾地区名	英　文　名
虫包体	蟲包體	cystid
虫包外孔	蟲包外孔	cystial pore
虫黄藻	蟲黃藻	zooxanthella
虫绿藻	蟲綠藻	zoochlorella
虫室	蟲室	zooecium
虫体	蟲體	polypide
虫体外孔	蟲體外孔	polypidian pore
虫体原基	蟲體原基	polypidian primordium
重复相眼	重複相眼	superposition eye
重复芽	重複芽	duplicate bud
重寄生	重寄生	hyperparasitism
重名	重名關係	tautonymy
重演发育	重演性發生	palingenesis
重演律	重演律	recapitulation law
重演论	重演論	recapitulation theory
臭腺	臭腺	stink gland
出球微动脉	出球微動脈	efferent arteriole
出鳃动脉	出鰓動脈	efferent branchial artery
出鳃水沟	出鰓水溝	exhalant branchial canal
出生后	出生後	postnatal
出生率	出生率	natality，birth rate
出生前	出生前	prenatal
出水管	出水管	excurrent canal(多孔动物)，exhalant siphon(软体动物)
出水口	出水孔	osculum
出芽带	出芽帶	budding zone
出芽方向	出芽方向	budding direction
出芽潜能	出芽潛能	budding activity，budding potential
出芽型	出芽型	budding pattern
初虫	初蟲	ancestrula，primary zooid
初级板	初級板	primary plate
初级飞羽	初級飛羽	primary feather
初级隔片	初級隔片	primary septum
初级合作	初級合作	protocooperation
初级精母细胞	初級精母細胞	primary spermatocyte
初级卵膜	初級卵膜	primary egg envelope
初级卵母细胞	初級卵母細胞	primary oocyte
初级生产力	初級生產力	primary productivity

祖国大陆名	台湾地区名	英 文 名
初级生产[量]	初級生產量	primary production
初级体腔(=原体腔)		
初级支气管	初級支氣管	primary bronchus
初巾膜	初巾膜	primary hood
初盘	初盤	protoecium disc, primary disc
初群体	初群體	ancestroarium
初生室口	初生室口	primary orifice
初室	初室	proloculum, initial chamber（软体动物）
雏海绵	雛海綿	olynthus
雏后换羽	雛後換羽	postnatal molt
雏绒羽	雛鳥絨羽	natal down
储存库	儲存庫	reservoir pool
储存宿主,保虫宿主	儲存宿主	reservoir host
储胶囊(=黏液储囊)		
储卵器	貯卵器,儲卵器	egg reservoir
储蓄泡	積儲泡	reservoir
储蓄细胞	儲物胞	thesocyte
处女[型]细胞	處女細胞	virgin cell
触角板	觸角板	antennular plate
触角刺	觸角刺	antennal spine
触角腹甲	觸角腹甲	antennular sternum
触角脊	觸角脊	antennal carina
触角节	觸角節	antennular somite
触角区	觸角區	antennal region
触角缺刻	觸角缺刻	antennal notch
触角体节	觸角體節	antennary segment
触角腺	觸角腺	antennal gland
触角状刺	觸角狀刺	antenniform spine
触觉感受器	觸覺受器	tactile receptor
触觉突起	觸覺突起	tactile process
触觉纤毛	觸覺纖毛	tactile cilium
触觉小体(=迈斯纳小体)		
触手	觸手	tentacle
触手带	觸手帶	tentacle girdle
触手冠	觸手冠	lophophore
触手冠动物	冠觸手動物	lophophorate, Lophophorata（拉）
触手冠基盘	觸手冠基盤	lophophoral disc

祖国大陆名	台湾地区名	英 文 名
触手冠器官	觸手冠器官	lophophoral organ
触手冠腔	觸手冠腔	lophophoral coelom, lophophoral lumen
触手冠神经环	觸手冠神經環	lophophoral nerve ring
触手冠缩肌	觸手冠縮肌	lophophoral retractor
触手冠腕	觸手冠腕	lophophoral arm
触手冠叶	觸手冠葉	lophophoral lobe
触手环	觸手環	tentacular crown, tentacular circlet
触手肌	觸手肌	tentacular muscle
触手基节	觸手基節	ceratophore, ceratostyle
触手间器官	觸手間器官	intertentacular organ
触手襟	觸手襟	[tentacle] collar
触手卷曲	觸手捲曲	tentacle coiling
触手孔	觸手孔	tentacle pore
触手括约肌	觸手括約肌	tentacular sphincter
触手鳞	觸手鱗	tentacle scale
触手鞘	觸手鞘	tentacle sheath
触手坛囊	觸手壇囊	tentacle ampulla
触手细腔	觸手細腔	tentacular lumen
触手缘	觸手緣	tentacular fringe
触腕	觸腕	tentacular arm
触腕穗	觸腕穗	tentacular club
触须(哺乳动物)	觸鬚(哺乳動物)	vibrissae
触须基节	觸鬚基節	cirrophore, cirrostyle
触肢器	觸肢器	palpal organ
穿刺刺丝囊	穿絲胞	penetrant
穿刺腺	穿刺腺	penetration gland
穿孔板	穿孔板	perforated plate
穿通管,福尔克曼管	穿通管,福爾克曼管	perforating canal, Volkmann's canal
穿通纤维,沙比纤维	穿通纖維,沙比纖維	perforating fiber, Sharpey's fiber
传导系统	傳導系統	conducting system, Purkinje system
传粉	授粉	pollination
船形钩齿刚毛	船形鉤	boathook
窗孔	窗孔	fenestra
垂棒	丘系	lemniscus
垂唇	垂唇	hypostome
垂兜	垂兜	hood
垂管	垂管	manubrium
垂体	垂體	pituitary

祖国大陆名	台湾地区名	英 文 名
垂体细胞	垂體細胞	pituicyte
垂突	垂突	lappet
垂直出芽	垂直出芽	vertical budding
垂直出芽群体	垂直出芽群體	vertical budding colony
垂直分布	垂直分佈	vertical distribution
垂直卵裂	垂直卵裂	vertical cleavage
垂直迁徙	垂直遷徙	vertical migration
锤骨	槌骨	malleus
锤形触手	錘形觸手	capitate tentacle
春季换羽	春季換羽	spring molt
纯合子	純合子	homozygote
唇	唇	lip
唇板	唇板	labrum
唇瓣	唇瓣	labial palp
唇齿	唇齒	labial tooth
唇刺毛	唇刺毛	labial bristic
唇基节	唇基節	mentum
唇乳突	唇乳突	labial papilla
唇窝	唇窩	labial pit
唇褶	唇褶	labial fold
瓷蟹幼体	瓷蟹幼體	porcellana larva
雌个虫	雌個蟲	gynozooid, female zooid
雌核发育	雌核發育	gynogenesis
雌激素	雌激素	estrogen
雌模标本	雌模式	gynetype
雌配子	雌配子	female gamete, oogamete
雌性交接器(=体外纳精器)		
雌性先熟	雌性先熟	protogyny
雌性先熟雌雄同体	雌性先熟雌雄同體	protogynous hermaphrodite
雌性选择	雌性選擇	female choice
雌雄嵌合体	雌雄鑲嵌合體	sexual mosaic, gynander, gynandromorph
雌雄同熟	雌雄同熟	adichogamy
雌雄同体	雌雄同體	monoecism, hermaphrodite
雌雄异熟	雌雄異熟	dichogamy
雌雄异体	雌雄異體	dioecism, gonochorism
雌原核	雌原核	female pronucleus
次单柱期	後單柱期	deutomonomyaria stage

祖国大陆名	台湾地区名	英　文　名
次分歧腕板	次分歧腕板	secundaxil
次分腕板	次分腕板	secundibrachus
次级板	次級板	secondary plate
次级飞羽	次級飛羽	secondary feather
次级隔片	次級隔片	secondary septum
次级精母细胞	次級精母細胞	secondary spermatocyte
次级卵膜	次級卵膜	secondary egg envelope
次级卵母细胞	次級卵母細胞	secondary oocyte
次级生产力	次級生產力	secondary productivity
次级支气管	次級支氣管	secondary bronchus, mesobronchus
次棘	次棘	secondary spine
次尖	下錐	hypocone
次巾膜	次巾膜	secondary hood
次[潜]隐体	次隱體	metacryptozoite
次生代谢物	次級代謝物	secondary metabolite
次生群落	次生群落	secondary community
次生鳃	次生鳃	secondary branchia
次生室口	次生室口	secondary orifice
次生演替	次生演替	secondary succession
次生演替系列	次生階段演替	subsere
次同名	次同名	junior homonym
次小尖	下鋒	hypoconule
次异名	次異名	junior synonym
刺,棘	刺,棘	spine
刺胞动物	刺胞動物	cnidarian, Cnidaria（拉）
刺壁卵胞	刺壁卵胞	acanthostegous ovicell
刺袋	刺袋	spinous pocket
刺杆	刺桿	trichite
刺激因子	刺激因子	stimulating factor
刺孔	刺孔	acanthopore
刺玫瑰花形骨针	刺玫瑰花形骨針	spiny rosette
刺丝胞	刺絲胞	trichocyst
刺丝环	刺絲環	nettle ring
刺丝囊	刺絲胞	nematocyst, cnidocyst
刺丝鞘	刺絲鞘	nematotheca
刺丝体	刺絲體	nematophore
刺腕棘	刺腕棘	thorny arm spine
刺吸式	刺吸式	piercing-sucking type

祖国大陆名	台湾地区名	英 文 名
刺细胞	刺細胞	sting cell, cnidoblast
刺针	刺針	cnidocil
刺状壁	刺狀壁	acanthostege
刺状齿片刚毛	刺狀齒片鈎毛	acicular uncinus
刺状刚毛	刺狀剛毛	spiniger
刺状钩齿刚毛	刺狀鈎	acicular hook
刺状休芽	刺狀休芽	spinoblast
从辐	從輻	adradius
从属者	從屬者	subordinate
丛上细胞,科氏细胞	上叢細胞,科爾默氏细胞	epiplexus cell, Kolmer cell
丛状分枝	叢狀分枝	bushy
粗肌丝	粗肌絲	thick filament
粗密度	粗密度	crude density
促黑色素激素细胞	促黑色素激素細胞	melanotrop[h], melanotrop[h]ic cell
促甲状腺素细胞	促甲狀腺素細胞	thyrotrop[h], thyrotrop[h]ic cell
促乳激素细胞	促乳激素細胞	mammotrop[h], mammotrop[h]ic cell
促肾上腺皮质素细胞	促腎上腺皮質素細胞	corticotrop[h], corticotrop[h]ic cell
促生长激素细胞	促生長激素細胞	somatotrop[h], somatotrop[h]ic cell
促受精膜生成素	促受精膜生成素	oocytin
促性腺激素细胞	促性腺激素細胞	gonadotrop[h], gonadotrop[h]ic cell
促雄性腺	促雄性腺	androgenic gland
促胰激素	促胰激素	secretin
催产素	催產素	oxytocin
脆弱性	脆弱性	fragility
存活	存活	survivorship, survival
存活潜力,生存潜力	存活潛力	survival potential
存活曲线	存活曲線	survivorship curve
存活者,生存者	存活者	survivor

D

祖国大陆名	台湾地区名	英 文 名
答答型[初虫](苔藓动物)	答答型[初蟲](苔蘚动物)	tatiform
大孢子	大孢子	macrospore
大肠	大腸	large intestine
大潮	大潮	spring tide

祖国大陆名	台湾地区名	英文名
大潮–小潮周期	大潮–小潮週期	spring-neap cycle
大触角(=第二触角)		
大多角骨(=斜方骨)		
大颚	大顎	mandibula, mandible
大颚活动片	大顎活動片	lacinia mobilis
大颚体节	大顎體節	mandibular segment
大发生(=[种群]暴发)		
大分类学,宏分类学	巨分類學,宏分類學	macrotaxonomy
大分裂球	大分裂球	macromere
大骨针	大骨針	megasclere
大管肾	大腎管	meganephridium
大核	大核	macronucleus
大核系	大核系	karyonide
大接合体	大接合體	macroconjugant
大陆漂移说	大陸漂移說	continental drift theory
大脑	大腦	cerebrum
大脑半球	大腦半球	cerebral hemisphere
大脑脚	大腦腳	cerebral peduncle
大脑脚盖	大腦腳蓋	tegmentum
大脑静脉	大腦靜脈	cerebral vein
大脑皮层	大腦皮層	cerebral cortex
大配子	大配子	macrogamete
大配子母体	大配子母體	macrogamont
大配子母细胞	大配子母細胞	macrogametocyte
大批量取食	大量取食	bulk capture
大气圈	大氣圈	atmosphere
大头骨针	大頭骨針	tylostyle
大突变,巨突变	巨突變	macromutation
大腿,股	股	thigh
大网膜	大網膜	greater omentum
大型底栖生物	大型底棲生物	macrobenthos
大型浮游生物	大型浮游生物	macroplankton
大型消费者	大型消費者	macroconsumer
大眼幼体	大眼幼體	megalopa larva
大洋界	大洋界	Oceanic realm
大洋群落	大洋群落,大洋群聚	pelagium
大洋上层浮游生物	大洋上層浮游生物	epipelagic plankton

祖 国 大 陆 名	台 湾 地 区 名	英 文 名
大洋中层浮游生物	大洋中層浮游生物	mesopelagic plankton
大阴唇	大陰唇	labium majus [pudendi], greater lip of pudendum
大疣	大疣	primary tubercle
大枝骨片	大枝骨片	megaclad
大柱骨片	大柱骨片	megaclone
大仔对策	大仔對策	large young strategy
代位卵胞	代位卵胞	vicarious ovicell
代位鸟头体	代位鳥頭體	vicarious avicularium
代谢	代謝	metabolism
A 带(＝暗带)		
H 带	H 帶	H band
I 带(＝明带)		
带虫免疫	帶蟲免疫	premunition
带核的口原基	帶核的口原基	nucleated oral primordium
带线	帶線	fasciole
带形核粒细胞	帶形核粒細胞	band form nuclear granulocyte
带状分布(＝成带现象)		
待刊名(＝未刊学名)		
待考[学]名	待考名	nomen inquirendum
袋骨	袋骨	marsupial bone
袋形动物	袋形動物	aschelminth, Aschelminthes(拉)
单孢体	單孢體	haplosporosome
单孢子的	單孢子的	monosporous
单边刺形骨针	單邊刺形骨針	caterpillar
单鞭体	單鞭體	haplomonad
单层的	單層的	unilaminar
单层上皮	單層上皮	simple epithelium
单叉骨针	單叉骨針	monaene
单唇基节	單唇基節	duplomentum
单房簇虫	單房簇蟲	monocystid gregarine
单分裂的	單分裂的	monotomic
单分体	單分體	monad
单辐骨针	單輻骨針	monactine, monact
单腹板[的](海胆)	單腹板[的](海膽)	meridosternous
单宫型	單宮型	monodelphic type
单沟型	單溝型	ascon

祖国大陆名	台湾地区名	英 文 名
单冠骨针	單冠骨針	monolophous microcalthrops
单核吞噬细胞系统	單核吞噬細胞系統	mononuclear phygocyte system（MPS）
单核细胞	單核細胞	monocyte
单环萼	單環萼	monocyclic calyx
单基板	單基板	monobasal
单极内迁	單極內遷	unipolar immigration
单极神经元	單極神經元	unipolar neuron
单寄生	單寄生	haploparasitism, monoparasitism
单尖刚毛	單尖剛毛	simple pointed chaeta
单精合子	單精合子	monozygote
单精入卵	單精入卵	monospermy
单孔	單孔	simple pore
单孔的	單孔的	uniporous
单口	單口	monostomy
单口道芽	單口道芽	mono-stomodeal budding
单口尾蚴	單口尾蚴	monostome cercaria
单列的	單列的	uniserial
单泡脂肪（＝白脂肪）		
单配性	單配偶制	monogamy
单日潮	日單潮	single day tide
单食性	單食性	monophagy
单室的	單室的	unilocular, monothalamic
单宿主型	單宿主型	monoxenous form
单态	單態	monomorphism
单体的	單體的	solitary
单位捕捞努力量渔获量	單位努力漁獲量	catch per unit effort（CPUE）
单系	單系	monophyly
单系的	單系的	monophyletic
单细胞期	單細胞期	one cell stage
单相异速生长	單相異速生長	monophasic allometry
单向消化管	單向消化管	one-way digestive tract
单型膜	單型膜	stichomonad
单型属	單模式屬	monotypic genus
单型种	單模式種	monotypic species
单性种群	單性族群	apomict population
单芽生殖的	單芽生殖的	monogemmic
单眼	單眼	ocellus
单叶型疣足	單葉型疣足	uniramous parapodium

祖国大陆名	台湾地区名	英 文 名
单针六星骨针	單針六星骨針	monoxyhexaster
单枝型附肢	單枝型附肢	uniramous appendage
单肢动物	單肢動物	uniramian, Uniramia(拉)
单轴骨针	單軸骨針	monaxon
单轴原骨片	單軸原骨片	monocrepid
单主附生的,自主附生的	自主附生的	auto-epizootic
单主寄生	單主寄生	ametoecism
单柱的	單柱的	monomyarian
单子宫	單子宮	simplex uterus
担轮幼体	擔輪幼體	trochophora
胆管	膽管	bile duct
胆囊	膽囊	gall bladder
胆囊管	膽囊管	cystic duct
胆小管	膽小管	bile canaliculus
淡水	淡水	freshwater
淡水浮游生物	淡水浮游生物	limnoplankton, freshwater plankton
淡水生物学	淡水生物學	limnology
蛋白水解	蛋白水解	proteolysis
氮循环	氮循環	nitrogen cycle
导杆	導杆	guide
导管	導管	duct, canal
导航	導航	navigation
导精管	導精管	afferent duct
导卵管(=排卵管)		
导引微纤丝	導引微纖絲	cathetodesma
岛叶	島葉	insular lobe
岛屿孑遗种	島嶼殘存種	island relict species
岛屿生物地理学	島嶼生物地理學	island biogeography
岛屿特有种	島嶼特有種	island endiemic species
盗食共生	盜食共生	cleptobiosis
盗食寄生	盜食寄生	cleptoparasitism
等侧的	等側的	equilateralis
等齿	等齒	isodont
等齿刺状刚毛	等齒刺狀剛毛	homogomph spinigerous seta
等齿镰刀状刚毛	等齒鐮刀狀剛毛	homogomph falcigerous seta
等分裂	等分裂	isotomy
等辐骨针	等輻骨針	isoactinate

祖 国 大 陆 名	台 湾 地 区 名	英 文 名
等级(=序位)		
等孔型	雙幽管的	diplodal
等模标本	等模式	homeotype
等壳	等殼	equivalve
等配子,同型配子	同型配子	isogamete
等配子母体,同型配子母体	同型配子母體	isogamont
等渗生物	等滲生物	osmoconformer
等网状骨骼	等網狀骨骼	isodictyal skeleton
等位酶	等位酶,等位脢	allozyme
等位酶电泳	等位酶電泳,等位脢電泳	allozyme electrophoresis
等柱的	等柱的	isomyarian
等作者(=及其他作者)		
镫骨	鐙骨	stapes
镫骨肌	鐙骨肌	stapedial muscle
低冠齿	低冠齒	brachyodont
低狭盐性	低狹鹽性	oligostenohaline
滴虫形幼虫	滴蟲形幼蟲	infusoriform larva
底壁	底壁	proximal wall
底表浮游生物	底表浮游生物	epibenthic plankton
底层,壳下层	殼下層	hypostracum
底层生物	底層生物	stratobios
底节(甲壳动物)	底節	coxopodite
底节板	底節板	coxal plate
底节腺(=基节腺)		
底栖动物区系	底棲動物相	benthic fauna
底栖生物	底棲生物	benthos
底栖植物区系	底棲植物相	benthic flora
底蜕膜(=基蜕膜)		
地理残遗种(=地理子遗种)		
地理分布	地理分佈	geographical distribution
地理分布梯度	地理分佈梯度	chorocline
地理隔离	地理隔離	geographical isolation
地理子遗种,地理残遗种	地理子遺種	geographical relic species

祖国大陆名	台湾地区名	英文名
地理生态学	地理生態學	geographic ecology
地理替代	地理替代	geographical replacement
地理型	地理型	geotype
地理亚种	地理亞種	geographical subspecies
地理障碍	地理障礙,地理界限	geographical barrier
地理宗	地理族	geographical race
地模标本	產地模式	topotype
地上生物	地上生物	geodyte
地位未定(=位置未[确]定)		
地下动物	地下動物	subterranean animal
递进法则	漸進法則	progression rule
第二触角,大触角	第二觸角	second antenna, antenna
第二触角柄	第二觸角柄	antennal peduncle
第一触角鳞片	第二觸角鱗片	scaphocerite, antennal scale
第二小颚	第二小顎	maxilla, second maxilla
第二中间宿主	第二中間宿主	second intermediate host
第三脑室	第三腦室	third ventricle
第四脑室	第四腦室	fourth ventricle
第一触角,小触角	第一觸角	first antenna, antennule
第一触角柄	第一觸角柄	antennular peduncle
第一触角柄刺	第一觸角柄刺	antennular stylocerite
第一小颚	第一小顎	maxillula, first maxilla
第一中间宿主	第一中間宿主	first intermediate host
蒂德曼盲囊	蒂德曼盲囊	Tiedemann's diverticulum
蒂德曼体	蒂德曼體	Tiedemann's body
点断平衡说	點斷平衡說	punctuated equilibrium
垫	垫	pulvinus, thenar
淀粉酶	澱粉酶	amylase
奠基者效应(=建立者效应)		
雕纹	雕紋	sculpture
碟状幼体	碟狀幼體	ephyra
蝶耳骨	蝶耳骨	sphenotic bone
蝶骨	蝶骨	sphenoid bone
蝶形骨针	蝶形骨針	butterfly-form
盯聍腺	盯聹腺	ceruminous gland
顶板	頂板	apical plate

祖 国 大 陆 名	台 湾 地 区 名	英 文 名
顶鞭毛束	頂鞭毛束	loricula
顶齿	頂齒	apical tooth
顶复体	頂複體	apical complex
顶骨	頂骨	parietal bone
顶管	頂管	apical canal
顶级物种	頂級物種	top species
顶极	極盛相	climax
顶极群落	極盛相群聚	climax community
顶间骨	頂間骨	interparietal bone
顶节	頂節	acron
顶毛丛	頂毛叢	apical tuft
顶泌汗腺	頂泌汗腺	apocrine sweat gland
顶鞘	頂鞘	rostrum
顶体	頂體	acrosome
顶突	頂突	apical process(腔肠动物), rostellum(寄生蠕虫), terminal apophysis(蜘蛛)
顶突腺	頂突腺	rostellar gland
顶系	頂系	apical system
顶腺	頂腺	apical gland
顶血囊	頂血囊	distal haematodocha
顶叶	頂葉	parietal lobe
顶质分泌腺	頂分泌腺	apocrine gland
顶柱	頂柱	fulcrum
订正[研究]	校訂	revision
定居型	定居型	sedentariae
定量的	定量的,量化的	quantitative
定向	定向	orientation
定向发育假说	定向發育假說	canalized development hypothesis
定向反应	定向反應	orientation reaction
定向干细胞	定向幹細胞	committed stem cell
定向功能	定向功能	orientating function
定向选择	定向選擇	directional selection
定性的	定性的	qualitative
东洋界	東亞區	Oriental realm
冬候鸟	冬候鳥	winter migrant
冬季浮游生物	冬季浮游生物	winter plankton
冬季海面浮游生物	冬季海面浮游生物	chimopelagic plankton
冬季停滞[期]	冬季停滯期	winter stagnation

祖国大陆名	台湾地区名	英 文 名
冬卵	冬卵	winter egg
冬眠	冬眠	hibernation
冬睡	冬睡	winter sleep
动孢子	動孢子	zoospore
动关节	可動關節	movable joint, diarthrosis
动合子	動合子	ookinete
动基体	動基體	kinetoplast
动脉	動脈	artery
动脉导管	動脈導管	ductus arteriosus
动脉球	動脈球	bulbus arteriosus
动脉圆锥	動脈錐	conus arteriosus
动情间期	動情間期	diestrus
动情期	動情期	estrus, oestrus
动情前期	動情前期	proestrus
动情周期	動情週期	oestrous cycle
动吻动物	動吻動物	kinorhynch, Kinorhyncha（拉）
动物	動物	animal
[动物地理]界	界	realm
动物地理学	動物地理學	zoogeography
动物分类学	動物分類學	animal taxonomy, zootaxy
动物极	動物極	animal pole
动物界	動物界	animal kingdom
动物胚胎学	動物胚胎學	animal embryology
动物区系	動物相	fauna
动物区系学	動物分佈學	faunistics
[动物]区系组成	動物相組成	faunal component
动物群落	動物群聚	animal community, zoobiocenose, zooco-enosis
动物社会学	動物社會學	animal sociology
[动物]社群	[動物]社群	[animal] society
动物生理学	動物生理學	animal physiology
动物生态学	動物生態學	animal ecology
动物宿主	動物宿主	animal host
动物线虫学	動物線蟲學	animal nematology
动物行为学	動物行為學	animal ethology
动物形态学	動物形態學	animal morphology
动物学	動物學	zoology
动物遗传学	動物遺傳學	zoogenetics

祖国大陆名	台湾地区名	英 文 名
动物园	動物園	zoo
动物志	動物誌	fauna
动物紫	動物紫	zoopurpurin
动物组织学	動物組織學	animal histology
动纤毛	動纖毛	kinocilium
动纤丝	動纖絲	kinetodesma
动性孢子	動孢子	sporokinete
动眼神经	動眼神經	oculomotor nerve
动质	動質	kinoplasm
洞角	洞角	horn
洞穴动物,掘洞动物	掘洞動物	burrowing animal
胴部(=躯干[部])		
豆状囊尾蚴	豆狀囊尾蚴	cysticercus pisiformis(拉)
窦房结	竇房結	sinoatrial node
窦囊	竇囊	sinus sac
窦器	竇器	sinus organ
窦周间隙	竇周間隙	perisinusoidal space of Disse
窦状腺	竇狀腺	sinusoid
毒刺	毒刺	poisonous spine
毒丝胞	毒絲胞	toxicyst
毒腺	毒腺	poison gland,venom gland
毒牙	毒牙	fang
毒爪	毒爪	poison claw
独立鸟头体	獨立鳥頭體	independent avicularium
独模标本	單模式	monotype
独征	獨徵	autapomorphy
端板	端板	terminal plate
端侧的	端側的	distolateral
端齿区	端齒區	trepen
端触手	端觸手	terminal tentacle
端环	端環	anellus
端黄卵	端黄卵	telolecithal egg
端节	端節	mucron
端孔室	端孔室	distal porechamber
端卵胞	端卵胞	endotoichal ovicell
端膜	端膜	terminal membrane
端囊,端泡	端泡	terminal vesicle
端脑	端腦	telencephalon

祖 国 大 陆 名	台 湾 地 区 名	英 文 名
端泡（＝端囊）		
端器	端器	terminal organ
端球	端球	terminal bulb, end bulb（帚虫动物）
端茸鞭毛	端茸鞭毛	acronematic flagellum
端生齿	頂生齒	acrodont
端吸盘	端吸盤	terminal sucker
端细胞	端細胞	teloblast
端纤毛环	端纖毛環	telotroch
端芽	端芽	distal budding
端肢	端肢	telopod
端栉	端櫛	terminal comb
端爪	端爪	terminal claw
短柄齿片刚毛	短柄齒片剛毛	short-handled seta
短命生物	短命生物	angonekton
短膜虫期	短膜蟲期	crithidial stage, epimastigote
短腕幼体	短腕幼體	brachiolaria
短腰双圆球形骨针	短腰雙圓球形骨針	barrel
K 对策	K 策略	K-strategy
r 对策	r 策略	r-strategy
对称第二次分裂	對稱第二次分裂	symmetrical second division
对称卵裂	對稱卵裂	bilateral cleavage
对称卵裂面	對稱卵裂面	symmetrical cleavage plane
对抗共生,拮抗共生	拮抗共生	antagonistic symbiosis
对抗[行为]	拮抗	agonistic
对盘尾蚴	對盤尾蚴	amphistome cercaria
对生	對生	lumbricine
对映现象	對映現象	enantiotropic
对趾足	對趾足	zygodactylous foot
盾	盾	pelta, scute（脊椎动物）
盾板	盾板	scutum, plastron（棘皮动物）
盾胞型	盾胞型	umboloid
盾刺	盾刺	scutum
盾鳞	盾鳞	placoid scale
盾面	盾面	escutcheon
盾片	盾板	tegulum
盾状触手	盾狀觸手	peltate tentacle
多孢子的	多孢子的	polysporous
多倍性活质体,多核质	多核質細胞	polyenergid

祖国大陆名	台湾地区名	英 文 名
细胞		
多层的	多層的	multilaminar
多巢	多巢	polydome
多齿爪状骨针	多齒爪狀骨針	unguiffrate
多顶极［群落］	多峯群聚	polyclimax
多度	豐度,多度	abundance
多房簇虫	多房簇蟲	polycystid gregarine
多分裂的	多分裂的	polytomic
多辐骨针	多輻骨針	polyact, polyactine
多宫型	多宮型	polydelphic type
多核体的	多核體的	syncytial, coenocytic
多核质细胞(＝多倍性 　活质体)		
多黄卵	多黄卵	polylecithal egg, megalecithal egg
多肌型	多肌型	polymyarian type
多极神经元	多極神經元	multipolar neuron
多寄生	多寄生	multiparasitism, polyparasitism
多精入卵	多精入卵	polyspermy
多孔板	多孔板	polyporous plate
多孔的	多孔	multiporous
多孔动物,海绵动物	海绵動物,有孔動物	sponge, Porifera(拉)
多孔型玫瑰板	多孔型玫瑰板	multiporous rosette plate
多口	多口	polystomy
多口道芽	多口道芽	polystomodeal budding
多列单型膜	多列單型膜	polystichomonad
多列的	多列的	multiserial
多裂肌	多裂肌	multifidus muscle
多毛轮幼体	多毛擔輪幼體	polytrochal larva
多膜现象	多膜現象	polyhymenium
多能干细胞	多能幹細胞	multipotential stem cell
多能性	多能性	pluripotency
多泡脂肪(＝棕脂肪)		
多胚	多胚	polyembryony
多胚发生	多胚發生	polyembryogeny
多配性	多配偶制	polygamy
多食性	多食性	polyphagy
多室的	多室的	polythalamic
多数合意树	多數共同樹	majority consensus tree

祖 国 大 陆 名	台 湾 地 区 名	英 文 名
多态	多態	polymorphism
多态群体	多態群落	polymorphic colony
多体拟态	多體擬態	allelomimicry
多头蚴,共尾蚴	共尾蚴	coenurus
多腕的	多腕的	multibrachiate
多维生态位	多維生態區位	hypervolume niche, multidimensional niche
多形[细胞]层	多形[細胞]層	multiform layer
多形核粒细胞	多形核粒細胞	polymorphonuclear granulocyte
多型属	多形屬	polytypic genus
多型种	多形種	polytypic species
多旋骨针	多旋骨針	polyspire
多芽生殖的	多芽生殖的	polygemmic
多域性	多域性	polydemic
多元发生	多元發生	polygenesis
多元内出芽	多元内出芽	endopolygeny
多元外出芽	多元外出芽	ectopolygeny
多种合群	多種群集	mixed species flock
多种混居巢	多種混居巢	compound nest, mixed nest
多主寄生	多重寄生	pleioxeny, polyxeny
多足动物	多足動物	myriapod, Myriapoda(拉)

E

祖 国 大 陆 名	台 湾 地 区 名	英 文 名
额板	額板	frontal plate
额[部]	額	front(甲壳类), clypeus(蜘蛛)
额沟线	額溝線	frontal furrow
额骨	額骨	frontal bone
额后脊	額後脊	post-frontal ridge
额剑,额角	額角	rostrum
额角(=额剑)		
额角侧沟	額角側溝	adrostral groove
额角侧脊	額角側脊	adrostral carina
额角后脊	額角後脊	post-rostral carina
额鳞弓	額鱗弓	fronto-squamosal arch
额器	額器	frontal organ
额区	額區	frontal region

祖国大陆名	台湾地区名	英　文　名
额突起	額突起	frontal process, frontal appendage
额胃沟	額胃溝	gastro-frontal groove
额胃脊	額胃脊	gastro-frontal carina
额腺	額腺	frontal gland
额叶	額葉	frontal lobe
厄尔尼诺	聖嬰現象	El Niño
轭骨	軛骨	jugal bone
恶性贫血	惡性貧血	pernicious anemia
萼管	萼管	porocalyx
萼孔	萼孔	calyx pore
萼[器]	萼	calyx
萼丝骨针	萼絲骨針	calycocome
腭方软骨	腭方軟骨	palatoquadrate cartilage
腭弓收肌	腭弓內收肌	adductor arcus palatine muscle
腭弓提肌	腭弓舉肌	lcvator arcus palatine muscle
腭骨	腭骨	palatine bone
腭骨齿	腭骨齒	palatal tooth
腭咽肌	腭咽肌	palatopharyngeus muscle
颚齿	顎齒	paragnatha
颚唇	顎唇	gnathochilarium
颚骨(苔藓动物)	顎骨(苔蘚動物)	mandible
颚环	顎環	maxillary ring
颚基	顎基	gnathobase
颚区	顎區	palate
颚头	顎頭	gnathocephalon
颚咽动物	顎咽動物	gnathostomulid, Gnathostomulida(拉)
颚叶	顎葉	endite
颚舟片,颚舟叶	顎舟葉,顎舟片	scaphognathite
颚舟叶(=颚舟片)		
颚足	顎足	maxilliped
耳带脊(=耳关节)		
耳关节,耳带脊	耳脊	auricular crura
耳郭	耳殼	auricle, pinna
耳后腺(=腮腺)		
耳囊	聽囊	otic capsule
耳区	耳區	otic region
耳砂,耳石	耳石	otoconium, otolith, statoconium
耳砂膜,耳石膜	耳石膜	otoconium membrane, statoconium mem-

祖国大陆名	台湾地区名	英 文 名
		brane
耳石(=耳砂)		
耳石膜(=耳砂膜)		
耳蜗	耳蜗	cochlea
耳蜗迷路	耳蜗迷路	cochlear labyrinth
耳羽	耳外羽	auricular
耳舟	耳舟	scaphe
耳柱骨	耳柱骨	columella
耳状刚毛	耳狀剛毛	auricular seta
耳状骨	耳狀骨	auricle
耳状突	耳狀突	auricular projection
耳状幼体	耳狀幼體	auricularia
二叉骨针	二叉骨針	diaene
二重带	二重帶	duplicature band
二重寄生	二重寄生	diploparasitism
二重寄生物	二重寄生物,二重寄生蟲	secondary parasite
二重褶	二重褶	duplicature fold
二次三叉骨针	二次三叉骨針	dichotriaene
二次污染物	二次污染物	secondary pollutant
二道体区	二道體區	bivium
二分裂	二分裂	binary fission
二分体	二分體	dyad
二辐骨针	二輻骨針	diactine, diact
二辐射裂	二輻射裂	biradial cleavage
二化	二化	divoltine
二尖瓣	二尖瓣	bicuspid valve, mitral valve
二尖骨针	二尖骨針	oxea, acerate
二孔型	二孔型	bifora
二联体	二聯體	diad
二态	雙態	dimorphism
二头肌	二頭肌	biceps muscle
二氧化碳循环	二氧化碳循環	carbon dioxide cycle
二趾足	二趾足	bidactylous foot
二轴骨针	二軸骨針	diaxon

F

祖国大陆名	台湾地区名	英　文　名
发光器	發光器	luminous organ
发光生物	發光生物	luminous organism
发情	發情	heat
发声	發聲	vocalization
发声脊	發聲脊	stridulating ridge
发芽	發芽	germination
发育	發育	development
发育临界,发育阈值	發育閾值	developmental threshold
发育零点	發育零點	developmental zero
发育潜能	發育潛能	potentiality of development
发育生物学	發育生物學	developmental biology
发育[速]率	發育速率	developmental rate
发育停滞	發育停滯	stasimorphy
发育阈值(=发育临界)		
发育指数	發育指數	developmental index
法规	規約	code
法氏囊(=腔上囊)		
发状骨针	髮狀骨針	raphide
翻颈部	翻頸部	introvertere, introvert
繁群(=种群)		
繁殖成效	生殖成效	reproductive success
繁殖存活度	生殖存活度	reproductive viability
繁殖活动	生殖活動	breeding activity
繁殖潜力	生殖潛力	biotic potential, reproductive potential
繁殖群	繁殖群	deme
繁殖适度	生殖適度	reproductive fitness, bonitation
反刍类	反芻類	ruminant
反肛侧	反肛側	abanal side
反光膜,银膜	反光膜	tapetum lucidum, argentea
反光色素层	反光色素層	tapetum
反口触手	反口觸手	aboral tentacle
反口的	離口的,反口的	aboral

祖国大陆名	台湾地区名	英 文 名
反口面	反口面	abactinal surface, aboral surface
反口面骨骼	反口面骨骼	abactinal skeleton
反馈	回饋	feedback
反馈环	回饋环	feedback loop
反馈机制	回饋機制	feedback mechanism
反社群因子(=抗种群因子)		
反射弧	反射弧	reflex arc
反突	反突	retral process
反向进化	反向演化	reversed evolution
反应本能	本能反應	protaxis
反应能力	反應能力	competence
返祖现象	返祖現象	atavism
泛孢[子]母细胞	泛孢子母細胞	pansporoblast
泛化	泛化	generalization
泛生论	泛生理論	theory of pangenesis
泛生物地理学	泛生物地理學	panbiogeography
方轭骨,方颧骨	方軛骨,方顴骨	quadratojugal bone
方骨	方骨	quadrate bone
方鳞	方鱗	square scale
方颧骨(=方轭骨)		
方言	方言	dialect
方翼	方翼	square wing
防污浊	防污損	antifouling
防御	防禦	defense
防御适应	防禦適應	defense adaptation
房室结	房室結	atrioventricular node
房水	房水	aqueous humor
仿模标本	仿模式	heautotype
纺锤骨针	紡錘骨針	fusiform
纺锤器	紡錘器	atractophore
纺锤形骨针	紡錘形骨針	spindle
纺管	吐絲管	spigot
放射沟	放射溝	radial furrow
放射冠	放射冠	corona radiata
放射管(多孔动物)	輻水管	radial canal
放射肋	放射肋	radial rib
放射线	放射線	radial line

祖国大陆名	台湾地区名	英　文　名
放射褶	放射褶	radiating plication
放射状胶质细胞,米勒细胞	放射狀膠質細胞,繆勒細胞	radial neuroglia cell, Müller cell
飞航	飛航	ballooning
飞羽	飛羽	flight feather, remex
非巢式等级	非巢式階級	nonnested hierarchy
非混交雌体	非混交雌體	amictic female
非降解性	非降解性	nondegradation
非密度制约因子	非密度制約因子	density-independent factor
非生物因子	非生物因子	abiotic factor
非蜕膜胎盘	非蜕膜胎盤	nondeciduous placenta
非消除性免疫	非消除性免疫	non-sterilizing immunity
非依赖性分化	非依賴性分化	independent differentiation, self differenti-ation
非再生资源	不可再生資源	nonrencwablc resources
非造礁珊瑚	非造礁珊瑚	ahermatypic coral, non-reef-building coral
非正行海胆,歪形海胆	歪行海膽	irregular echinoid
非周期性	非週期性	aperiodicity
肥大细胞	肥大細胞	mast cell
腓肠肌	腓腸肌	gastrocnemius muscle
腓骨	腓骨	fibula
腓骨肌	腓肌	peroneus muscle
废弃名(=废止学名)		
废止学名,废弃名	廢棄名	rejected name
肺	肺	lung
肺动脉	肺動脈	pulmonary artery
肺动脉干	肺動脈幹	pulmonary trunk
肺动脉弓	肺動脈弧	pulmonary arch
肺静脉	肺靜脈	pulmonary vein
肺门	肺門	hilum of lung
肺泡隔	肺泡隔	interalveolar septum
肺泡孔	肺泡孔	alveolar pore
肺泡囊	肺泡囊	alveolar sac
肺皮动脉	肺皮動脈	pulmo-cutaneous artery
肺小叶	肺小葉	pulmonary lobule
肺循环	肺循環	pulmonary circulation
分布范围	分佈範圍	distribution range
[分布]区	區	area

祖 国 大 陆 名	台 湾 地 区 名	英 文 名
分布型	分佈型	distribution pattern
分布学	分佈學	chorology
分布中心	分佈中心	distribution center
分部[研究]法	分部研究法	merological approach
分层	分層	stratification, delamination
分房器	分房器	chambered organ
分隔膜	分隔膜	demarcation membrane
分工	分工	division of labor
分化	分化	differentiation
分化多形	分化多形	differentiative polymorphism
分级信号	分級訊號	graded signal
分节	分節	metamerism
分解者	分解者	decomposer
分类	分類	classification
分类单元	分類單元,分類群	taxon
[分类]纲要	綱要	synopsis
分类名录	名錄	checklist
分类性状	分類特徵	taxonomic character
分裂前体	分裂體	tomont
分裂体	分裂體	segmenta, meront
分裂选择	分裂選擇	disruptive selection
分流能量	能量分流	energy drain
分歧轴	分歧軸	axillary
分群	分群	colony fission
分散	分散	divergence
分筛顶系	分篩頂系	ethmolytic apical system
分支	分支群	clade
分支理论	分支理論	cladism
分支排列	分支排列	cladistic ranking
分支图	分支圖,支序圖	cladogram
分支系统学,支序系统学,支序分类学	支序系統學	cladistic systematics, cladistics
分子层	分子層	molecular layer
分子定年	分子定年	molecular dating
分子进化	分子演化	molecular evolution
分子胚胎学	分子胚胎學	molecular embryology
分子系统学	分子系統分類學	molecular systematics
分子遗传学	分子遺傳學	molecular genetics

祖国大陆名	台湾地区名	英 文 名
分子钟	分子時鐘	molecular clock
粉翈(＝粉绒羽)		
粉绒羽,粉翈	粉絨羽	powder down
粪便	糞便	feces
粪袋(＝直肠囊)		
粪道	糞道	coprodeum
粪生动物	糞生動物	coprozoon
丰富度	豐富度	richness
风播	風播	anemochory
[风土]驯化	自然馴化	acclimatization
封闭生态系统	封閉生態系統	closed ecosystem
峰板	峰板	carina
峰侧板	峰側板	carino-lateral compartment，latus carinale
峰端	峰端	carinal side
缝合片	縫合片	sutural lamina
缝合线	縫合線	suture
缝隙连接	縫隙連接	gap junction
缝线	縫線	suture line
稃毛	稃毛	palea
跗骨	跗骨	tarsal bone
跗横关节	跗橫關節	transverse tarsal joint
跗间关节	跗間關節	intertarsal joint
跗节	跗節	tarsus
跗节器	跗節器	tarsal organ
跗褶	跗褶	tarsal fold
跗蹠骨	跗蹠骨	tarsometatarsus
跗蹠关节	跗蹠關節	tarsometatarsal joint
跗舟	①跗舟 ②杯葉	cymbium
孵化	孵化	hatching
孵化率	孵化率	hatching rate
孵化期	孵化期	hatching period
孵卵	卵孵化	egg hatching
浮环	浮環	float ring
浮浪幼体	浮浪幼體	planula
浮囊	浮囊	pneumatophore
浮游动物	浮游動物	zooplankton
浮游多毛类	浮游多毛類	pelagic polychaetes
浮游甲壳动物	浮游甲殼動物	planktonic crustacean

祖 国 大 陆 名	台 湾 地 区 名	英 文 名
浮游生物	浮游生物	plankton
浮游细菌	浮游細菌	bacterioplankton
浮游鱼类	浮游魚類	itchthyoplankton
福尔克曼管(= 穿通管)		
匐滴虫	匐滴蟲	herpetomonas
辐步管	輻步管	ambulacral radial canal
辐部(甲壳动物)	輻部	radius
辐触手	輻觸手	radiole
辐管(刺胞动物)	輻管	radial canal
辐轮幼虫,辐轮幼体	輻輪幼體	actinotrocha
辐轮幼体(= 辐轮幼虫)		
辐片	輻片	radial piece
辐鳍骨	輻鰭骨	radialium
辐射对称	輻射對稱	radial symmetry
辐射对称型卵裂	輻射對稱型卵裂	radial symmetrical type cleavage
辐射珊瑚个体	輻珊瑚石	radial corallite
辐射束骨针	輻射束骨針	ray
辐射状骨针	輻射狀骨針	radiate
辐针	輻針	radial pin
辐状幼体	輻狀幼體	actinula
抚幼室	撫幼室	brood cell
抚育	撫育	brooding
抚育细胞	營養細胞	nurse cell
辅加能量	副能量	energy subsidy
辅源营养	副營養	auxotrophy
辅助骨针	輔助骨針	accessory spicule
辅助片	輔助片	supplementary plate
辅助性 T 细胞	輔助性 T 細胞	helper T cell
腐生生物(= 朽木生物)		
腐生营养现象	腐生營養現象	saprophytism
腐食营养	腐食營養	saprotrophy
腐殖质	腐殖質	humics
父母印记	父母印記	parental imprinting
负载力,负载量	負荷量	carrying capacity
负载量(= 负载力)		

祖国大陆名	台湾地区名	英 文 名
附睾	附睾	epididymis
附睾管	附睾管	epididymal duct
附加棒	附加棒	additional bar
附片,副片	副片	accessory piece
附生的(=体表附生的)		
附属鸟头体	附屬鳥頭體	dependent avicularium
附属小板,副板	副板	accessory plate
附属小管	附屬小管	adventitious tubule
附属芽	附屬芽	adventitious bud
附吸盘,副吸盘	副吸盤	accessory sucker
附性囊,副囊	副囊	accessory sac
附肢	附肢	appendage
附肢骨骼	附肢骨骼	appendicular skeleton
附着基盘	附著基盤	attaching base, attachment disc
附着器	附著器	holdfast, adhering apparatus(软体动物)
附着丝	附著絲	attachment filament
复板	複板	compound plate
复层上皮	複層上皮	stratified epithelium
复分裂	複分裂	multiple fission
复沟型	複溝型	rhagon, leucon type
复冠型触手冠	複冠型觸手冠	ptectolophorus lophophore
复合信号	複合訊號	composite signal
复合种	複合種	species complex
复合种群(=集合种群)		
复苏	復甦	anabiosis
复苏态	復甦狀態	anabiotic state
复体	複體	aggregate form
复系	多系	polyphyly
复系的	多系的	polyphyletic
复型刚毛	複型剛毛	compound seta
复眼	複眼	compound eye
复原	復原	resilience
复原稳定性	復原穩定性	resilience stability
复杂性	複雜性	complexity
复制带	複製帶	replication band
副板(=附属小板)		

祖国大陆名	台湾地区名	英 文 名
副鞭	副鞭	accessory flagellum
副鞭毛杆	副鞭毛桿	paraflagellar rod
副鞭毛体	副鞭毛體	paraflagellar body
副部	半側體	paramere
副齿	附齒	supplementary tooth
副淀粉	裸藻澱粉,類澱粉	paramylon
副蝶骨	副蝶骨	parasphenoid bone
副额板	副額板	coclypeus
副跗舟	①副跗舟 ②小杯葉	paracymbium
副核	副核	amphosome, paranucleus
副基器	副基器	parabasal apparatus
副基丝	副基絲	parabasal filament
副基体	副基體	parabasal body
副交感神经系统	副交感神經系統	parasympathetic nervous system
副开壳肌	副開殼肌	accessory diductor
副口盾	副口盾	supplementary mouth shield
副肋粒	副肋粒	paracostal granule
副模标本	副模式	paratype
副囊(=附性囊)		
副尿管(=副肾管)		
副皮质	副皮質	paracortex
副片(=附片)		
副鞘	副鞘	paratheca
副神经	副神經	accessory nerve
副肾管,副尿管	副尿管	accessory urinary duct
副突	副突	additional papilla, paraphyle（原生动物）
副吻针	副吻針	accessory stylets
副吸盘(=附吸盘)		
副小膜	副小膜	paramembranelle
副须(鸟)	副鬚(鳥)	supplementary bristle
副选模	副選模式	paralectotype
副引带	副引帶	telamon
副羽	副羽	aftershaft, afterfeather
副针囊	副針囊	accessory pouch
副中[央]脊	副中脊	accessory median carina
副轴杆	側軸桿	paraxial rod
副爪	副爪	accessory claw
副籽骨	副種籽骨	accessory sesamoid [bone]

祖国大陆名	台湾地区名	英 文 名
副子宫器,子宫周器官	副子宫器,副宫器	paruterine organ
富营养	過營養	eutrophy
富营养化	優養化	eutrophication
腹板	下板,腹板	hypoplax, sternum
腹瓣	腹瓣	ventral valve
腹壁肋(=腹皮肋)		
腹柄	腹柄	pedicel
腹[部]	腹部	abdomen
腹侧板	腹側板	ventral-lateral plate
腹肠隔膜(腕足动物)	腹腸隔膜	ventral mesentery
腹肠系膜(环节动物)	腹腸繫膜	ventral mesentery
腹刺	腹刺	ventral spine
腹窦	腹竇	ventral sinus
腹盾	腹盾	ventral shield
腹刚毛	腹剛毛	neuroseta
腹根	腹根	ventral root
腹横肌	腹橫肌	transversus abdominis muscle
腹肌	腹肌	abdominal muscle
腹甲	腹甲	sternite(节肢动物), plastron (脊椎动物)
腹甲沟	腹甲溝	sternal groove, sternal sulcus
腹静脉	腹靜脈	abdominal vein
腹口尾蚴	腹口尾蚴	gasterostome cercaria
腹肋	腹肋	ventral rib
腹毛动物	腹毛動物	gastrotrich, Gastrotricha (拉)
腹膜	腹膜	peritoneum
腹膜壁层,体壁腹膜	體壁腹膜	somatic peritoneum
腹膜腔	腹膜腔	peritoneal cavity
腹膜索	圍腔膜索	peritoneal chord
腹膜细胞	圍腔膜細胞	peritoneal cell
腹膜脏层,脏壁腹膜	臟壁腹膜	splanchnic peritoneum
腹膜褶	圍腔膜褶	peritoneal fold
腹内片	腹內片	abdominal endosternite
腹内斜肌	腹內斜肌	internal oblique muscle of abdomen
腹囊(腕足动物)	腹囊(腕足動物)	ventral pouch
腹皮肋,腹壁肋	腹壁肋骨,腹皮肋骨	abdominal rib, gastralia rib
腹片	腹片	abdominal sclerite
腹鳍	腹鰭	ventral fin, pelvic fin

祖 国 大 陆 名	台 湾 地 区 名	英 文 名
腹鳍降肌	腹鳍下掣肌	depressor ventralis muscle
腹鳍收肌	腹鳍内收肌	adductor ventralis muscle
腹鳍缩肌	腹鳍牵缩肌	retractor ventralis muscle
腹鳍提肌	腹鳍举肌	levator ventralis muscle
腹鳍引肌	腹鳍牵引肌	protractor ventralis muscle
腹鳍展肌	腹鳍外展肌	abductor ventralis muscle
腹腔动脉	腹腔动脉	celiac artery, coeliac artery
腹桥	腹桥	plagula
腹塞	腹塞	ventral plug
腹神经节	腹神经节	ventral ganglion
腹神经链	腹神经链	ventral nerve cord
腹突	腹突	ventral process
腹突起	腹突起	ventral abdominal appendage
腹外斜肌	腹外斜肌	external oblique muscle of abdomen
腹腕板	腹腕板	ventral arm plate
腹吸盘	腹吸盘	acetabulum, ventral sucker
腹吸盘前窝	腹吸盘前窝	preacetabular pit
腹吸盘指数	腹吸盘指数	acetabular index
腹腺	腹腺	ventral gland
腹须	腹须	ventral cirrus
腹褶	腹褶	metapleural fold
腹肢	腹肢	neuropodium, pleopod（甲壳动物）
腹直肌	腹直肌	rectus abdominis muscle
腹主动脉	腹大动脉	abdominal aorta
腹足类	腹足类	gastropod

G

祖 国 大 陆 名	台 湾 地 区 名	英 文 名
改组带	改组带	reorganization band
钙泵	钙泵	calcium pump
钙化	钙化	calcification
盖板	盖板	opercular valve
盖层	盖层	tegmentum
盖膜	盖膜	tectorial membrane
干扰	干扰	perturbation
杆丝胞	杆丝胞	rhabdocyst
杆状带	杆状带	bacillary band

祖 国 大 陆 名	台 湾 地 区 名	英 文 名
杆状二尖骨针	桿狀二尖骨針	rhabdus amphioxea
杆状体	桿狀體	rhabdos, rhabdite（寄生蠕虫）
杆状蚴	桿狀蚴	rhabtidiform larva
杆状肢	桿狀肢	stenopodium
肝	肝	liver
肝板	肝板	hepatic plate, liver plate
肝刺	肝刺	hepatic spine
肝动脉	肝動脈	hepatic artery
肝沟	肝溝	hepatic groove
肝管	肝管	hepatic duct
肝脊	肝脊	hepatic carina
肝静脉	肝靜脈	hepatic vein
肝巨噬细胞,库普弗细胞	肝巨噬細胞	Kupffer cell
肝盲囊	肝盲囊	hepatic caccum
肝门静脉	肝門靜脈	hepatic portal vein
肝区	肝區	hepatic region
肝韧带	肝韌帶	hepatic ligament
肝闰管	肝閏管	Hering canal
肝胃韧带	肝胃韌帶	hepatogastric ligament
肝细胞	肝細胞	hepatocyte, liver cell
肝下区	肝下區	subhepatic region
肝血窦	肝血竇	liver sinusoid
肝胰管	肝胰管	hepatopancreatic duct
肝胰脏	肝胰臟	hepatopancreas
感官	感覺器官	sense organ
感光小器	感光小器	ocellus
感觉板	感覺板	sense plate
感觉冲动	感覺衝動	sensory impulse
感觉棍	感覺棍	cordylus, rhopalium
感觉毛	感覺毛	aesthetasc
感觉器官	感覺器官	sensory organ
感觉神经末梢	感覺神經末梢	sensory nerve ending
感觉生态学	感覺生態學	sense-ecology
感觉纤毛	感覺纖毛	tastcilien
感觉行为	感覺行為	sensory behavior
感染密度	感染密度	density of infection
感染性棘头体	感染性棘頭體	cystacanth

祖国大陆名	台湾地区名	英 文 名
冈上肌	棘上肌	supraspinatus muscle
冈上窝	棘上窝	supraspinous fossa
冈下肌	棘下肌	infraspinatus muscle
冈下窝	棘下窝	infraspinous fossa
刚节	剛節	setiger
刚节幼虫	剛節幼體	setiger juvenile
刚毛	剛毛	seta, chaeta
刚毛泡	剛毛泡	setal follicle
刚毛束	剛毛束	setal fascicle
刚叶	剛葉	setal lobe
纲	綱	class
肛瓣(=肛扉)		
肛侧	肛側	anal side
肛道	肛道	proctodeum
肛道腺	直腸腺	proctodeal gland
肛扉,肛瓣	肛瓣	anal valve
肛沟	肛溝	anal groove
肛节	肛節	anal segment
肛孔	肛孔	anal pore
肛鳞	肛鱗	anal scale
肛门	肛門	anus
肛前孔	肛前孔	preanal pore
肛前吸盘	肛前吸盤	preanal sucker
肛丘	肛丘	anal tubercle
肛乳突	肛乳突	anal papilla
肛生殖节	肛生殖節	ano-genital segment
肛室	肛室	anal chamber
肛窝	肛窝	anal pit
肛下带线	肛下帶線	subanal fasciole
肛下盾板	肛下盾板	subanal plastron
肛腺	肛門腺	anal gland
肛须	肛鬚	anal cirrus
肛周窦	肛周竇	paranal sinus
肛周腺	肛周腺	circumanal gland
肛锥	肛錐	anal cone
高尔基体	高爾基體	Golgi apparatus
高尔基Ⅰ型神经元	高爾基Ⅰ型神經元	Golgi type Ⅰ neuron
高尔基Ⅱ型神经元	高爾基Ⅱ型神經元	Golgi type Ⅱ neuron

祖国大陆名	台湾地区名	英　文　名
高冠齿	高冠齒	hypsodont
高斯原理	高斯原理	Gause principle
高狭盐性	高狹鹽性	polystenohaline
高血糖素	昇糖素	glucagon
睾丸网	睾丸網	rete testis
睾丸小隔	睾丸小隔	septula testis
睾丸小叶	睾丸小葉	testicular lobule, lobulus testis
稿模标本	稿模式	chirotype
告警声,警戒声	警戒聲	alarm call
歌鸣(=鸣啭)		
格洛格尔律	格洛格定律	Gloger's rule
格室	格室	cancellus
隔壁（苔藓动物）	隔板（苔蘚動物）	septum
隔颈	隔頸	septal neck
隔离	隔離	isolation
隔离分化(=离散)		
隔离机制	隔離機制	isolating mechanism
隔[膜]	隔[膜]	diaphragm, mesentery, septum(软体动物)
隔膜丝	隔膜絲	mesenterial filament
隔片	隔片	septum
隔片鞘	隔片鞘	septotheca
隔片珊瑚肋	隔片珊瑚肋	septocosta
膈	橫膈膜	diaphragm
膈神经	膈神經	phrenic nerve
个虫	個蟲	zooid
个虫间连络	個蟲間連絡	interzooidal communication
个虫列	個蟲列	zooidal row
个虫群	個蟲群	zooid group
个虫束	個蟲束	zooidal fascicle
个体变异	個體變異	individual variation
个体发生,个体发育	個體發育	ontogeny, ontogenesis
个体发育(=个体发生)		
个体间距	個體間距	individual distance
个体生态学	個體生態學	autecology
个体性	個體性	individuality
根(棘皮动物)	根	radix
根杆骨针	根桿骨針	rhizoclone

祖 国 大 陆 名	台 湾 地 区 名	英 文 名
根个虫	根個蟲	rhizoid
根卷枝	根卷枝	radiculus
根片(蛛形类)	根部	radix
根束	根束	rooting tuft
根丝	小根	rootlet
根丝体	根毛體	rhizoplast
根头形骨针	根頭形骨針	rooted head
根纤维	根纖維	radicular fiber
根叶形骨针	根葉形骨針	rooted leaf
根枝骨针	根枝骨針	rhizoclad
根柱	根柱	rhizostyle
根状系	根狀系	root-like system
根足	根足	rhizopodium
跟骨	跟骨	calcaneus, calcaneum bone
跟座	跟座	talonid
梗动体	梗動體	pecilokont
梗突	梗突	pectinelle
弓束骨针	弓束骨針	toxadragma
弓形骨针	弓形骨針	toxa
弓旋骨针	弓旋骨針	toxaspire
肱骨	肱骨	humerus
肱肌	肱肌	brachialis muscle
肱腺	肱腺	humeral gland
巩膜	鞏膜	sclera
巩膜[骨]环	鞏膜[骨]環	sclerotic ring
巩膜软骨	鞏膜軟骨	sclerotic cartilage
拱齿型	拱齒型	camarodont type
共表型的	共表型的	cophenetic
共巢共生(=守护共生)		
共存	共存	coexistence
共骨	共骨	coenosteum
共寄生	共寄生	symparasitism
共栖结合	共棲結合	commensal union
共肉	共肉	coenosarc
共生	共生	symbiosis
共生蓝藻	共生藍藻	syncyanosen
共生生物	共生生物	symbiont

祖国大陆名	台湾地区名	英文名
共同衍征	共同衍徵	synapomorphy
共同祖征	共同祖徵	symplesiomorphy
共尾蚴(=多头蚴)		
共位群,同资源种团,生态同功群	生態同功群,同資源種團	guild
共芽	共芽	common bud
共优势	共優勢	co-dominance
勾棘骨针	勾棘骨針	uncinate
佝偻病	佝僂病	rickets
沟	溝,槽	groove, furrow, sulcus, fluting (腕足动物)
沟系(多孔动物)	溝系	canal system
钩	鈎	hook
钩刺	鈎刺	hooked spine
钩刺环	鈎刺環	girdlc of hooked granule
钩骨	鈎骨	unciform bone
钩介幼体	鈎介幼體	glochidium
钩毛蚴	鈎毛蚴	coracidium
钩突	鈎突	barbed process
钩腕棘	鈎腕棘	hooked arm spine
孤雌生殖	孤雌生殖	parthenogenesis
孤立淋巴小结	孤立淋巴小結	solitary lymphatic nodule
孤立生态系统	孤立生態系	isolated ecosystem
古北界	古北界	Palaearctic realm
古皮层	古腦皮層	paleopallium
古生态事件	古生態事件	paleoecological event
古生态学	古生態學	paleoecology
古生物地理	古生物地理	paleobiogeography
股	股	cohort
股(=大腿)		
股动脉	股動脈	femoral artery
股骨	股骨	femur
股孔	股孔	femoral pore
股直肌	股直肌	rectus femoris muscle
股中间肌	股間肌	vastus intermedius muscle
骨板	骨板	bone lamella, plate(龟鳖类)
骨板粒	骨板粒	skeletal plaque
骨单位,哈氏系统	骨單位,哈氏系統	osteon, Haversian system

祖 国 大 陆 名	台 湾 地 区 名	英 文 名
骨发生	骨發生	osteogenesis
骨缝	骨縫	suture
骨骼	骨骼	skeleton
骨骼肌	骨骼肌	skeletal muscle
骨化	骨化	ossification
骨基质	骨基質	bone matrix
骨棘球蚴	骨棘球蚴	osseous hydatid
骨鳞	骨鱗	bony scale
骨领	骨領	bone collar
骨螺旋板	骨螺旋板	osseous spiral lamina
骨迷路	骨迷路	osseous labyrinth
骨密质,密质骨	緻密骨	compact bone
骨内膜	骨內膜	endosteum
骨盆	骨盆	pelvis
骨片	骨片	spicula
骨松质,松质骨	疏鬆骨	spongy bone, cancellous bone
骨髓	骨髓	bone marrow
骨外膜	骨外膜	periosteum
骨细胞	骨細胞	osteocyte
骨小管	骨小管	bone canaliculus
骨小梁	骨小梁	bone trabecula
骨针	骨針	sclere, spicule
骨质刺(=硬刺)		
骨质簇	骨質簇	sclerodermite
鼓骨	鼓骨	tympanic bone
鼓膜	鼓膜	tympanic membrane
鼓膜张肌	鼓膜張肌	tensor tympani muscle
鼓泡	鼓泡	tympanic bulla
鼓韧带	鼓韌帶	tympanic ligament
鼓舌骨	鼓舌骨	tympanohyal bone
鼓室	鼓室	tympanic cavity
鼓室阶	鼓室階	scala tympani
鼓围耳骨	鼓圍耳骨	tympano-periotic bone
固定动作模式	固定動作模式	fixed action pattern (FAP)
固吸器	固吸器	haptor
固胸型	固胸型	firmisternia
固有层	固有層	lamina propria
固有结缔组织	固有結締組織	connective tissue proper

祖国大陆名	台湾地区名	英 文 名
固着胞	固着胞	pexicyst
固着动物	固著動物	sedentary animal
固着端	固著端	sessile end
固着铗	固著鋏	attaching clamp
固着鸟头体	固著鳥頭體	sessile avicularium
固着盘	固著盤	attaching disc
固着器	固著器	attaching organ
固着生物	固著生物	sessile organism
固着突	固着突	adhesive papilla
固着性休芽	固著性休芽	sessoblast
寡食性	寡食性	oligophagy
寡盐性	寡鹽性	oligohaline
关键被捕食者	關鍵被捕食者	keystone prey
关键病原体	關鍵病原體	keystone pathogen
关键改造者	關鍵改造者	keystonc modifier
关键互惠共生种	關鍵互惠共生種	keystone mutualists
关键寄生物	關鍵寄生物	keystone parasite
关键竞争者	關鍵競爭者	keystone competitor
关键期	關鍵期	critical period
关键因子	關鍵因子	key factor
关键植食者	關鍵植食者	keystone herbivore
关键种	關鍵種	key species, keystone species
关节	關節	joint, articulation
关节骨	關節骨	articular bone
关节面	關節面	articular facet
关节囊	關節囊	joint capsule
关节腔	關節腔	joint cavity
关节软骨	關節軟骨	articular cartilage
关节鳃	關節鰓	arthrobranchia
关节突间关节	關節突間關節	zygapophysial joint
关节下瘤	關節下瘤	subarticular tubercle
观摩学习	觀摩學習	empathic learning, observation learning
冠部	冠部	capitutum
冠骨针	冠骨針	crown
冠海胆型	冠海膽型	diadematoid type
冠纹	頭中央線	medium coronary stripe
冠须	冠狀的	coronal
冠羽	冠羽	crest

祖 国 大 陆 名	台 湾 地 区 名	英 文 名
冠状动脉	冠狀動脈	coronary artery
管齿型	管齒型	aulodont type
管道系统,腔隙系统	腔隙系統	lacunar system
管沟骨针	管溝骨針	canalaria
管肾	腎管	nephridium
管细胞	管細胞	solenocyte, tube cell(内肛动物)
管牙	管牙	solenoglyphic tooth
管状体	管狀個蟲	siphonozooid
管足	管足	podium
贯壳型腕环	貫殼型腕環	terebratelliform loop
贯眼纹	過眼線	transocular stripe
惯性	慣性	inertia
光亮带	光亮帶	euphotic zone
光能自养生物	光能自營生物	photoautotroph
光头刺骨针	光頭刺骨針	crown spine
光周期	光週期	photoperiod
光周期现象	光週期現象	photoperiodism
光周期性	光週期性	photoperiodicity
广布性	廣佈性	eurytopic
广布种,世界种	廣佈種,世界種	cosmopolitan species
广带性	廣帶性	euryzone
广栖性	廣棲性	euryoecious
广深性	廣深性	eurybathic
广湿性	廣濕性	euryhydric
广食性	廣食性	euryphagy
广适性	廣適性	eurytropy
广适应者	廣適應者	generalist
广温性	廣溫性	eurythermic, curythermal
广压性	廣壓性	eurybaric
广盐性	廣鹽性	euryhaline, eurysalinity
广氧性	廣氧性	euryoxybiotic
广营养性	廣營養性	eurytrophy
广域性	廣域性	euroky
硅质膜鞘	矽質膜鞘	silicalemma
轨迹稳定性	軌跡穩定性	trajectory stability
滚轴式骨针	滾軸式骨針	cylinder
棍棒形骨针	棍棒形骨針	rod
过低种群密度	過低族群密度	underpopulation

祖 国 大 陆 名	台 湾 地 区 名	英 文 名
过度捕获	過度捕獲	overfishing
过度放牧	過度放牧	overgrazing
过度分化	過度分化	overdifferentiation
过度利用	過度利用	over exploitation
过渡节	過渡節	transition segment
过渡螺旋	過渡螺旋	transitional helix
过高种群密度	過高族群密度	overpopulation
过境鸟	過境鳥	transit bird
过冷	過冷	supercooling

H

祖 国 大 陆 名	台 湾 地 区 名	英 文 名
哈氏管(=中央管)		
哈氏系统(=骨单位)		
海刺猬型	海刺蝟型	glyptocidaroid type
海胆幼体	海膽幼體	echinopluteus
海胆原基	海膽原基	echinus rudiment
海底群落	海底群落,海底群聚	marine bottom community
海底热泉	海底熱泉	hydrothermal vent
海绵动物(=多孔动物)		
海绵器	海綿器	spongy organ
海绵腔	海綿腔	spongocoel
海绵丝	海綿絲	spongin fiber
海绵丝细胞	海綿絲細胞	spongioblast
海绵体	海綿體	corpus cavernosum
海绵质	海綿質,海綿素	spongioplasm(原生动物), spongin(海绵)
海绵质细胞	海綿質細胞	spongocyte
海岩群落	海岩群落,海岩群聚	actium
海洋浮游生物	海洋浮游生物	marine plankton
海洋牧场	海洋牧場	sea ranching,sea farming
海洋群落	海洋群落,海洋群聚	oceanium
海洋生态学	海洋生態學	marine ecology
海洋污染	海洋污染	marine pollution
害虫	害蟲	[insect] pest
汗腺	汗腺	sweat gland

祖国大陆名	台湾地区名	英 文 名
旱生动物	旱生動物	xerocole
旱生演替	旱生演替	xerarch succession
旱生演替系列	旱生階段演替	xerosere
好氧生物	好氧生物	aerobe，aerobic organism
耗氧量	耗氧量	oxygen-consumption
合胞体	合胞體	syncytium
合胞体黏腺	合胞體黏腺	syncytial cement
合胞体说	合胞體論	syncytial theory
合唱(＝合鸣)		
合巢集群	合巢群集	synoecium
合隔桁	合隔衍	synapticulae
合关节	合關節	synarthry
合关节疣	合關節疣	synarthrial tubercle
合核(纤毛虫学)	合子核	synkaryon
合荐骨	癒合薦骨	synsacrum
合鸣,合唱	合鳴,合唱	chorus
合膜	合膜	synhymenium
合筛顶系	合篩頂系	ethmophract apical system
合体细胞滋养层	合體细胞營養層	syncytiotrophoblast
合纤毛	合纖毛	syncilium
合意法	共同法	consensus method
合意树	共同樹	consensus tree
合意指标	共同指標	consensus index
合轴	合軸	sympodium
合子	合子	zygote
合子囊	卵母细胞	zygocyst，oocyst
合作	合作	co-operation
河口	河口	estuary
河流浮游生物	河流浮游生物	potamoplankton
河流群落	河流群落,河流群聚	potamium
核鞭毛系统	核鞭毛系統	karyomastigont
核部	核部	karyomere
核袋纤维	核袋纖維	nuclear bag fiber
核二型性	核二型性	nuclear dualism
核分裂	核分裂	karyokinesis
核链纤维	核鏈纖維	nuclear chain fiber
核内体	核內體	endosome
核内有丝分裂	核內有絲分裂	mesomitosis

祖国大陆名	台湾地区名	英 文 名
核配	核配	karyogamy
核泡,生发泡	生發泡	germinal vesicle
核双型现象	核雙型現象	nuclear dimorphism
核糖核酸	核糖核酸	ribonucleic acid(RNA)
核移植	核移植	nuclear transplantation
核质相互作用	核質相互作用	nucleo-cytoplasmic interaction
核质杂种细胞	核質雜種細胞	nucleo-cytoplasmic hybrid cell
核周质	核周質	perikaryon
颌弓	頜弧	mandibular arch
颌口类	有頜類	gnathostomata
颌下腺	頜下腺	submaxillary gland
颌腺	上頜腺	maxillary gland
褐色体(苔藓动物)	褐色體(苔蘚動物)	brown body
黑白瓶法	明暗瓶法	light and dark bottle technique
黑潮	黑潮	Kuroshio
黑化[型]	黑化[型]	melanism
黑克尔律	黑克爾定律	Haeckel's law
黑[色]素	黑色素	melanin
黑色素颗粒	黑色素顆粒	melanin granule
黑色素体	黑色素體	melanosome
黑色素细胞	黑色素細胞	melanocyte, melanophore
亨勒攀(=髓攀)		
亨森结(=原结)		
恒齿	恒齒	permanent tooth
恒齿齿系	恒齒齒列	permanent dentition
恒定性	恆定性	constancy
恒温动物	恆溫動物	homeotherm, homoiothermal animal
恒温性	恆溫性	homoiothermy
恒有种	恆有種	constant species
横板	橫板	tabula
横背巾膜	橫背巾膜	transverse dorsal hood
横杆	橫桿	transverse rod
横隔[壁]扩张肌	橫隔擴張肌	diaphragmatic dilator
横隔[壁]括约肌	橫隔括約肌	diaphragmatic sphincter
横结肠	橫結腸	transverse colon
横梁	橫樑	cross beam
横桥	橫橋	cross bridge
横突	橫突	transverse process

祖 国 大 陆 名	台 湾 地 区 名	英 文 名
横突棘肌	橫突棘肌	transversospinalis muscle
横突间肌	橫突間肌	intertransverse muscle
横纹面	橫紋面	striated area
横向纤维	橫向纖維	transverse fiber
横小管	橫小管	transverse tubule, T tubule
横行毛基单元	橫行毛基單元	parateny
横行性	橫行性	laterigrade
横枝(苔藓动物)	橫枝(苔蘚動物)	trabecula
红肌纤维	紅肌纖維	red muscle fiber
红树林	紅樹林	mangrove
红树林群落	紅樹林群落	mangrove community
红树林生态学	紅樹林生態學	mangrove ecology
红髓	紅髓	red pulp
红细胞	紅血球	erythrocyte, red blood cell (RBC)
红细胞发生	紅血球發生	erythrocytopoiesis, erythropoiesis
红细胞内裂体生殖	紅細胞內裂體生殖	erythrocytic schizogony
红细胞内期	紅細胞內期	erythrocytic phase
红细胞外裂体生殖	紅細胞外裂體生殖	exoerythrocytic schizogony
红细胞外期	紅細胞外期	exoerythrocytic stage
红腺	紅腺	red gland
宏分类学(=大分类学)		
宏[观]进化	巨演化	macroevolution
虹彩细胞	虹彩細胞	iridocyte
虹管	虹管	siphon
虹膜	虹膜	iris
虹吸式	虹吸式	siphoning type
喉	喉	larynx
喉肌	喉肌	muscle of larynx
喉内缩肌	喉內縮肌	internal constrictor muscle of larynx
喉囊	喉囊	gular pouch, gular sac
喉腔	喉腔	laryngeal cavity
喉软骨	喉頭軟骨	laryngeal cartilage
喉腺	喉腺	laryngeal gland, throat gland
喉褶	喉褶	gular fold, gular plica
骺板	骺板	epiphyseal plate
后凹椎体	後凹椎體	opisthocoelous centrum
后板	後板	metaplax

祖国大陆名	台湾地区名	英 文 名
后背侧板	後背側板	metazonite
后背腕	後背腕	postero-dorsal arm
后闭壳肌	後閉殼肌	posterior adductor muscle
后鞭毛体	後鞭毛體	opisthomastigote
后侧齿	後側齒	posterior lateral tooth
后侧刺	後側刺	retrolateral spine
后侧腕	後側腕	postero-lateral arm
后侧眼	後側眼	posterior lateral eye
后肠	後腸	hindgut
后肠门	後腸門	posterior intestinal portal
后肠系膜动脉	後腸繫膜動脈	posterior mesenteric artery
后成论,渐成论	漸成論	postformation theory, epigenesis theory
后齿堤	後牙堤	retromargin
后唇基节	後唇基節	postmentum
后担轮幼虫	後擔輪幼體	metatrochophorc
后额板	後額板	metaclypeus
后耳骨	後耳骨	opisthotic bone, opisthotica
后房	後房	posterior chamber
后纺器	後絲疣	posterior spinneret
后跗节	蹠節	metatarsus
后腹部	後腹部	metasoma(螯肢动物), postabdomen(枝角类)
后腹吸盘瓣	腹吸盤後瓣	postacetabular flap
后刚叶	後剛葉	postsetal lobe
后宫型	後宮型	opisthodelphic type
后沟	後水管	posterior canal
后沟牙	後溝牙	opisthoglyphic tooth
后股节	後股節	postfemur
后关节突	後關節突	posterior articular process
后管肾	後腎管	metanephridium
后环节	後環節	metasomite
后基板	後基板	metacoxa
后尖	後錐	metacone
后节	後節	deutomerite
[后]颈	後頸	nape
后口动物	後口動物	deuterostome, Deuterostomia(拉)
后连合	後連合	posterior commissure
后模标本	後模式	metatype

祖国大陆名	台湾地区名	英 文 名
后脑	後腦	metencephalon, hind brain
后[期]肾	後腎	metanephros
后[期]无节幼体	後無節幼體	metanauplius larva
后期幼体	幼後期	post-larva
后腔静脉	後大靜脈	postcaval vein
后鳃体	後鰓體	ultimobranchial body
后三叉骨针	後三叉骨針	anatriaene
后生动物	後生動物	metazoan, Metazoa（拉）
后示通讯	後示通訊	metacommunication
后体	後體	opisthosoma
后体腔	後體腔	metacoel
后同名	後同名	secondary homonym
后头部	後頭部	hind head
后头触须	後頭觸鬚	occipital cirrus
后头域	後頭域	occipital area
后腕	後腕	posterior arm
后微管	後微管	posterior microtubule
后尾蚴	後尾蚴	excysted metacercaria
后位肾	晚腎	opisthonephros
后吸盘	後吸盤	posterior sucker
后吸器	後吸器	opisthaptor
后纤毛环	後纖毛環	metatroch
后向鞭毛	反向鞭毛	recurrent flagellum
后小尖	後鋒	metaconule
后星骨针	後星骨針	metaster
后续个虫	後續個蟲	successive zooid
后嗅检器	後嗅檢器	aboral osphradium
后循环型	後循環型	metacyclic form
后眼列	後眼列	posterior row of eyes
后叶	後葉	posterior lobe, poster（苔藓动物）
后翼骨	後翼骨	metapterygoid bone
后幽门管	後幽門管	apochete
后幽门孔	後幽門孔	apopyle
后原肠胚	後原腸胚	metagastrula
后肢肌	後肢肌	muscle of posterior limb
后直肌	後直肌	posterior rectus muscle
后中眼	後中眼	posterior median eye
后主静脉	後主靜脈	posterior cardinal vein

祖国大陆名	台湾地区名	英 文 名
后转板	後轉板	palintrope
后仔虫	後仔蟲	opisthe
候鸟	候鳥	migrant［bird］
呼吸	呼吸	respiration
呼吸孔	呼吸孔,噴氣孔	blow hole
呼吸树	呼吸樹	respiratory tree
弧骨	弧骨	compass
弧形骨针	弧形骨針	bracket
弧胸型	弧胸型	arcifera
壶腹	壺腹	ampulla
壶腹嵴	壺腹嵴	crista ampullaris
壶腹帽	壺腹帽	cupula
壶状腺	壺狀腺	ampulliform gland
湖泊群落	湖泊群落,湖泊群聚	limnium
湖心浮游生物	湖心浮游生物	culimnoplankton
湖沼动物	湖沼動物	limnicole
互传人兽互通病	互傳人獸互通病	amphixenosis
互惠集群	互惠群集	symphilia
互抗	互抗	mutual antagonism
互利	互利	reciprocal altruism
互利共生	互利共生	mutualism，mutualistic symbiosis
互锁机制	互鎖機制	interlocking mechanism
护器(蛛形类)	護器	tutaculum
花唇骨针	花唇骨針	candelabrum
花丝骨针	花絲骨針	floricome
花纹样体	花紋樣體	rosette
花形口缘	花形口緣	floscelle
花枝末梢	花枝末梢	flower-spray ending
滑车神经	滑車神經	trochlear nerve
滑膜	滑膜	synovial membrane
滑膜关节	滑膜關節	synovial joint
化能自养生物	化能自營生物	chemoautotroph
化石种	化石種	fossil species
化学分化	化學分化	chemical differentiation
化学胚胎学	化學胚胎學	chemical embryology
化学生态学	化學生態學	chemical ecology
踝	跗	ankle
踝关节	踝關節	ankle joint

祖国大陆名	台湾地区名	英 文 名
环层小体,帕奇尼小体	環層小體,帕奇尼小體	Pacinian corpuscle, Vater-Pacini corpuscle
环带,生殖带	環帶	clitellum
环带胎盘	環帶胎盤	zonary placenta
环骨板	環骨板	circumferential lamella
环管	環管	circular canal
环肌	環肌	circular muscle
环甲肌	環甲肌	cricothyroid muscle
环礁	環礁	atoll
环节动物	環節動物	annelid, Annelida（拉）
环境抗性,环境阻力	環境阻力	environmental resistance
环境容量	環境容量	environmental capacity
环境生理学	環境生理學	environmental physiology
环境适合度	環境適合度	fitness of environment
环境综合休	環境綜合體	cnvironmcntal complex
环境阻力(=环境抗性)		
环卵沉淀反应	環卵沈澱反應	circumoval precipitate reaction(COPR)
环腔	環腔	ring coelom
环杓背肌	背環杓肌	dorsal cricoarytenoid muscle
环杓侧肌	側環杓肌	lateral cricoarytenoid muscle
环生	環生	perichaetine
环[纹]	環[紋]	annulation
环旋末梢	環旋末梢	annulo-spiral ending
环志	繫放	[bird] banding, [bird] ringing
环状部	環狀部	annulus
环状软骨	環狀軟骨	cricoid cartilage
环状胎盘	環狀胎盤	ring placenta
环状体期	環狀體期	ring stage
环状褶	環狀褶	ring fold
环状皱襞	環狀皺襞	plica circularis
寰枢关节	寰樞關節	atlantoaxial joint
寰枕关节	寰枕關節	atlantooccipital joint
寰椎	寰椎	atlas
缓步动物	緩步動物	tardigrade, Tardigrada（拉）
缓冲对抗	緩衝拮抗	agonistic buffering
换羽	換羽	molt
荒漠化,沙漠化	沙漠化	desertification

祖国大陆名	台湾地区名	英 文 名
荒漠群落	荒漠群落,荒漠群聚	deserta, eremium
黄斑	黄斑	macula lutea
黄色细胞	黄色細胞	chlorogogue cell
黄素体	黄素體	xanthosome
黄体	黄體	corpus luteum
黄体解体	黄體解體	luteolysis
黄体酮(=孕酮)		
黄新月	黄新月	yellow crescent
灰细胞	灰細胞	gray cell
灰新月	灰新月	gray crescent
灰质	灰質	gray matter
灰质联合	灰質聯合	gray commissure
挥舞展示	揮舞展示	waving display
回哺	回哺	regurgitation
回肠	回腸	ileum
回交纤维	回交纖維	crisscrossed fiber
回声定位	回聲定位	echolocation
洄游	迴游	migration
洄游性鱼类	迴游性魚類	migratory fish
会聚	會聚	convergence
会厌	會厭	epiglottis
会厌管	會厭管	epiglottic spout
会厌软骨	會厭軟骨	epiglottal cartilage
会阴	會陰	perineum
会阴花纹	會陰類型	perineal pattern
会阴腺	會陰腺	perineal gland
喙(= ［鸟］嘴)		
喙骨	烏喙骨	coracoid
喙突	喙狀突	coracoid process
婚刺	婚姻刺	nuptial spine
婚垫	婚姻墊	nuptial pad
婚后换羽	繁殖期後換羽	post-nuptial molt
婚前换羽	繁殖期前換羽	pre-nuptial molt
婚舞,求偶舞	求偶舞	nuptial dance
婚羽	飾羽,婚羽	nuptial plumage
混合潮	混合潮	mixed tide
混合生长	混合生長	mixed growth
混交雌体	混交雌體	mictic female

祖国大陆名	台湾地区名	英 文 名
活动范围(=巢域)		
活动指,可动指	可動指	movable finger
活食者	活食者	biophage
活体囊	活體囊	vital sac
活体荧光技术	活體熒光技術	in vivo fluorescence technique
火炬形骨针	火炬形骨針	torch
货币虫	貨幣蟲	nummulite
获得性状	後天特徵	acquired character
获能	獲能	capacitation

J

祖国大陆名	台湾地区名	英 文 名
机会种	機會物種	opportunistic species, fugitive species
肌槽	肌槽	muscular socket
肌带	肌帶	muscle strand
肌动蛋白	肌動蛋白	actin
肌动蛋白丝	肌動蛋白絲	actin filament
肌隔	肌隔	myocomma
肌痕	肌痕	muscle scar
肌脊	肌脊	muscle ridge
肌节	肌節	sarcomere
肌节腔	肌節腔	myocoel
肌膜	肌膜	sarcolemma
肌内膜	肌內膜	endomysium
肌旗	肌旗	muscle banner
肌球蛋白	肌凝蛋白	myosin
肌球蛋白丝	肌球蛋白絲	myosin filament
肌肉	肌肉	muscle
肌[肉]层	肌[肉]層	muscle layer, lamina muscularis
肌肉组织	肌肉組織	muscle tissue
肌上皮细胞	肌上皮細胞	myoepithelial cell
肌束膜	肌束膜	perimysium
肌丝	肌絲	myofilament, myoneme
肌梭(=神经肌梭)		
肌外膜	肌外膜	epimysium
肌卫星细胞	肌衛星細胞	muscle satellite cell
肌胃	肌胃	muscular stomach

祖 国 大 陆 名	台 湾 地 区 名	英 文 名
肌纤维	肌纖維	muscle fiber
肌小管	肌小管	sarcotubule
肌样细胞	肌樣細胞	myoid cell
肌原蛋白	肌原蛋白	troponin
肌原纤维	肌原纖維	myofibril
肌质	肌質	sarcoplasm
肌质网	肌質網	sarcoplasmic reticulum
肌皱丝	肌皺絲	myophrisk
奇静脉	奇靜脈	azygos vein
奇鳍	奇鰭	median fin
奇网	迷網	rete mirabile
基板	基板	basal lamina, basal plate
基部的	基部的	basal
基部突起	基部突起	proximal process
基侧板	基側板	coxoplcura
基础代谢率	基礎代謝率	basal metabolic rate（BMR）
基础生态位	基礎生態區位	fundamental niche
基底	基底	basis, substratum
基[底]扁平细胞	基部扁平細胞	basopinacocyte
基底层,生成层	基底層	stratum basale, stratum germinativum
基底膜	基底膜	basilar membrane
基蝶骨	基蝶骨	basisphenoid bone
基脊	基脊	basal keel
基节	基節	coxa, basipodite(甲壳动物)
基节刺	基節刺	basial spine
基节腺,底节腺	底節腺	coxal gland
基节囊	基節囊	coxal sac, eversible sac
基孔室	基孔室	basal porechamber
基膜	基膜	basement membrane
基囊	基囊	basal sac
基盘	基盤	basal disc
基片	基片	basal piece
基鳍骨	基鰭骨	basipterygium
基鳃骨	基鰓骨	basibranchial bone
基舌骨	基舌骨	basihyal bone
基体	基體	basal body
基突	基突	basal process
基蜕膜,底蜕膜	基蜕膜	basal decidua

祖国大陆名	台湾地区名	英 文 名
基胸板	基胸板	coxosternum
基须	基骨針	basalia
基血囊	基血囊	basal haematodocha
基因库	基因庫	gene bank
基因流	基因流	gene flow
基因漂变,基因漂移	基因漂移	gene drift
基因漂移(=基因漂变)		
基枕骨	基枕骨	basioccipital bone
基质	基質	ground substance, matrix
畸胎发生(=畸形发生)		
畸胎瘤	畸胎瘤	teratoma
畸形发生,畸胎发生	畸胎發生	teratogenesis
激活	活化	activation
激活剂	活化物	activator
激流群落	激流群落,激流群聚	lotic community
及其他作者,等作者	等作者	et alii, et al.
级	級,進化群	grade
即时致死带	即時緻死帶	zone of immediate death
极管	極管	polar tube
极环	極環	polar ring
极粒	極粒	polar granule
极帽	極帽	polar cap
极囊	極囊	polar capsule
极丝	極絲	polar filament
极体	極體	polar body
极危种	極度瀕危種	critical species
极性	極性	polarity
极性基体复合体	極性基體複合體	polar basal body-complex, PBB-complex
极叶	極葉	polar lobe
急转演替	急速演替	abrupt succession
棘(=刺)		
棘层	棘層	stratum spinosum
棘间肌	棘間肌	interspinous muscle
棘口尾蚴	棘口尾蚴	echinostome cercaria
棘毛	捲鬚,蔓足,棘毛	cirrus
棘毛小膜	棘毛小膜	cirromembranelle

祖 国 大 陆 名	台 湾 地 区 名	英 文 名
棘皮动物	棘皮動物	echinoderm, Echinodermata（拉）
棘球蚴	棘球蚴	echinococcus
棘球蚴沙,囊沙	棘球蚴沙	hydatid sand
棘球子囊	棘球子囊	daughter cyst
棘头虫（＝棘头动物）		
棘头虫病	鈎頭蟲病	acanthocephaliasis
棘头动物,棘头虫	棘頭動物,鈎頭蟲,鈎頭動物	acanthocephalan, Acanthocephala（拉）, thorny-headed worm
棘头体	棘頭體	acanthella
棘头蚴	鈎頭蚴	acanthor
棘星形骨针	棘星形骨針	thornstar
棘状骨骼	棘狀骨骼	echinating
棘状骨针	棘狀骨針	calthrops
集钙蛋白	集鈣蛋白	calsequestrin
集合小管	集合小管	collecting tubule
集合种群,复合种群	集合族群,複合族群	metapopulation
集聚	類聚	assemblage
集落生成单位	聚落生成單位	colony forming unit（CFU）
集群	群集	assembly
集群性	群集性	sociability, gregariousness
瘠地群落	瘠地群落,瘠地群聚	tirium
几丁质,甲壳质	幾丁質	chitin
脊	脊	carina
脊齿型	脊齒型	stirodont type
脊底型［颅］	脊底型［顱］	tropybasic type
脊神经	脊神經	spinal nerve
脊髓	脊髓	spinal cord
脊索	脊索	notochord
脊索板	脊索板	chordal plate
脊索动物	脊索動物	chordate, Chordata（拉）
脊索中胚层	脊索中胚層	chorda-mesoderm
脊腺	脊腺	vertebral gland
脊型齿	脊型齒	lophodont
脊性尾蚴	脊性尾蚴	lophocercaria
脊柱	脊柱	vertebral column
脊状疣足	脊狀疣足	torus
脊椎动物	脊椎動物	vertebrate, Vertebrata（拉）
脊椎动物学	脊椎動物學	vertebrate zoology

祖国大陆名	台湾地区名	英　文　名
戟形骨针	戟形骨針	hastate
记忆细胞	記憶細胞	memory cell
季风林	季風林	monsoon forest
季节频率	季節頻率	seasonal frequency
季节色	季節色	seasonal coloration
季节生活史	季節生活史	seasonal history
季节演替	季節性演替	seasonal succession
季节周期	季節週期	seasonal cycle
季节最低量	季節最低值	seasonal minimum
季节最高量	季節最高值	seasonal maximum
季相	季相	aspection, seasonal aspect
寄生	寄生	parasitism
寄生虫病	寄生蟲病	parasitic disease
寄生虫感染	寄生蟲感染	parasitic infection
寄生虫学	寄生蟲學	parasitology
寄生泡	寄生泡	parasitophorous vacuole, periparasitic va-cuole
寄生去势	寄生去勢	parasitic castration
寄生群落	寄生群落,寄生群聚	opium
寄生物	寄生物,寄生蟲	parasite
寄生性人兽互通病	寄生性人獸互通病	parasitic zoonosis
家化	畜養化	domestication
颊	頰	cheek
颊齿	頰齒	cheek tooth
颊刺	頰刺	pterygostomian spine
颊囊	頰囊	cheek pouch
颊区	頰區	pterygostomian region
颊纹	頰線	cheek stripe, malar stripe
颊窝	頰窩	facial pit
甲壳	甲殼	crusta
甲壳动物	甲殼動物	crustacean, Crustacea(拉)
甲壳动物学,蟹类学	甲殼動物學,蟹類學	carcinology
甲壳质(＝几丁质)		
甲桥	側橋	bridge
甲杓肌	甲杓肌	thyroarytenoid muscle
甲舌骨	甲舌骨	thyrohyal bone
甲状旁腺	副甲狀腺	parathyroid gland
甲状旁腺素	副甲狀腺素	parathyroid hormone

祖 国 大 陆 名	台 湾 地 区 名	英 文 名
甲状软骨	甲狀軟骨	thyroid cartilage
甲状腺	甲狀腺	thyroid gland
甲状腺素	甲狀腺素	thyroxine
假唇	假唇	pseudolabium
假单极神经元	假單極神經元	pseudounipolar neuron
假冬眠	假冬眠	pseudohibernation
假洞居生物	假洞居生物	pseudotroglobiont
假窦	假竇	pseudosinus
假多形	假多形	pseudopolymorphism
假额剑,假额角	假額角	pseudorostrum
假额角(=假额剑)		
假复层上皮	假複層上皮	pseudostratified epithelium
假寄生	假寄生	pseudoparasitism
假寄生虫	假寄生蟲	pseudoparasite, spurious parasite
假孔	假孔	pseudopore
假口围	假圍口	pseudoperistome
假篮咽管	假籃咽管	pseudonasse
假匐茎	假匐莖	pseudostolon
假气管	假氣管	pseudo-tracheae
假鳃	假鰓	pseudobranch
假上肢	假上肢	pseudepipodite, pseudoepipodite
假嗜酸性粒细胞	假嗜酸性粒細胞	pseudoacidophilic granulocyte
假死[状]态	假死狀態	thanatosis
假体腔(=原体腔)		
假体腔动物	假體腔動物	pseudocoelomate
假头节	假頭節	pseudoscolex
假外肢	假外肢	pseudexopodite, pseudoexopodite
假阴茎囊	假陰莖囊	false cirrus pouch
假缘膜	假緣膜	velarium
假孕	假孕	pseudopregnancy
假溞状幼体	假溞狀幼體	pseudozoea larva
假疹壳	假疹殼	pseudopunctate shell
尖棒骨针	尖棒骨針	oxystrongyle
尖头骨针	尖頭骨針	oxytylote
尖翼	尖翼	pointed wing
间步带	間步帶	interambulacral area, interambulacrum
间插骨	插入骨	intercalarium
间插体节	間插體節	intercalary segment

祖 国 大 陆 名	台 湾 地 区 名	英 文 名
间齿	間齒	intermedian tooth
间充质	間質	mesenchyme
间唇	間唇	interlabium
间渡区	過渡區	zone of intergration
间断共生	間斷共生	disjunctive symbiosis
间辐	間輻	interradius
间辐板	間輻板	interradial plate
间辐的	間輻的	interradial, interradius
间辐片	間輻片	interradial piece
间骨板	間骨板	interstitial lamella
间脊	間脊	intermediate carina
间介软骨	間介軟骨	intercalary cartilage
间孔	間孔	misopore
间脑	間腦	diencephalon
间皮	中皮	mesothelium
间鳃盖骨	間鰓蓋骨	interopercular bone
间舌骨	間舌骨	interhyal bone
间室	間室	mesooecium
间小齿	間小齒	intermedian denticle
间缘板	間緣板	inter-marginal plate
间质生长	間質生長	interstitial growth
间质细胞	間質細胞	interstitial cell
间质腺	間質腺	interstitial gland
间椎体	間椎體	intercentrum
肩板	肩板	scapullet, aileron（多毛类）
肩带	肩帶	pectoral girdle
肩峰	肩峰突	acromion
肩关节	肩關節	glenohumeral joint
肩胛冈	髆棘	scapular spine
肩胛骨	肩胛骨	scapula
肩胛提肌	肩胛舉肌	levator scapulae muscle
肩胛下肌	肩胛骨下肌	subscapularis muscle
肩臼	肩臼窩	glenoid cavity, glenoid fossa
肩[饰]片	肩片	epaulet
肩锁关节	肩峰鎖骨關節	acromioclavicular joint
肩纤毛带	肩纖毛帶	epaulettes
肩羽	肩羽	scapular
兼性寄生	兼性寄生	facultative parasitism

祖 国 大 陆 名	台 湾 地 区 名	英 文 名
兼性寄生虫	兼性寄生蟲	facultative parasite
兼性厌氧生物	兼性厭氧生物	facultative anaerobic organism
茧	繭	cocoon
减数分裂	減數分裂	meiosis
剪形叉棘	剪形叉棘	forficiform pedicellaria
检索[表]	檢索[表]	key
睑板	瞼板	tarsal plate, tarsus
睑板腺,迈博姆腺	瞼板腺	tarsal gland, Meibomian gland
简约性	簡約性	parsimony
建立者效应,奠基者效应	創始者效應	founder effect
建群	拓殖	colonization
剑板	劍腹板	xiphiplastron
荐骨	薦骨	sacrum
荐棘肌	薦棘肌	sacrospinalis muscle
荐髂关节	薦髂關節	sacroiliac joint
荐前椎	薦前椎	presacral vertebra
荐神经	薦神經	sacral nerve
荐尾关节	薦尾關節	sacrococcygeal joint
荐椎	薦椎	sacral vertebra
渐成论(=后成论)		
渐危种	漸危種	vulnerable species
鉴别	鑑別	diagnosis
鉴别特征	鑑別特徵	diagnostic characteristics
鉴定	鑑定	identification
箭泡	箭泡	akontobolocyst
浆膜	漿膜	serosa
浆细胞	漿細胞	plasma cell
浆羊膜腔	漿羊膜腔	sero-amnion cavity
浆液腺	漿液腺	serous gland
浆液腺泡	漿液腺泡	serous acinus
桨状刚毛	槳狀剛毛	paddle seta
降颚肌	降顎肌	mandibular depressor
降钙素	降鈣素	calcitonin
降海产卵鱼	降海產卵魚	catadromous fish
降结肠	降結腸	descending colon
交叉叉棘	交叉叉棘	crossed pedicellaria
交错突细胞	交錯突細胞	interdigitating cell

祖 国 大 陆 名	台 湾 地 区 名	英 文 名
交感神经链	交感神經鏈	sympathetic chain
交感神经系统	交感神經系統	sympathetic nervous system
交合刺	交接刺	spicule
交合刺囊	交接刺囊	spicular sac, spicular pouch
交合刺鞘	交接刺鞘	spicular sheath
交合伞	交合囊	copulatory bursa
交互寄生	交互寄生	reciprocal parasitism
交互拟态	交互擬態	reciprocal mimicry
交接管	交接管	copulatory tube
交接器	交接器	copulatory organ
交配集群	交配群集	synhesia
交配孔	交配孔	copulatory opening
交配库	交配庫	mating pool
[交]配素	交配素	gamone
交配系统,配偶制	交配系統	mating system
交配型	交配型	mating type, mating pattern
胶被膜	膠被膜	gelatinous envelope
胶充质	膠充質	collenchyma
胶囊期	膠囊期	gleocystic stage
胶黏腺	膠黏腺	cement gland
胶泡表网	膠狀原生質帶	sarcodictyum
胶泡基网	膠泡基網	sarcomatrix
胶泡内网	膠泡內網	sarcoplegma
胶群体期	膠群體期	palmella stage
胶丝鞭毛体	黏菌鞭毛體	myxoflagellate
胶丝变形体	黏菌變形體	myxamoeba
胶体	膠體	colloid
胶原蛋白	膠原蛋白	collagen
胶原细胞	膠原細胞	collencyte
胶原纤维	膠原纖維	collagen fiber
礁	礁	reef
礁平台,礁滩	礁灘	reef flat
礁滩(=礁平台)		
角蛋白	角質蛋白	keratin
角化	角質化	keratinization
角膜	角膜	cornea
角膜细胞	角膜細胞	corneal cell
角膜缘	角膜緣	corneal limbus

祖国大陆名	台湾地区名	英 文 名
角皮,外皮	角皮,外皮	cuticle
角皮凸	角皮凸	boss
角皮窝	角皮窝	cuticular pit
角鳃骨	角鳃骨	ceratobranchial bone
角舌骨	角舌骨	ceratohyal bone
角质层	角質層	stratum corneum
角质刺	角質刺	horny spine
角质骨骼	角質骨骼	keratose
角质颌	角質頜	horny jaw
角质环	角質環	cuticular ring
角质鳍条	角條	ceratotrichia(拉)
角质细胞	角質細胞	horny cell
角质形成细胞	角質形成細胞	keratinocyte
绞盘形骨针	絞盤形骨針	capstan
脚掌	脚掌	solc of foot
铰合板	鉸合板	hinge plate
铰合部	鉸合部	hinge
铰合齿	鉸合齒	hinge tooth
铰合韧带	鉸合韌帶	hinge ligament
铰合线	鉸合線	hinge line
铰合缘	鉸合緣	hinge margin
阶段发育	階段發育	phasic development
阶段浮游生物,半浮游生物	半浮游生物	meroplankton, transitory plankton, temporary plankton, hemiplankton
阶元	階元	category
接合后体	接合後體	exconjugant
接合[生殖]	接合	conjugation
接合体	接合體	conjugant
孑遗种,残遗种	殘存種	relict species
节	節	segment
节后神经纤维	節後神經纖維	postganglionic [nerve] fiber
节间腺	節間腺	interproglottidal gland
节律	節律	rhythm
节片	節片	segment, proglottid
节片生殖	節裂	strobilation
节前神经纤维	節前神經纖維	preganglionic [nerve] fiber
节体	節體	segmenter
节细胞层	節細胞層	ganglion cell layer

祖 国 大 陆 名	台 湾 地 区 名	英 文 名
节胸幼体(=磷虾类原潘状幼体)		
节肢动物	節肢動物	arthropod, Arthropoda（拉）
节肢动物化	節肢動物化	arthropodization
节椎关节	節椎關節	zygospondylous articulation
节奏波	節奏波	metachronal wave
拮抗共生(=对抗共生)		
结肠	結腸	colon
结肠系膜	結腸繫膜	mesocolon
结缔绒膜胎盘	結締絨膜胎盤	syndesmochorial placenta
结缔组织	結締組織	connective tissue
结合蛋白	結合蛋白	conjugated protein
结合泡	結合泡	concrement vacuole
结间	結間	internode
结节部	結節部	pars tuberalis
结膜	結膜	conjunctiva, conjunctive tunic
睫毛	睫毛	eyelash
睫腺	睫腺	ciliary gland
睫状体	睫狀體	ciliary body
姐妹群	姊妹群	sister group
界	界	kingdom
金星幼体(=腺介幼体)		
襟刺	領棘	collar spine
紧密连接,闭锁小带	緊密連接,閉鎖小帶	tight junction, zonula occludens
近等裂	近等分裂	adequal cleavage
近端的	近端的	proximal
近辐	近輻	adradii
近海的(=沿岸的)		
近交	雜交	inbreeding
近茎的	近莖的	adcauline
近口的	近口的	adoral
近模标本	近模式	plesiotype
近曲小管	近曲小管	proximal convoluted tubule
近似	近似	affinis, aff.
近似种	近似種	allied species
近星骨针	近星骨針	plesiaster

祖 国 大 陆 名	台 湾 地 区 名	英 文 名
近因,引信导因	近因	proximate cause, proximate causation
近宅的	共居性	synanthropic
近轴的	近軸的	adaxial
进攻性	侵略性	aggressiveness
进化	演化	evolution
进化生态学	演化生態學	evolutionary ecology
进化生物学	演化生物學	evolutionary biology
[进化]系统树	親緣樹	phylogenetic tree, dendrogram
进化系统学	演化系統分類學,演化系統學	evolutionary systematics
进展演替	進展型演替	progressive succession
浸银技术	浸銀技術	silver impregnation technique
经裂	縱向卵裂	meridional cleavage
茎瓣	莖瓣	pedicle valve
茎化	莖化	hcctocotylization
茎化腕	莖化腕	hectocotylized arm
茎肌	莖肌	peduncular muscle
茎片	幹部	stipe
茎舌骨	莖舌骨	stylohyal bone
茎生的	莖生的	cauline
茎突咽肌	莖咽肌	stylopharyngeus muscle
惊叫声	驚叫聲	squel
晶胞	晶胞	crystallocyst
晶杆	晶桿,杵晶體	crystalline style
晶状体	晶狀體	lens
晶状体板	晶狀體板	lens placode
晶状体泡	晶狀體泡	lens vesicle
精包,精荚	精荚	spermatophore
精巢	睪丸,精巢	testis
精荚(=精包)		
精荚囊	精荚囊	spermatophore sac
精漏斗	精漏斗	sperm funnel
精母细胞	精母細胞	spermatocyte
精囊[腺]	精囊[腺]	seminal vesicle
精索	精索	spermatic cord
精网	精網	sperm web
精液	精液	semen, seminal fluid
精原细胞	精原細胞	spermatogonium

祖国大陆名	台湾地区名	英　文　名
精子	精子	sperm, spermatozoon
精子穿入	精子穿入	sperm penetration
精子穿入道	精子穿入道	sperm penetration path
［精子］穿入点	［精子］穿入點	point of entrance
精子发生	精子發生	spermatogenesis
精子活力	精子活力	motility of sperm
精子凝集素	精子凝集素	sperm-agglutinin
精子生成带	精子生成帶	zone of sperm transformation
精子细胞	精細胞	spermatid
精子形成	精子形成	spermiogenesis, spermateleosis
鲸蜡器	鯨腦油器	spermaceti organ
鲸须	鯨鬚	baleen
鲸须板	鯨鬚板	baleen plate
颈板	頸板	collum
颈半棘肌	頸半棘肌	semispinalis cervicis muscle
颈侧囊	頸側囊	lateral flap
颈丛	頸神經叢	cervical plexus
颈动脉	頸動脈	carotid artery
颈动脉导管	頸動脈導管	carotid duct
颈动脉窦	頸動脈竇	carotid sinus
颈动脉弓	頸動脈弧	carotid arch
颈动脉体	頸動脈體	carotid body
颈沟	頸溝	cervical groove
颈肌	頸肌	muscles of neck
颈脊	頸脊	cervical carina
颈节	頸節	collum segment
颈筋膜	頸肌膜	cervical fascia
颈内动脉	內頸動脈	internal carotid artery
颈内静脉	內頸靜脈	internal jugular vein
颈器	頸器	nuchal organ
颈［牵］缩肌	頸縮肌	neck retractor
颈乳突	頸乳突	cervical papilla
颈神经	頸神經	cervical nerve
颈外动脉	外頸動脈	external carotid artery
颈外静脉	外頸靜脈	external jugular vein
颈腺	頸腺	nuchal gland, cervical gland（寄生蠕虫）
颈翼膜	頸翼膜	cervical ala
颈褶	頸褶	jugular plica, cervical fold（寄生蠕虫）

祖 国 大 陆 名	台 湾 地 区 名	英 文 名
颈椎	頸椎	cervical vertebra
颈最长肌	頸長肌	longissimus cervicis muscle
景观生态学	地景生態學	landscape ecology
警戒标志	警戒標誌	warning mark
警戒防御系统	警戒防禦系統	alarm-defense system
警戒复原系统	警戒復原系統	alarm-recruitment system
警戒色	警戒色	warning coloration, aposematic color
警戒声(=告警声)		
警戒态	警戒狀態	aposematism
警戒信息素	警戒性費洛蒙	alarm pheromone
净初级生产力	淨初級生產力	net primary productivity
净群落生产力	淨群落生產力	net community productivity
净生殖率	淨增值率	net reproductive rate
胫(=小腿)		
胫腓关节	脛腓關節	tibiofibular joint
胫跗骨	脛跗骨	tibiotarsus
胫骨	脛骨	tibia
胫骨前肌	前脛骨肌	tibialis anterior muscle
胫节	脛節	tibia
胫腺	脛腺	tibial gland
竞争	競爭	competition
竞争理论	競爭理論	competition theory
竞争排斥	競爭排斥	competition exclusion
竞争者	競爭者	competitor
静脉	靜脈	vein
静脉窦	靜脈竇	venous sinus
静水群落	靜水群落,靜水群聚	lentic community
静水生态系统	止水生態系	lentic ecosystem
静水生物	靜水生物	stagnophile
静纤毛	實體纖毛	stereocilium
镜像对称分裂	鏡像對稱分裂	symmetrogenic fission
臼齿	臼齒	molar tooth
臼齿突	臼齒突	molar process
就地保护,就地保育	就地保育	in situ conservation
就地保育(=就地保护)		
居间骨针	居間骨針	intermedia
居群(=种群)		

祖国大陆名	台湾地区名	英 文 名
居氏器(=居维叶器)		
居维叶器,居氏器	居氏器	Cuvierian organ
局泌汗腺	局泌汗腺	merocrine sweat gland
局质分泌腺	局部分泌腺	merocrine gland
咀嚼肌	咀嚼肌	muscles of mastication
咀嚼器(苔藓动物)	咀嚼器(苔蘚動物)	gizzard
咀嚼式	咀嚼式	chewing type
咀嚼叶	咀嚼葉	masticatory lobe
举足肌	舉足肌	pedal elevator muscle
巨大细胞	巨大細胞	giant cell, Dahlgren cell
巨核细胞	巨核細胞	megakaryocyte
巨球型	巨球型	megalospheric form
巨噬细胞	巨噬細胞	macrophage
巨突变(=大突变)		
巨型浮游生物	巨型浮游生物	megaloplankton
具刺壳	具刺殼	spiny shell
具巾刚毛	具巾剛毛	hooded seta
具囊尾蚴	具囊尾蚴	cystophorous cercaria
具缘刚毛	具緣剛毛	limbate seta
具褶壳	褶狀殼	plicated shell
据通信	據通信	in litteris, in litt.
据引证文献	據引用文獻	in opere citato, in op. cit.
距	距	spur, calcar
距跟关节	距跟關節	talocalcanean joint
距骨	距骨	talus, astragalus bone
锯齿	鋸齒	crenate
锯齿列	鋸齒列	serration
锯齿状	鋸齒狀	spination
聚合体	聚合體	diamorph
聚合腺	聚合腺	aggregate gland
聚合作用	聚合作用	polymerization
聚集(=群集)		
聚类	聚類	clustering
聚生	聚生	aggregation
聚眼	聚眼	agglomerate eye
卷[缠刺]丝囊	捲絲胞	volvent
卷束骨针	卷束骨針	sigmadragma
卷旋骨针	卷旋骨針	sigmaspire

祖 国 大 陆 名	台 湾 地 区 名	英 文 名
卷枝	卷枝	cirrus
卷枝间疣	卷枝間疣	intercirral tubercle
卷轴骨针	卷軸骨針	sigma
眷群	眷群	harem
决定因子	決定因子	determinative factor
绝迹种	絕跡種	extirpated species
掘洞动物(=洞穴动物)		
嚼吸式	嚼吸式	chewing-lapping type
攫腕	攫腕	grasping arm
攫肢	攫肢	raptorial limb
均等卵裂	均等卵裂	equal cleavage
均黄卵	均黃卵	isolecithal egg
均匀度	均勻度	evenness, equitability

K

祖 国 大 陆 名	台 湾 地 区 名	英 文 名
卡巴[颗]粒	卡巴粒	Kappa particle
开颚肌	開颚肌	mandibular divarigator
开放水域的,水层中的	開放水域的,水層中的	pelagic
开管循环系[统]	開放循環系統	open vascular system
开壳肌	開殼肌	divarigator, diductor
凯伯尔器官	凱氏器官	Keber's organ
铠	鎧	pallet
铠甲动物	鎧甲動物	loriciferan, Loricifera（拉）
糠虾[期]幼体	糠蝦幼體	mysis larva
抗寒性	抗寒性	cold resistance, winter resistance
抗旱性	抗旱性	drought resistance
抗受精素	抗受精素	antifertilizin
抗体	抗體	antibody
抗原	抗原	antigen
抗原呈递细胞	抗原呈遞細胞	antigen presenting cell
抗种群因子,反社群因子	反社群因子	antisocial factor
科	科	family
科尔蒂器(=螺旋器)		
科氏细胞(=丛上细		

祖 国 大 陆 名	台 湾 地 区 名	英 文 名
胞)		
科组	科群	family group
颏沟	頦溝	mental groove
颏纹	喉線	mental stripe
颏须	頦鬚	chin barbel, chin bristle, mental barbel（鱼）
颗粒层	顆粒層	stratum granulosum
颗粒黄体细胞	顆粒黄體細胞	granular lutein cell
颗粒细胞	顆粒細胞	granulosa cell
颗粒细胞层	顆粒細胞層	granular cell layer, granular layer
可动指(＝活动指)		
可塑性	可塑性	plasticity
可用[学]名	可用名	available name
可再生资源	可再生資源	renewable resources
克拉拉细胞	克氏細胞	Clara cell
克劳泽终球	克勞斯氏終球	Krause end bulb
客观异名	客觀異名	objective synonym
空肠	空腸	jejunum
空个虫	空個蟲	kenozooid
空间隔离	空間隔離	spatial isolation
空中漂浮生物	空中漂浮生物	aeroplankton
孔	孔	ostium
孔板	孔板	pore plate
孔带	孔帶	pore area
孔对	孔對	pore pair
孔腔(有孔虫)	孔腔(有孔蟲)	vestibulum
孔室	孔室	pore chamber
孔细胞	孔細胞	porocyte
口	口	mouth
口表膜下纤毛系	口下纖列	oral infraciliature
口[部]	口部,口器	mouth part, oral part
口侧的	口側的	oral-lateral
口侧膜	口側膜	paroral membrane
口道	口道	stomodaeum
口道沟	口道溝	siphonoglyph
口道囊胚	口道囊胚	stomoblastula
口盾	口盾	mouth shield, oral shield
[口腹]吸盘比	[口腹]吸盤比	sucker ratio

祖 国 大 陆 名	台 湾 地 区 名	英 文 名
口盖	口蓋	operculum
口盖肌	口蓋肌	opercular muscle
口–肛缝	口–肛縫	bucco-anal striae
口更新	口更換	oral replacement
口沟	口溝	oral groove
口管	口管	buccal tube
口后部	口後部	metastomium
口后缝	口後縫	postoral suture
口后附肢	口後附肢	postoral appendage
口后杆	口後桿	postoral rod
口后环	口後環	postoral ring
口后叶	口後部	metastomium
口后子午线	口後子午線	postoral meridian
口环	口環	oral ring
口棘	口棘	mouth papilla, oral papilla
口甲	口甲	buccal armature
口框	口框	buccal frame
口肋	口肋	oral rib
口笠	口笠	oral hood
口[笠触]须	口鬚	buccal cirrum
口漏斗	口吻漏斗	buccal funnel
口面	口面	actinal surface, oral surface
口面骨骼	口面骨骼	actinal skeleton
口面间辐区	口面間輻區	oral interradial area
口囊	口囊	buccal capsule
口盘	口盤	oral disc
口器发生	口部生成	stomatogenesis
口前板	口前板	epistome
口前部	口前部	prostomium
口前触手	口前觸手	prostomial tentacle
口前触须	口前觸鬚	prostomial palp
口前刺	口前刺	preoral sting
口前缝	口前縫	preoral suture
口前杆	口前桿	preoral rod
口前隔[壁]	口前隔	preoral septum
口前腔	口前腔	oral atrium, preoral cavity(节肢动物)
口前腔括约肌	口前腔括约肌	atrial sphincter
口前区	口前區	prebuccal area

祖国大陆名	台湾地区名	英 文 名
口前神经区	口前神經區	preoral nervous field
口前庭	口前庭	oral vestibule
口前纤毛器	口前纖毛器	preoral ciliary apparatus（PCA）
口前叶	口前葉	peripheral lobe, preoral lobe, prostomium（环节动物）
口腔	口腔	mouth cavity, buccal cavity
口腔腺	口腔腺	oral gland
口区	口區	oral area, aperture（苔藓动物）
口乳突	口乳突	oral papilla
口上卵胞	口上卵胞	hyperstomial ovicell
口上片	口上片	epistome
口上突起	口上突起	epistome
口上突起环	口上突起環	epistomial ring
口神经节	口神經節	buccal ganglion
口神经索	口神經索	buccal nerve cord
口神经系	口神經系	oral neural system
口索	口索	stomochord
口凸	口凸	bourrelet
口围	圍口部	peristome
口围卵胞	圍口卵胞	peristomial ovicell
口吸盘	口吸盤	oral sucker
口下的	口下的	suboral
口下片	口下片	hypostome
口须（鸟）	口鬚（鳥）	barbel
口羽枝	口羽枝	oral pinnule
口缘纤毛穗	近口纖毛穗	adoral ciliary fringe
口缘纤毛旋	近口纖毛旋	adoral ciliary spiral
口栅	口栅	apertural bar
口针（=口锥）		
口锥，口针	口針	stylet, spear
口锥杆	口針鞘	stylet shaft
口锥球	口針球	stylet knob
口锥套	口針套	stylet protector
扣状体	扣狀體	button
库普弗细胞（=肝巨噬细胞）		
夸量行为	示量行為	epideictic display, conventional behavior
宽幽门孔	寬幽門孔	eurypylorus

祖 国 大 陆 名	台 湾 地 区 名	英 文 名
髋骨	髖骨	hip bone
髋关节	髖關節	hip joint
髋臼	髀臼	acetabulum
眶蝶骨	眶蝶骨	orbitosphenoid bone
眶后骨	後眶骨	postorbital bone
眶间隔	眶間隔	interorbital septum
眶筋膜	眶筋膜	orbital fascia
眶前骨	前眶骨	preorbital bone
眶区	眶區	orbital region
眶上骨	上眶骨	supraorbital bone
眶下骨	下眶骨	infraorbital bone
眶下腺	眶下腺	suborbital gland
昆虫	昆蟲	insect, Insecta(拉)
扩散	擴散	dispersal
扩散节细胞(=弥散节细胞)		
扩散双极细胞(=弥散双极细胞)		
扩散型	擴散型	dispersion pattern
括约肌	括約肌	sphincters
廓羽,正羽	覆羽,翬羽	contour feather

L

祖 国 大 陆 名	台 湾 地 区 名	英 文 名
拉尼娜	反聖嬰現象	La Niña
拉特克囊	雷克氏囊	Rathke's pouch
喇叭虫素	喇叭蟲素	stentorin
蜡膜	蠟膜	cere
赖斯纳膜(=前庭膜)		
篮咽管	籃咽管	nasse
篮状细胞	籃狀細胞	basket cell
阑尾	闌尾	vermiform appendix
廊道,走廊	走廊	corridor
朗格汉斯岛(=胰岛)		
朗格汉斯细胞	蘭氏細胞	Langerhans cell
劳氏管	勞氏管	Laurer's canal
老体	老年體	senile

祖国大陆名	台湾地区名	英 文 名
雷蚴	雷蚴	redia
肋刺	肋刺	costula
肋沟	肋溝	costal groove
肋骨	肋骨	rib, costa
[肋骨]钩突	[肋骨]鈎突	uncinate process
肋横突关节	肋横突關節	costotransverse joint
肋间动脉	肋間動脈	intercostal artery
肋间肌	肋間肌	intercostal muscle
肋结节	肋结節	tuberculum of rib
肋盔	肋盔	costate shield
肋软骨关节	肋軟骨關節	costochondral joint
肋头	肋頭	capitulum of rib
肋椎关节	肋椎關節	costovertebral joint
泪骨	淚骨	lachrymal bone, lacrimal bone
泪腺	淚腺	lacrimal gland
泪液	淚液	tears
类骨质	類骨質	osteoid
类胡萝卜素	類胡蘿蔔素	carotinoid
类囊体	類囊體	thylakoid
类群	群,群體	group
类群选择	群體選擇	group selection
类社会	類社會	quasisocial
类帚胚	類箒胚	scopuloid
类锥体	類錐體	conoid
累积物	累積物	summator
棱脊状骨针	稜脊狀骨針	shuttle
棱鳞	稜鱗	keeled scale
棱形骨,小多角骨	小多角骨	trapezoid [bone]
梨形器	梨狀器	pyriform apparatus（绦虫）, pyriform organ（苔藓动物）
梨状肌	梨狀肌	piriformis muscle
梨状腺	梨狀腺	pyriform gland
梨状叶	梨狀葉	pyriform lobe
离巢雏	離巢雛	fledgling
离巢性	離巢性	nidifugity
离散,隔离分化	地理分隔,隔離分化	vicariance
离心辐骨针	離心輻骨針	exactine
离征(=衍征)		

祖国大陆名	台湾地区名	英 文 名
离趾足	離趾足	eleutherodactylous foot
犁骨	鋤骨	vomer bone
犁骨齿	鋤骨齒	vomerine tooth
犁骨脊	鋤骨脊	vomerine ridge
立方上皮	立方上皮	cuboidal epithelium
立体纤毛,硬纤毛	硬纖毛	stereocilium
立柱	立柱	pillar
利比希最低量法则	李比西最低因子定律	Liebig's law of the minimum
利己行为	利己行為	egoism
利什曼期	利什曼期	leishmanial stage
利他行为	利他行為	altruism
粒齿,弱齿	粒齒	dysodont
粒细胞	粒細胞	granulocyte
粒细胞发生	粒細胞發生	granulocytopoiesis
连接棒	連接棒	connective bar
连接复合体	連接複合體	junctional complex
连接管	連接管	connecting tube
连结	連結	bonding
连结纤丝	連結纖絲	desmose
连孔	連孔	communication pore
连立相眼	連立相眼	apposition eye
连滤泡上皮	連濾泡上皮	follicle associated epithelium（FAE）
连续双分裂	連續雙分裂	falintomy
镰形刚毛	鐮形剛毛	falcate seta, falciger
镰状韧带	鐮狀韌帶	falciform ligament
镰状突	鐮狀突	falciform process
链体	橫裂體	strobila
链尾蚴	鏈尾蚴	strobilocercus
链星骨针	鏈星骨針	streptaster
链状群体	鏈狀群體	catenoid colony
链状神经索,链状神经系	鏈狀神經系	chain-type nervous system
链状神经系(=链状神经索)		
两凹椎体	雙凹椎體	amphicoelous centrum
两侧对称	兩側對稱	bisymmetry
两侧对称祖先	兩側對稱祖先	dipleurula ancestor
两囊幼虫	兩囊幼體	amphiblastula

祖国大陆名	台湾地区名	英 文 名
两栖动物	兩棲類動物,兩生類動物	amphibian
两栖爬行类学	兩棲爬蟲類學	herpetology
两性管	兩性管	hermaphroditic duct
两性结合	兩性結合	amphigamy
两性囊	兩性囊	hermaphroditic pouch, hermaphroditic vesicle
两性融合体	兩性融合體	amphimict
两性生殖	兩性生殖	digenetic reproduction
两性异形	兩性異型	sexual dimorphism
獠牙	獠牙	tusk
列齿	列齒	taxodont
捩椎关节	捩椎關節	streptospondylous articulation
猎物	被捕食者,獵物	prey
裂鼻型	裂鼻型	schizorhinal
裂齿	裂齒	carnassial tooth, schizodont(软体动物)
裂簇虫	裂簇蟲	schizocystis gregarinoid
裂腭型	裂腭型	schizognathism
裂冠型触手冠	裂冠型觸手冠	schizophorus lophophore
裂管	裂管	rimule
裂片	裂片	lobe
裂体腔	裂體腔	schizocoel
裂体腔法	裂體腔法	schizocoelic method
裂体生殖	裂配生殖	schizogony
裂体生殖期	裂配生殖期	schizogonic stage
裂体生殖周期	裂配生殖週期	schizogonic cycle
裂头蚴	裂頭蚴	pleurocercoid larva, sparganum
裂殖[生殖]	裂殖	schizogeny
裂殖体	裂殖體	schizont
裂殖子	裂殖子	merozoite
裂殖子胚	裂殖子胚	cytomere, merocyst
鬣鳞	鬣鳞	crest scale
鬣毛(哺乳动物)	鬣毛(哺乳動物)	mane
邻域分布	鄰域分佈	parapatry
林栖动物	樹棲性動物	arboreal animal, hylacole
林底层生物	林地生物	patobiont
临界点	臨界點	critical point
临界深度	臨界深度	critical depth

祖国大陆名	台湾地区名	英 文 名
临界状态	臨界狀態	critical state
淋巴	淋巴	lymph
淋巴窦	淋巴竇	lymphatic sinus
淋巴管	淋巴管	lymphatic vessel
淋巴集结	淋巴集結	aggregate lymphatic nodule
淋巴结	淋巴結	lymph node
淋巴上皮滤泡	淋巴上皮濾泡	lympho-epithelial follicle
淋巴细胞	淋巴細胞	lymphocyte
B 淋巴细胞	B 淋巴細胞	B lymphocyte
T 淋巴细胞	T 淋巴細胞	T lymphocyte
淋巴小结	淋巴小結	lymphatic nodule
淋巴心	淋巴心臟	lymph heart
淋巴因子	淋巴因子	lymphokine
磷酸型[外壳](腕足动物)	磷酸型外殼(腕足動物)	phosphatic type
磷虾类后期幼体	磷蝦类後期幼體	cyrtopia
磷虾类原溞状幼体,节胸幼体	節胸幼體	calyptopis
磷虾类溞状幼体,叉状幼体	叉狀幼體	furcillia
磷循环	磷循環	phosphorus cycle
鳞	鱗	scale, shield(蜥蜴类)
鳞板	鱗板	dissepiment
鳞骨	鱗骨	squamosal bone
鳞[骨]片	鱗片	scale
鳞盘	鱗盤	squamodisc
鳞片(多毛类)	鱗片(多毛類)	elytron
鳞片柄	鱗片柄	elytrophore
鳞质鳍条	鱗狀鰭條	lepidotrichia(拉)
鳞状膜片	鱗狀膜片	squama
灵长类	靈長類	primate
灵长类学	靈長類學	primatology
翎骨针	翎骨針	point
翎领	翎領	ruff
菱脑	菱腦	rhombencephalon
菱形气管网结	菱形氣管網結	diamond anastomose
菱形体	菱形體	rhombogen
领鞭毛体[期]	領鞭毛體	choanomastigote

祖国大陆名	台湾地区名	英　文　名
领部	領部	collaret
领腔	領腔	collar cavity
领头	領導	leadership
领细胞	領細胞	choanocyte, collar cell
领细胞层	領細胞層	choanosome, choanoderm
领细胞室	領細胞室, 襟細胞室	choanocyte chamber
领域	領域	territory
领域性	領域性	territoriality
流动库	流動庫	labile pool, cycling pool
流水动物	流水動物	eotic animal
流水浮游生物	流水浮游生物	rheoplankton
留巢雏	留巢幼雛	nestling
留巢性	留巢性	nidicolocity
留鸟	留鳥	resident [bird]
硫循环	硫循環	sulfur cycle
瘤棒骨针	瘤棒骨針	kyphorhabd
瘤杆骨片	瘤桿骨片	ennomoclone
瘤角	瘤角	stubby horn
瘤胃	瘤胃	rumen
六辐骨针	六輻骨針	hexactine, hexact
六钩蚴	六鈎蚴	oncosphere, hexacanth
六星骨针	六星骨針	hexaster
六足动物	六足動物	hexapod, Hexapoda(拉)
龙骨板	龍骨板	carinal plate
龙骨[突]	龍骨	keel
龙虾幼体	透明幼體	puerulus larva
笼状体	籠狀體	basket
漏斗	漏斗	infundibulum
漏斗管	漏斗管	funnel siphon
漏斗基	漏斗基	funnel base
漏斗器	漏斗器	funnel organ
漏斗陷	漏斗凹	funnel excavation
颅骨	顱骨	cranium
鲁菲尼小体	魯菲尼氏小體	Ruffini's corpuscle
陆地生物	陸地生物	terricole
陆生动物	陸生動物, 陸棲動物	terrestrial animal
陆生动物群落	陸域動物群聚	terrestrial animal community
鹿角	鹿角	antler

祖 国 大 陆 名	台 湾 地 区 名	英 文 名
鹿茸	鹿茸	velvet
滤泡	濾泡	follicle
滤泡间上皮	濾泡間上皮	interfollicular epithelium（IFE）
滤泡旁细胞	濾泡旁細胞	parafollicular cell
滤食动物	濾食動物	filter feeder, suspension feeder
旅鸟	旅鳥	passing bird
绿带	綠帶	green belt
绿腺	綠腺	green gland
氯细胞	氯細胞	chloride cell
卵鞍	卵鞍	ephippium
卵胞	卵胞	ovicell
卵巢	卵巢	ovary
卵巢发育不全	卵巢發育不全	ovarian hypoplasia
卵巢球	卵巢球	ovarian ball
卵齿	卵齒	egg tooth
卵袋	卵囊	egg sac
卵盖	卵蓋	operculum
卵核	卵核	female gametic nucleus
卵黄	卵黃	yolk
卵黄动脉	卵黃動脈	vitelline artery
卵黄分裂	卵黃分裂	yolk cleavage
卵黄管	卵黃管	yolk duct, vitelline duct
卵黄静脉	卵黃靜脈	vitelline vein
卵黄滤泡	卵黃濾泡	vitelline follicle
卵黄膜	卵黃膜	vitelline membrane
卵黄内胚层	卵黃內胚層	yolk endoderm
卵黄囊	卵黃囊	yolk sac
卵黄腔	卵黃腔	lecithocoel
卵黄栓	卵黃栓	yolk plug
卵黄体	卵黃體	vitellus
卵黄系带	卵黃繫帶	chalaza
卵黄细胞	卵黃細胞	yolk cell
卵黄腺	卵黃腺	vitelline gland, yolk gland, vitellarium
卵黄形成期	卵黃形成期	period of yolk formation
卵黄贮囊	卵黃貯囊	vitelline reservoir
卵黄总管	卵黃總管	common vitelline duct
卵孔	卵孔	micropyle
卵孔盖	卵孔蓋	micropyle cap

祖国大陆名	台湾地区名	英 文 名
卵块	卵塊	egg mass
卵块袋	卵塊袋	egg string
卵块发育	卵片發育	merogony
卵裂	卵裂	cleavage
卵裂面	卵裂面	cleavage plane
卵裂腔	卵裂腔	segmentation cavity, cleavage cavity
卵裂球	胚球	blastomere
卵模	卵模	ootype
卵膜	卵膜	egg envelope, egg membrane
卵母细胞	卵母細胞	oocyte
卵囊	卵囊	egg sac, egg capsule, oocyst（原生动物）
卵囊残体	卵囊殘體	oocyst residuum
卵囊管	卵囊管	ooduct
卵泡	卵泡	ovarian follicle
卵泡膜	卵泡膜	follicular theca, theca folliculi
卵泡膜黄体细胞	卵泡膜黄體細胞	theca lutein cell
卵泡膜细胞	卵泡膜細胞	theca cell
卵泡腔	卵泡腔	follicular cavity
卵鞘	卵鞘	ootheca
卵壳	卵殼	chorion, shell
卵壳腺	卵殼腺	nidamental gland
卵丘	卵丘	ovarium mound
卵生	卵生	oviparity
卵生动物	卵生動物	oviparous animal
卵生珊瑚虫	卵生個蟲	oozooid
卵生体	卵生體	oozooid
卵室	卵室	ooecium
卵室口	卵室口	ooecial orifice
卵室口盖	卵室口蓋	ooecial operculum
卵室囊	卵室囊	ooecial vesicle
卵胎生	卵胎生	ovoviviparity
卵胎生动物	卵胎生動物	ovoviviparous animal
卵细胞	卵	egg, ovum, ootid
卵形成	卵形成	ovification
卵形成器	卵形成器	oogenotop
卵原细胞	卵原細胞	oogonium
卵质	卵質	ovoplasm, ooplasm
卵周膜	卵周膜	perivitelline membrane

祖国大陆名	台湾地区名	英　文　名
卵周隙	卵周間隙	perivitelline space
卵周液	卵周液	perivitelline fluid
卵轴	卵軸	egg axis
卵子发生	卵子發生	oogenesis
掠食体	掠食體	theront
轮虫(=轮形动物)		
轮带	輪帶	trochal band
轮骨	輪骨	rotule
轮形动物,轮虫	輪形動物	rotifer, Rotifera（拉）
轮形体	輪形體	wheel
轮疣	輪疣	wheel papilla
罗伦瓮(=洛伦齐尼瓮)		
逻辑斯谛方程	邏輯方程式	logistic equation
螺层	螺層	spiral whorl
螺顶	螺頂	apex
螺冠型触手冠	螺冠型觸手冠	spirolophorus lophophore
螺环	螺層,渦輪生	whorl
螺旋瓣	螺旋瓣	spiral valve
螺旋部	螺旋部	spire
螺旋卵裂	螺旋卵裂	spiral cleavage
螺旋器,科尔蒂器	科爾蒂氏器	organ of Corti
螺旋韧带	螺旋韌帶	spiral ligament
螺旋神经节	螺旋神經節	spiral ganglion
螺旋体(腕足动物)	螺旋體(腕足動物)	spire
螺旋腕	螺旋腕	spiral arm
螺旋缘	螺旋緣	spiral limbus
螺轴肌	殼軸肌	columellar muscle
螺状体	螺狀體	spiral zooid
裸孢子	裸孢子	gymnospore
裸壁	裸壁	gymnocyst
裸卵	裸卵	naked ovum
裸[囊]壁的	裸囊壁的	gymnocystidean
裸区	裸區	apterium
裸头尾蚴	裸頭尾蚴	gymnocephalus cercaria
裸细胞	裸細胞	null cell
瘰粒	疣	wart
洛伦齐尼瓮,罗伦瓮	勞氏蠹	ampulla of Lorenzini

祖国大陆名	台湾地区名	英 文 名
洛文[定]律	洛文定律	Loven's law
落叶层	落葉層	litter layer

M

祖国大陆名	台湾地区名	英 文 名
孖肌	孖肌	gemellus muscle
迈博姆腺(=睑板腺)		
迈斯纳小体,触觉小体	邁斯納氏小體,觸覺小體	Meissner's corpuscle
麦克尔软骨	美凱爾氏軟骨	Meckel's cartilage
脉搏压	脈搏壓	pulse pressure
脉弓	脈弓	haemal arch
脉棘	脈棘	haemal spine
脉络丛	脈絡叢	choroid plexus
脉络膜	脈絡膜	choroid
脉络膜腺	脈絡膜腺	choroid gland
满蹼	滿蹼	fully webbed
慢殖子	慢殖子	bradyzoite
漫游底栖动物	漫游底棲動物	vagil-benthon
漫游生物	漫游生物	errantia
蔓条样末梢	路徑樣末梢	trail ending
蔓足	蔓足	cirrus
芒状刚毛	芒狀剛毛	aristate seta
盲肠	盲腸	cecum
毛	毛	hair
毛被	皮毛	pelage
毛颚动物	毛顎動物	chaetognath, Chaetognatha（拉）
毛干	毛幹	hair shaft
毛根	毛根	hair root
毛管腹膜组织	毛管腹膜組織	vasoperitoneal tissue
毛基单元	毛基單元	kinetid
毛基皮层单元系统	毛基皮層單元系統	kinetome
毛基皮层单元增殖区	鐮狀構造	falx
毛基索	毛基索	kinety
毛基索侧生型	毛基索側生型	parakinetal
毛基索端生型	毛基索端生型	apokinetal, telokinetal
毛基索段	毛基索段	kinetal segment

祖国大陆名	台湾地区名	英 文 名
毛基索断片	毛基索斷片	kinetofragment, kinetofragmon
毛基索缝系统	毛基索縫系統	kinetal suture system
毛基索横生型	毛基索橫生型	perkinetal
毛基索间生型	毛基索間生型	interkinetal
毛基索口生型	毛基索口生型	buccokinetal
毛基索下微管	毛基索下微管	subkinetal microtubule
毛基体	毛基體	kinetosome
毛基体系统（＝鞭毛 ［基体］系统）		
毛角质	毛角質	hair cuticle
毛节	毛節	nodulus
毛母质	毛基質	hair matrix
毛囊	毛囊	hair follicle
毛皮质	毛皮質	hair cortex
毛球	毛球	hair bulb
毛乳头	毛乳頭	hair papilla
毛束骨针	毛束骨針	trichodragma
毛髓质	毛髓質	hair medulla
毛尾尾蚴	毛尾尾蚴	trichocercous cercaria
毛细胞	毛細胞	hair cell
毛［细］管盲囊	微血管盲囊	capillary caecum
毛细淋巴管	淋巴微血管	lymphatic capillary
毛细血管	微血管	blood capillary
毛细血管后微静脉	微血管後微靜脈	postcapillary venule, high endothelial ven- ule
毛蚴	毛蚴	miracidium
毛羽（＝纤羽）		
毛状刚毛	毛狀剛毛	plumous seta
矛口尾蚴	矛口尾蚴	xiphidiocercaria
矛状刚毛	矛狀剛毛	harpoon seta
锚臂	錨臂	anchor-arm
锚杆	錨桿	shaft
锚钩	錨鈎	anchor, hamulus
锚形体	錨形體	anchor
帽状胎盘	帽狀胎盤	cap placenta
帽状幼体	帽狀幼體	pilidium
玫板	玫板	rosette
玫瑰板	玫瑰板	rosette plate

祖 国 大 陆 名	台 湾 地 区 名	英 文 名
玫瑰花形骨针	玫瓣骨針	rosette
眉叉	眉叉	brow tine
眉纹	眉線	superciliary stripe
梅克尔触盘	梅克爾氏觸盤	Merkel's tactile disk
梅克尔细胞	梅克爾氏細胞	Merkel's cell
梅利斯腺(=梅氏腺)		
梅氏腺,梅利斯腺	梅氏腺	Mehlis's gland
媒介人兽互通病	媒介人獸互通病	meta-zoonosis
酶谱	酶譜,胰譜	zymogram
每搏输出量	搏出量	stroke volume
门	門	phylum(分类学), hilum, hilus
门齿	門齒	incisor tooth
门管	門管	portal canal
门静脉	門靜脈	portal vein
门细胞	門細胞	hilus cell
弥散节细胞,扩散节细胞	擴散節細胞	diffuse ganglion cell
弥散双极细胞,扩散双极细胞	擴散雙極細胞	diffuse bipolar cell
弥散胎盘	彌散胎盤	diffuse placenta
迷齿	迷齒	labyrinthodont
迷鸟	迷鳥	straggler, vagrant bird
迷走神经	迷走神經	vagus nerve
米勒管	繆勒氏管	Müllerian duct
米勒泡	繆勒泡	Müller's vesicle
米勒细胞(=放射状胶质细胞)		
米勒幼虫	繆勒氏幼蟲	Müller's larva
泌钙细胞	泌鈣細胞	etching cell
泌胶细胞	泌膠細胞	iophocyte
密度	密度	density
密度制约	密度制約	density dependence
密度制约因子	密度制約因子	density-dependent factor
密星骨针	密星骨針	pycnaster
密质骨(=骨密质)		
免疫寄生虫学	免疫寄生蟲學	immunoparasitology
免疫球蛋白	免疫球蛋白	immunoglobulin
免疫系统	免疫系統	immune system

祖 国 大 陆 名	台 湾 地 区 名	英 文 名
面肌	面肌	facial muscles
面盘	面盤	facial disk，velum（软体动物）
面盘幼体	面盤幼體	veliger
面神经	顏面神經	facial nerve
灭绝	滅絕	extinction
K 灭绝	K 滅絕	K-extinction
r 灭绝	r 滅絕	r-extinction
灭绝概率	滅絕機率	extinction probability（EP）
灭绝率	滅絕速率	extinction rate
灭绝漩涡	滅絕漩渦	extinction vortex
灭绝种	滅絕種	extinct species
敏感性	敏感性	sensitivity
明带，I 带	明帶，I 帶	light band，I band
明区	明區	area pellucida
鸣骨	鳴骨	pcssulus
鸣管	鳴管	syrinx
鸣叫	鳴叫	call
鸣啭，歌鸣	鳴唱	song
命名	命名［法］	nomenclature
模仿	模仿	imitation
模拟模型	模擬模型	simulant model
模式标本	模式標本	type specimen
模式产地	模式產地	type locality
模式概念	① 模式概念 ②模式物種學	typology
模式属	模式屬	type genus
模式宿主	模式宿主	type host
模式选定	模式選擇	type selection
模式种	模式種	type species
模式组	模式系列	type series
M 膜（＝M 线）		
Z 膜（＝Z 线）		
膜部	膜部	pars astringins（拉）
膜成骨	膜性硬骨	membranous bone
膜螺旋板	膜螺旋板	membranous spiral lamina
膜迷路	膜迷路	membranous labyrinth
膜囊	膜囊	membranous sac
膜盘	膜盤	membranous disc

祖 国 大 陆 名	台 湾 地 区 名	英 文 名
膜上腔	膜上腔	epistege
膜蜗管	膜耳蜗	membranous cochlea, scala media(拉)
膜下孔	膜下孔	opesium
膜下腔	膜下腔	hypostegal cavity
膜厣	膜口蓋	epiphragm
膜质突起	膜質突起	membraneous process
[磨擦]发声器	發聲器	stridulating organ
磨齿环	磨齒環	milled ring
磨碎胃	磨碎胃	masticatory stomach
末端个虫	末端個蟲	distal zooid
末端突起	末端突起	terminal process
末脑	末腦	myelencephalon
末梢羽枝	末梢羽枝	distal pinnule
墨囊	墨囊	ink sac
墨腺	墨腺	ink gland
母孢子	母孢子	sporont
母胞蚴	母胞蚴	mother sporocyst
母雷蚴	母雷蚴	mother redia
母系群	母系群	materilineal
母细胞	母細胞	metrocyte
母细胞化	母細胞化	blastoformation
母子集群	母子群集	monogynopaedium
拇趾	拇趾	hallux
目	目	order

N

祖 国 大 陆 名	台 湾 地 区 名	英 文 名
纳精囊	納精囊	spermatheca, seminal receptacle
耐冬性	耐冬性	winter hardiness
耐寒性	耐寒性	cold hardiness
耐热性	耐熱性	heat hardiness
耐性	耐性	tolerance, hardiness
耐性限度	耐性限度	the limits of tolerance
南极界	南極界	Antarctic realm
囊	囊	capsule
囊瓣	囊瓣	cystigenic valve
囊胞体	囊胞體	sarcostyle

祖国大陆名	台湾地区名	英文名
囊合子	囊合子	cystozygote
囊毛蚴	囊毛蚴	oncomiracidium
囊胚	囊胚	blastula
囊胚层	囊胚層	blastoderm
囊胚腔	囊胚腔	blastocoel
囊沙(＝棘球蚴沙)		
囊外区	囊外區	extracapsular zone
囊尾尾蚴	囊尾尾蚴	cystocercous cercaria
囊尾蚴	囊尾蚴	cysticercus
囊液	囊液	hydatid fluid
囊蚴	囊蚴	metacercaria
囊状杯	囊狀杯	cystigenous cup
脑	腦	brain, encephalon
脑侧神经连索	腦側神經連索	cerebro-pleural connective
脑垂体	腦下垂體	pituitary gland, hypophysis
脑垂体囊	腦垂體囊	hypophyseal sac
脑干	腦幹	brain stem
脑沟	腦溝	sulcus
脑回	腦回	gyrus
脑激素	腦激素	brain hormone
脑脊膜	腦脊膜	meninges
脑脊液	腦脊液	cerebrospinal fluid
脑颅	腦顱	neurocranium
脑泡	腦泡	cerebral vesicle
脑桥	橋腦	pons
脑砂	腦砂	brain sand, acervulus cerebralis
脑神经	腦神經	cranial nerve
脑神经节	腦神經節	cerebral ganglion
脑室	腦室	brain ventricle
[脑]室间孔	室間孔	interventricular foramen
脑匣	腦殼	brain case
脑腺	腦腺	cerebral gland
脑脏神经连索	腦臟神經連索	cerebro-visceral connective
脑足神经连索	腦足神經連索	cerebro-pedal connective
内板	內腹板	entoplastron
内鼻孔	內鼻孔	internal naris, choana
内鞭	內鞭	inner flagellum
内扁平细胞	內扁平細胞	endopinacocyte

祖 国 大 陆 名	台 湾 地 区 名	英 文 名
内表皮(=内角皮)		
内禀增长率	内在增值率	intrinsic rate of increase
内出芽	内出芽	internal budding, endogenous budding, endogemmy
内触手芽	内觸手芽	intratentacular budding
内唇	内唇	inner lip
内唇乳突	内唇乳突	interno-labial papilla
内带线	内帶線	internal fasciole
内袋	内袋	inner sac
内耳	内耳	internal ear
内分泌器官	内分泌器官	endocrine organ
内附肢	内附肢	appendix interna（拉）
内感受器	内感受器	interoceptors
内肛动物	内肛動物	entoproct, Entoprocta（拉）
内根鞘	内根鞘	internal root sheath
内骨骼	内骨骼	endoskeleton
内核层	内核層	inner nuclear layer
内环的	内環的	endocyclic
内环境稳定	内環境穩定	homeostasis
内寄生	内寄生	endoparasitism
内寄生物	内寄生物	endoparasite
内角皮,内表皮	内角皮	endocuticle
内铰合板	内鉸合板	inner hinge plate
内界膜	内界膜	inner limiting membrane
内卷	内卷	involution
内卷沟	内卷溝	aporhysis
内口膜	内口膜	endoral membrane
内淋巴	内淋巴	endolymph
内淋巴导管	内淋巴導管	endolymphatic duct
内淋巴管孔	内淋巴管孔	aperture of endolymphatic duct
内淋巴囊	内淋巴囊	endolymphatic sac
内淋巴窝	内淋巴窩	endolymphatic fossa
内卵室	内卵室	entooecium
内膜	内膜	tunica intima
内囊	内囊	inner vesicle
内胚层	内胚層	endoderm, endoblast
内胚层间质	内胚層間質	entomesenchyme
内皮	内皮	endothelium

祖国大陆名	台湾地区名	英 文 名
内皮绒膜胎盘	内皮絨膜胎盤	endotheliochorial placenta
内腔	腔室	atrium
内鞘	内鞘	endotheca
内鞘鳞板	内鞘鳞板	endothecal dissepiment
内群	内群	ingroup
内韧带	内韌帶	inner ligament
内韧[带]托	内韌帶托	chondrophore
内融合	内融合	endomixis
内乳动脉	内乳動脈	internal mammary artery
内生周期	内生週期	endogenous cycle
内隧道	内隧道	inner tunnel
内体腔	内體腔	inner coelom
内突	内突	inner root
内突骨	内突骨	apophysis
内外营养	内外營養	cctcndotrophy
内腕栉	内腕櫛	inner arm comb
内网层	内網層	inner plexiform layer
内温动物	内溫動物	endotherm
内细胞团	内細胞團	inner cell mass
内㧡	内蹼	inner web
内陷	内陷	invagination
内陷卵胞	内陷卵胞	endooecial ovicell
内楔骨	内楔骨	entocuneiform bone
内斜肌	内斜肌	internal oblique muscle
内眼板	内眼板	insert
内眼眶叶	内眼眶葉	inner orbital lobe
内叶	内葉	endite
内叶足	内葉足	endolobopodium
内移	内移	ingression
内因	内因	intrinsic factor
内源	内源的	endogenous
内[源]适应	内適應	endoadaptation
内脏骨骼	内臟骨骼	visceral skeleton
内脏团	内臟團	visceral mass
内肢	内肢	endopod, endopodite
内质	内質	endoplasm
内质膜	肌纖維膜, 内質膜	sarcolemma
内质网	内質網	endoplasmic reticulum(ER)

祖国大陆名	台湾地区名	英文名
内中胚层细胞	内中胚層細胞	entomesodermal cell
内柱	内柱	endostyle
内锥体	内錐體	inner cone
能量传递	能量傳遞	energy transfer
能量金字塔(＝能量锥体)		
能量锥体,能量金字塔	能量金字塔	pyramid of energy
能流	能流	energy flow
能值	能值	energy value
尼氏体	尼氏體	Nissl body
泥滩	泥灘,泥灘地	mudflat
泥滩群落	泥灘群落,泥灘群聚	ochthium, pelochthium
拟根共肉,匍匐根	匍匐根	rhizoid
拟寄生	擬寄生	parasitoidism
拟寄生物	擬寄生物	parasitoid
拟囊尾蚴	擬囊尾蚴	cysticercoid
拟软体动物	似軟體動物	molluscoid, Molluscoidea（拉）
拟色	擬色	mimic coloration, pseudosematic color
拟水蚤幼体	擬水蚤幼體	erichthus larva
拟态	擬態	mimicry
拟主齿	擬主齒	pseudocardinal tooth
逆进化	逆演化	counter-evolution
逆适应	逆適應	counter-adaptation
逆行变态	逆行變態	retrogressive metamorphosis
逆行发育	逆向發育	retrogressive development
匿带	隱帶	stabilimentum
年节律	年節律	annual rhythm
年龄分布	年齡分佈	age distribution
年龄分工	年齡分工	age polyethism
年龄结构	年齡結構	age structure
年龄组成	年齡組成	age composition
年周期	年週期,年循環	annual cycle
黏度	黏度	viscosity
黏附集群	黏附群集	syncollesia
黏附器	黏著器	adhesive organ
黏合线	黏合線	cement line
黏膜层	黏膜層	mucous layer, mucosa
黏膜肌层	黏膜肌層	muscularis mucosae

祖 国 大 陆 名	台 湾 地 区 名	英 文 名
黏膜下层	黏膜下層	submucosa
黏器	黏器	tribocytic
黏细胞	黏細胞	colloblast
黏[性刺]丝囊	黏絲胞	glutinant
黏液胞	黏液胞	mucocyst
黏液储囊,储胶囊	貯膠囊	cement reservoir
黏液刺丝胞	黏液刺絲胞	mucous trichocyst
黏液管	膠黏管	cement duct
黏液细胞	黏液細胞	mucous cell
黏液腺	黏液腺	mucous gland
黏液腺泡	黏液腺泡	mucous acinus
黏液足	黏液足	mucous pad
黏着斑(=桥粒)		
黏着丝	黏著絲	adhesive filament
黏着愈合	黏著癒合	adhesive fusion
黏足	黏足	myxopodium
鸟	鳥,鳥類	bird
鸟类学	鳥類學	ornithology
鸟头体	鳥頭體	avicularium
鸟头状齿片钩毛	鳥頭狀齒片鈎毛	avicular uncinus
鸟头状刚毛	鳥頭狀剛毛	avicular seta
[鸟]嘴,喙	喙	bill
尿肠管	尿腸管	uroproct
尿道	尿道	urethra
尿道海绵体	尿道海綿體	corpus cavernosum urethrae
尿道球腺	尿道球腺	bulbourethral gland
尿极	尿極	urinary pole
尿囊	尿囊	allantois
尿囊膀胱	尿囊膀胱	allantoic bladder
尿囊绒膜	尿囊絨膜	chorioallantoic membrane,chorioallantois
尿殖道	尿生殖道	urodeum
尿殖孔	尿生殖孔	urogenital aperture
尿殖器官	泌尿生殖器官	urogenital organ
尿殖乳突	尿生殖突	urogenital papilla
颞骨	顳骨	temporal bone
颞颌关节	顳顎關節	temporomandibular joint
颞孔,颞窝	顳窩	temporal fossa
颞窝(=颞孔)		

祖国大陆名	台湾地区名	英 文 名
颞叶	顳葉	temporal lobe
颞褶	顳褶	temporal fold
凝固	凝固	clotting
凝集质	凝集物質	agglutinating substance
凝集[作用]	凝集作用	agglutination
凝结	凝结	coagulation
凝血激酶	凝血激酶	thromboplastin
凝血酶	凝血酶	thrombin
凝血细胞	血栓細胞	thrombocyte
凝血细胞发生	凝血細胞發生	thrombopoiesis
牛囊尾蚴	牛囊尾蚴	cysticercus bovis(拉)
纽形动物	紐形動物	nemertinean，Nemertinea(拉)
钮突	鈕突	adhering ridge
钮穴	鈕穴	adhering groove
农田动物(-适农田动物)		
农业森林学	農業森林學	agroforestry
疟[原虫]色素	瘧原蟲色素	haemozoin

O

祖国大陆名	台湾地区名	英 文 名
欧氏管(=咽鼓管)		
偶见群	偶成群	casual society
偶见宿主	機遇宿主	accidental host, incidental host
偶见种	偶見種	incidental species
偶栖林底层生物	林地偶棲生物	patoxene
偶栖土壤生物	偶土棲生物	geoxene
偶鳍	偶鰭	paired fins
偶然浮游生物	偶然浮游生物	tychoplankton
偶然寄生	偶發寄生	occasional parasitism
偶然寄生虫	機遇寄生蟲	accidental parasite, occasional parasite

P

祖 国 大 陆 名	台 湾 地 区 名	英 文 名
爬行动物	爬蟲類動物	reptile
帕内特细胞	帕內特氏細胞	Paneth cell
帕尼扎孔	潘氏孔	Panizza's pore
帕奇尼小体(=环层小体)		
排氨	排氨	ammonotely
排出小体	排出小體	extrusome
排粪	排糞	defecation
排卵	排卵	ovulation
排卵管,导卵管	排卵器	ovijector
排卵器	排卵器	ovijector
排卵前	排卵前	preovulation
排尿素	排尿素	urcotely
排尿酸的	排尿酸的	uricotelic
排泄	排泄	excretion
排泄管	排泄管	excretory canal, excretory duct
排泄孔	排泄孔	excretory pore
排泄口	排泄口	excurrent vent
排泄囊	排泄囊	excretory vesicle, excretory bladder
排泄小管	排泄小管	excretory tubule
排遗	排遺	egestion
牌板	牌板	lamella
派	段	section
攀树适应	攀樹適應	tree-climbing adaptation
攀缘纤维	攀緣纖維	climbing fiber
盘纺锤形骨针	盤紡錘形骨針	disk-spindle
盘冠型触手冠	盤冠型觸手冠	trocholophorus lophophore
盘六辐骨针	盤六輻骨針	discohexact, discohexactine
盘六星骨针	盤六星骨針	discohexaster
盘三叉骨针	盤三叉骨針	discotriaene
盘尾尾蚴	盤尾尾蚴	cotylocercous cercaria
盘形刺泡	盤形刺泡	discobolocyst
盘形群体	盤狀群體	discoid colony

祖国大陆名	台湾地区名	英 文 名
盘形胎盘	盤形胎盤	discoidal placenta
盘状卵裂	盤狀卵裂	discoidal cleavage
盘状囊胚	盤狀囊胚	discoblastula
盘状胎盘	盤狀胎盤	disc placenta
旁分泌	旁分泌	paracrine
膀胱	膀胱	urinary bladder
泡层	泡層	calymma
泡细胞	泡細胞	cystencyte
泡心细胞	泡心細胞	centroacinar cell
泡状叉棘	泡狀叉棘	alveolate pedicellaria
泡状棘球蚴	泡狀棘球蚴	alveolar hydatid
泡状鳞板	泡狀鱗板	vesicular dissepiment
泡状体(苔藓动物)	泡狀體(苔蘚動物)	vesicle
胚柄	胚柄	fetal stalk
胚层	胚層	embryonic layer, germ layer
胚层前期	胚層前期	pregermlayer stage
胚动	胚動	blastokinesis
胚盾	胚盾	embryonic shield
胚后期发育	胚後期發育	post embryonic development
胚环	胚環	germ ring
胚结	胚結	embryonic knot
胚孔	胚孔	blastopore
胚孔唇	胚孔唇	blastoporal lip
胚块	胚塊	germinal mass
胚内体腔	胚內體腔	intraembryonic coelom
胚盘	胚盤	blastodisc
胚壳	胚殼	protegalum
胚泡	胚泡	blastocyst
胚区定位	胚區定位	germinal localization
胚胎	胚胎	embryo
胚胎发生	胚胎發生	embryogeny, embryogenesis
胚胎干细胞	胚幹細胞	embryonic stem cell
胚胎期	胚胎期	embryonic stage
胚胎系统发育论	胚胎系統發育論	theory of phylembryogenesis
胚胎学	胚胎學	embryology
胚胎营养	胚胎營養	embryotrophy
胚胎诱导	胚胎誘導	embryonic induction
胚胎组织	胚胎組織	embryonic tissue

祖 国 大 陆 名	台 湾 地 区 名	英 文 名
胚体壁	胚體壁	somatopleura
胚托	胚托	embryophore
胚外体腔	胚外體腔	extraembryonic coelom, exocoelom
胚性群体	胚性群體	embryo-colony
胚芽(=胚原基)		
胚原基,胚芽	胚芽	germ
胚脏壁	胚臟壁	splanchnopleura
胚周区	胚周區	periblast
配模标本	異模式	allotype
配偶键	配偶連結	pair bonding
配偶制(=交配系统)		
配原细胞	配原細胞	gametogonium
配子	配子	gamete
配子发生,配子形成	配子形成	gametogenesis, gametogeny
配子母体	配子母細胞	gamont
配子母体配合	配子母細胞配合	gamontogamy
配子母细胞	配子母細胞	gametocyte
配子囊	配子囊	gametocyst
配子囊残体	配子囊殘體	gametocyst residuum
配子融合	配子融合	gametogamy
配子生殖	配子生殖	gametogony
配子细胞	配子細胞	gametid [cell]
配子形成(=配子发生)		
喷射体	噴射體	ejectisome
喷水孔	噴水孔	spiracle
膨头骨片	膨頭骨片	dicranoclona
皮层	皮層	dermal epithelium, tegument（蠕虫）
皮层反应(=皮质反应)		
皮层骨针	皮層骨針	dermalia
皮层泡	皮層泡	cortical vesicle
皮层细胞	皮層細胞	tegumental cell
皮层型	皮層型	corticotype
皮动脉	皮動脈	cutaneous artery
皮肤	皮膚	skin
皮肤感受器	皮膚受器	skin receptor
皮肌囊	皮肌囊	dermomuscular sac

祖 国 大 陆 名	台 湾 地 区 名	英 文 名
皮肌细胞	皮肌細胞	epitheliomuscular cell
皮棘	皮棘	tegumental spine
皮孔	皮孔	dermal pore
皮鳃	皮鰓	papula
皮鳃区	皮鰓區	papularium
皮下组织	皮下組織	hypodermis, subcutaneous tissue
皮褶	皮褶	skin fold
皮脂腺	皮脂腺	sebaceous gland
皮质	皮質	cortex
皮质层	皮質層	lamina corticalis, tela corticalis
皮质反应,皮层反应	皮質反應	cortical reaction
脾	脾	spleen
脾动脉	脾動脈	splenic artery
脾索	脾索	splenic cord, Billroth's cord
脾小结	脾小結	splenic nodule, splenic follicle
片叉骨针	片叉骨針	phyllotriaene
片状突起	片狀突起	lamellar process
偏害共生	片害共生	amensalism
偏利共栖(=偏利共生)		
偏利共生,偏利共栖	片利共生	commensalism
偏性比	性比偏差	biased sex ratio
胼胝	胼胝	callosity
胼胝体	胼胝體	corpus callosum
漂泊种(=机会种)		
漂浮性休芽	漂浮性休芽	floatoblast
漂鸟	漂鳥	wandering bird
频度	頻度	frequency
平扁	平扁	depressed
平底型[颅]	平底型[顱]	platybasic type
平衡斑	平衡斑	macula statica(拉)
平衡胞,平衡囊	平衡胞	statocyst
平衡多态性	平衡多態性	balanced polymorphism
平衡嵴	平衡嵴	crista statica
平衡囊(=平衡胞)		
平衡器	平衡器	otocyst
平衡砂(=平衡石)		
平衡石,平衡砂	平衡石	statolith

祖国大陆名	台湾地区名	英　文　名
平滑肌	平滑肌	smooth muscle
平行进化	平行演化	parallelism
屏状骨(=闩骨)		
瓶颈效应	瓶頸效應	bottle neck effect
瓶刷形分枝	瓶刷形分枝	bottlebrush
瓶状囊	瓶狀囊	lagena
破骨细胞	碎骨細胞	osteoclast
破裂卵泡	破裂卵泡	ruptured follicle
匍匐繁殖,匍茎生殖	匍茎生殖	stolonization
匍匐根(=拟根共肉)		
匍匐水螅根,匍茎	匍茎	stolon
匍茎(=匍匐水螅根)		
匍茎生殖(=匍匐繁殖)		
葡萄样末梢	葡萄狀末梢	grape ending
葡萄状腺	葡萄狀腺	aciniform gland
浦肯野细胞	浦肯野氏細胞	Purkinje cell
浦肯野细胞层	浦肯野氏細胞層	Purkinje cell layer
普通动物学	普通動物學	general zoology
普通个虫	普通個蟲	ordinary zooid
蹼	蹼	web
蹼迹	蹼跡	rudimentary web
蹼足	蹼足	palmate foot, webbed foot

Q

祖国大陆名	台湾地区名	英　文　名
栖肌	棲肌	ambiens muscle
栖木生物	木棲生物	lignicole
栖息地,生境	棲息地	habitat
栖息地承载力	棲地承載力	habitat capability
栖息地恢复	棲地復育	rehabilitation
栖息地结构	棲地結構	habitat structure
栖息地类型	棲所類型	habitat type
栖息地适宜度	棲地適宜度	habitat suitability
栖息地型	棲息地型	habitat form
栖息地选择,生境选择	棲地選擇	habitat selection
栖息地因子	棲息地因子	habitat factor

祖国大陆名	台湾地区名	英 文 名
栖息地质量	棲地質量	habitat quality
栖息地状况	棲地狀況	habitat availability
栖宅的	棲居性	eusynanthropic
脐	臍,臍孔	umbilicus
脐面	臍面	umbilical side
鳍	鰭	fin
鳍棘	鰭棘	fin spine
鳍脚	鰭腳	clasper
鳍膜	鰭膜	fin membrane
鳍式	鰭式	fin formula
鳍条	鰭條	fin ray
鳍肢	鰭肢	flipper
乞食声(=求食声)		
起搏细胞	節律點細胞	pacemaker cell
起源中心论	起源中心論	theory of center of origin
气管	氣管	trachea
气管环	氣管環	tracheal ring
气管软骨	氣管軟骨	tracheal cartilage
气管系统	氣管系統	tracheal system
气环	氣環	pneumatic ring, air-cell ring
气门	氣門	stigma
气门鞍	氣門鞍	saddle of stigma
气门板	氣門板	stigmatic shield
气囊	氣囊	air sac
气室	氣室	air-cell
气态物循环,气体型循环	氣態物循環	gaseous cycle
气体型循环(=气态物循环)		
气味腺	氣味腺	scent gland, odoriferous gland
气腺	氣體腺	gas gland
X 器	X 器	X-organ
Y 器	Y 器	Y-organ
器官发生	器官發生	organogenesis
器官芽	器官芽	imaginal disc
髂动脉	髂動脈	iliac artery
髂骨	髂骨	ilium, iliac bone
髂静脉	髂靜脈	iliac vein

祖国大陆名	台湾地区名	英　文　名
髂肋肌	髂肋肌	iliocostalis muscle
髂总动脉	總髂動脈	common iliac artery
髂坐孔	髂坐孔	ilioischiatic foramen
迁出	遷出	emigration
迁飞(=迁移)		
迁飞路线	遷徙途徑	fly way
迁入	遷入	immigration
迁徙	遷徙	migration
迁徙动物	遷徙動物	migrant
迁徙机制	遷徙機制	migration mechanism
迁徙群聚	遷徙群聚	symporia
迁徙选择	遷徙選擇	migrant selection
迁移,迁飞	遷移	migration
牵缩丝	柄肌	spasmoneme
牵缩丝纤维	牽縮絲纖維	retrodesmal fiber
牵缩纤维	牽縮纖維	retractor fiber
牵引肌	牽引肌	protractor
前凹椎体	前凹椎體	procoelous centrum
前背板	前背板	pretergite
前背侧板	前背側板	prozonite
前背杆	前背桿	antero-dorsal rod
前闭壳肌	前閉殼肌	anterior adductor muscle
前壁	前壁	frontal wall
前臂	前臂	forearm
前鞭毛体	前鞭毛體	promastigote
前侧齿	前側齒	anterior lateral tooth
前侧刺	前側刺	prolateral spine
前侧杆	前側桿	antero-lateral rod
前侧角	前側角	antero-lateral horn
前侧眼	前側眼	anterior lateral eye
前肠	前腸	foregut
前肠门	前腸門	anterior intestinal portal
前肠系膜动脉	前腸繫膜動脈	anterior mesenteric artery
前齿堤	前牙堤	promargin
前触角	前觸角	preantenna
前触角神经节	前觸角神經節	preantennal ganglion
前触角体节	前觸角體節	preantennal segment
前唇基节	前唇基節	promentum

祖国大陆名	台湾地区名	英 文 名
前蝶骨	前蝶骨	presphenoid bone
前耳骨	前耳骨	prootic bone, prootica
前房	前房	anterior chamber
前纺器	前絲疣	anterior spinneret
前腹部(螯肢动物)	前腹部	mesosoma
前刚叶	前剛葉	presetal lobe
前宫型	前宫型	prodelphic type
前沟	前水管	anterior canal
前沟牙	前溝牙	proteroglyphic tooth
前股股节	前股股節	prefemuro-femur
前股节	前股節	prefemur
前关节突	前關節突	anterior articular process
前颌齿	前頜齒	premaxillary tooth
前颌骨	前頜骨	premaxillary bone
前颌腺	前頜腺	premaxillary gland
前后宫型	前後宫型	amphidelphic type
前环节	前環節	prosomite
前棘头体	前棘頭體	preacanthella
前脊	前脊	frontal keel
前尖	前錐	paracone
前节	前節	protomerite
前臼齿	前臼齒	premolar tooth
前锯肌	前鋸肌	serratus anterior muscle
前口环	前口環	preoral loop
前口区	前口區	frontal aperture
前盔	前盔	frontal shield
前连合	前連合	anterior commissure
前列腺	前列腺	prostate [gland]
前列腺球	前列腺球	prostatic bulb
前列腺细胞	前列腺細胞	prostatic cell
前面的	前面的	frontal
前膜	前膜	frontal membrane
前脑	前腦	prosencephalon, forebrain
前[期]肾	原腎	pronephros
前腔静脉	前大靜脈	precaval vein
前区	前區	frontal area
前鳃盖骨	前鰓蓋骨	preopercular bone
前三叉骨针	前三叉骨針	protriaene

祖 国 大 陆 名	台 湾 地 区 名	英 文 名
前溞状幼体	前溞狀幼體	antizoea larva
前筛骨	前篩骨	preethmoid bone
前上肢	前上肢	preepipodite
前神经孔	前神經孔	anterior neuropore
前生殖节	前生殖節	pregenital segment
前生殖节胸板	前生殖節胸板	pregenital sternite
前适应	前適應	preadaptation
前四叉骨针	前四叉骨針	protetraene
前体	前體	prosoma
前体腔	原體腔	protocoel
前庭	前庭	vestibule
前庭窗	前庭窗	fenestra vestibuli
前庭沟	前庭溝	vestibular groove
前庭管	前庭管	vestibular canal
前庭阶	前庭階	scala vcstibuli
前庭孔	前庭孔	vestibular pore
前庭扩张肌	前庭擴張肌	vestibular dilator
前庭迷路	前庭迷路	vestibular labyrinth
前庭膜,赖斯纳膜	前庭膜	vestibular membrane, Reissner's membrane
前庭器	前庭器	vestibule
前庭窝	前庭窩	vestibular concavity
前庭蜗器	前庭蜗器	vestibulocochlear organ
前庭蜗神经	前庭耳蜗神經	vestibulocochlear nerve
前头部	前頭部	fore head
前位个虫	前位個蟲	preceeding zooid
前胃	前胃	proventriculus
前吸器	前吸器	prohaptor
前纤毛	前纖毛	frontal cilium
前纤毛环	前纖毛環	prototroch
前囟	前囟門	anterior fontanelle
前行性	前行性	prograde
前胸板	前胸板	presternite
前胸腺	前胸腺	prothoracic gland
前嗅检器	前嗅檢器	oral osphradium
前循环型	前循環型	procyclic form
前咽	前咽	prepharynx
前咽吸盘	前咽吸盤	buccal sucker
前眼列	前眼列	anterior row of eyes

祖国大陆名	台湾地区名	英　文　名
前羊膜	前羊膜	proamnion
前叶	前葉	anterior lobe, anter(苔藓动物)
前翼骨	前翼骨	prepterygoid bone
前阴道	前陰道	provagina
前幽门孔	前幽門孔	prosopyle
前诱导	前誘導	pre-induction
前原淋巴细胞	原淋巴母細胞	prolymphoblast
前肢肌	前肢肌	muscle of anterior limb
前直肌	前直肌	anterior rectus muscle
前趾足	前趾足	pamprodactylous foot
前中眼	前中眼	anterior median eye
前主静脉	前主靜脈	anterior cardinal vein
前仔虫	前仔蟲	proter
钳形叉棘	鉗形叉棘	forcipiform pedicellaria
钳状骨针	鉗狀骨針	forcep
潜隐体	潛隱體	cryptozoite
浅海浮游生物	淺海浮游生物	neritic plankton
嵌合	嵌合	gomphosis
嵌合体	嵌合體	mosaic, chimera
嵌入片	嵌入片	insertional lamina
枪丝	槍絲	acontium
腔胞	腔胞	coelomocyte
腔肠	腔腸	coelenteron
腔肠动物	腔腸動物	coelenterate, Coelenterata(拉)
腔上囊,法氏囊	腔上囊	cloacal bursa, bursa of Fabricius
腔窝	腔窩	alveolus
腔隙	腔隙	lacuna
腔隙系统(=管道系统)		
墙孔	牆孔	dietellae
墙缘(苔藓动物)	牆緣(苔藓動物)	mural rim
乔丹律	喬丹定律	Jordan's rule
桥虫	橋蟲	bridge worm, Gephyra(拉)
桥粒,黏着斑	胞橋小體	desmosome, macula adherens
鞘	鞘	theca
鞘质	鞘質	thecoplasm
壳	殼	corona(海胆), shell
壳板	殼板	compartment, valve, coronal plate(棘皮

祖国大陆名	台湾地区名	英 文 名
		动物)
壳板钉	殼板釘	dowel
壳层	稜柱層	ostracum
壳带	殼帶	lithodesma
壳顶	殼頂	umbo
壳顶孔	殼頂孔	foramen
壳盖	殼蓋	operculum
壳尖	殼尖	beak
壳口	殼口	loricastome(原生动物), aperture(软体动物)
壳内柱	殼內柱	apophysis
壳皮层	殼皮層	periostracum
壳下层(=底层)		
壳腺	殼腺	shell gland
切板	切板	cutting plate
切齿突	切齒突	incisor process
切向纤维	切向纖維	tangential fiber
茄形骨针	茄形骨針	leptoclados-type club
亲代抚育	親代撫育	parental care
亲代型	親代型	parental form
亲敌现象	親敵現象	dear enemy phenomenon
亲近繁殖(=同系交配)		
亲属选择	親屬選擇	kin selection
亲银细胞	親銀細胞	argentaffin cell
亲缘关系	血緣關係	kinship
亲缘种,同胞种	近緣種	sibling species
亲缘种选择	親緣選擇	sibling selection
亲子集群	親子群集	patrogynopaedium
亲子交哺	親子互哺	trophallaxis
侵入	入侵	invasion
琴形裂	琴形裂	lyrifissure
琴形器	琴形器	lyriform organ
清扫肢	清掃肢	cleaning foot
清水生物	清水生物	catharobia
丘脑后部	後視丘	metathalamus
丘脑上部	上視丘	epithalamus
丘脑下部	下視丘	hypothalamus

祖国大陆名	台湾地区名	英 文 名
丘型齿	丘型齒	bunodont
秋季换羽	秋季換羽	autumn molt
秋休芽	秋休芽	autumn statoblast
求偶	求偶	courtship
求偶舞(=婚舞)		
求食声,乞食声	乞食聲	begging call
球棒形骨针	球棒形骨針	ballon club
球鞭毛体	球鞭毛體	sphaeromastigote
球杆骨针	球桿骨針	sphaeroclone
球棘	球棘	sphaeridium
球六辐骨针	球六輻骨針	spherohexact, spherohexactine
球六星骨针	球六星骨針	sphaerohexaster
球内系膜细胞	球內繫膜細胞	intraglomerular mesangial cell
球旁器	球旁器	juxtaglomerular apparatus
球旁细胞	球旁細胞	juxtaglomerular cell
球石粒	球石	coccolith
球外系膜细胞	球外繫膜細胞	extraglomerular mesangial cell, lacis cell
球星骨针	球星骨針	sphaeraster
球形叉棘	球形叉棘	globiferous pedicellaria
球形骨针	球形骨針	spheroid
球形群体	球形群體	spherical colony
球状带	球狀帶	zona glomerulosa
球状骨针	球狀骨針	spheres, sphaerae
球[状]囊	球[狀]囊	saccule
球状细胞	球狀細胞	globoferous cell
区域群落	區域群落	regional community
曲形腕环	曲形腕環	recurved loop
屈从	順從	submission
屈曲刚毛	屈曲剛毛	crooklike seta
驱[避]性	忌避	repellency
躯干[部],胴部	軀幹部	trunk, metastomium（环节动物）
躯干肢	軀幹肢	trunk limb
躯椎	軀幹椎	trunk vertebra
趋触性	趨觸性	thigmotaxis
趋地性	趨地性	geotaxis
趋电性	趨電性	galvanotaxis
趋风性	趨風性	anemotaxis
趋光集群	趨光群集	symphotia

祖 国 大 陆 名	台 湾 地 区 名	英 文 名
趋光性	趨光性	phototaxis, phototaxy
趋光运动	趨光運動	photokinesis
趋化性	趨化性	chemotaxis, chemotaxy
趋流性	趨流性	rheotaxis
趋实性	趨實性	stereotaxis
趋水性	趨水性	hydrotaxis
趋同	趨同	convergence
趋同进化	趨同演化	convergent evolution
趋同群落	趨同群落	convergent community
趋温性	趨溫性	thermotaxis
趋性	趨性	taxis
趋异	趨異	divergence
取样	抽樣	sampling
去分化	去分化	dedifferentiation
去核	去核	enucleation
去核仁	去核仁	enucleolation
去甲肾上腺素	去甲腎上腺素	noradrenalin
去能	去能	decapacitation
全北界	全北界	Holarctic realm
全鼻型	全鼻型	holorhinal
全变态发育	完全變態發育	holometabolous development
全浮游生物(=终生浮 游生物)		
全寄生物	全寄生物	holoparasite
全卷沟	全卷溝	diarhysis
全联型	全接型	holostyly
全裂	全卵裂	holoblastic cleavage
全模标本,总模标本	總模式	syntype
全能性	全能性	totipotency
全蹼	全蹼	entirely webbed
全球变化	全球變遷	global change
全球变暖	全球暖化	global warming
全球生态学	全球生態學	global ecology
全球稳定性	全球穩定性	global stability
全鳃	全鰓	holobranch
全头类	全頭類	holocephalan
全尾蚴(=实尾蚴)		
全缘生长	全緣生長	holoperipheral growth

祖国大陆名	台湾地区名	英 文 名
全针六星骨针	全針六星骨針	holoxyhexaster
全植型营养	全植型營養	holophytic nutrition
全质分泌腺	全分泌腺	holocrine gland
颧弓	顴弧	zygomatic arch
颧骨	軛骨	malar bone
犬齿	犬齒	canine tooth
缺尾拟囊尾蚴	缺尾擬囊尾蚴	cercocystis
雀腭型	楔腭型	aegithognathism
确立学名,有效[学]名	有效名	valid name
裙礁,缘礁	裙礁	fringing reef
群间选择	群間選擇	interdemic selection
群聚,聚集	聚集,聚生	aggregation
群聚复合体	群聚複合體	community complex
群落	群落,聚落	community, coenosium
群落成分	群聚成分	community component
群落交错区	群落交會區	ecotone
群落生态学	群落生態學,群聚生態學	community ecology
群落系数	群聚係數	coefficient of community
群落组成	群聚組成	community composition
群体	群體	colony
群体发育	群體發育	astogeny
群体分裂	群體分裂	colonial division
群体联生	群體聯生	adnate
群体猎食	群體捕食	group predation
群体气味	群體氣味	colony odor
群体生态学	群體生態學	synecology
群体说	群體論	colonial theory
群体体腔	群體體腔	colonial coelom
群体通讯	群體通訊	mass communication
群体形成	群體形成	colony formation
群体形成类型	群體形成類型	colony formation pattern
群体遗传学	族群遺傳學	population genetics
群游	群游	swarm
群育变化	群育變化	astogenetic change

R

祖 国 大 陆 名	台 湾 地 区 名	英 文 名
桡尺远侧关节	末端桡尺關節	distal radioulnar joint
桡骨(脊椎动物)	桡骨	radius
桡足幼体	桡足幼體	copepodid larva, copepodite
扰乱竞争	分攤競爭	scramble competition
热带界,埃塞俄比亚界	衣索匹亞界,非洲界	Afrotropical realm, Ethiopian realm
热量收支	熱量收支	heat budget
热污染	熱污染	thermal pollution
人传人兽互通病	人傳人獸互通病	zooanthropozoonosis
人工生态系[统]	人工生態系	artificial ecosystem
人工选择	人擇	artificial selection
人工鱼礁	人工漁礁	artificial fish reef
人兽互通病	人獸互通病	zoonosis
人体寄生虫学	人類寄生蟲學	human parasitology
人为顶极[群落]	人為峯群聚	disclimax
人为富营养化	人為優養化	cultural eutrophication
人为驯化(=顺应)		
人为演替	人為演替	brotium
人为因子	人為因子	anthropic factor
人字颚	人字顎	chevron
人字骨	人字骨	chevron bone
忍耐性	忍耐性	durability
妊娠	懷孕	pregnancy, gestation
韧带	韌帶	ligament
韧带齿	韌帶齒	desmodont
韧带沟	韌帶溝	ligament groove
韧带脊	韌帶脊	ligament ridge
韧带囊	韌帶囊	ligament sac
韧带窝	韌帶窩	ligament pit
绒毛	絨毛	villus
绒毛膜	絨毛膜	chorion
绒毛前期胚	絨毛前期胚	previllous embryo
绒膜卵黄囊胎盘	絨膜卵黃囊胎盤	choriovitelline placenta
绒膜尿囊胎盘	絨膜尿囊胎盤	chorioallantoic placenta

祖国大陆名	台湾地区名	英 文 名
绒羽	絨羽	down-feather
容精球	容精球	fundus
溶组织腺	溶組織腺	histolytic gland
融合	融合	fusion
融合体	融合體	syzygy
柔海胆型	柔海膽型	echinothuroid type
肉孢囊	肉孢囊	sarcocyst
肉垂	肉垂	wattle
肉冠	肉冠	comb
肉角	肉角	fleshy horn
肉茎	肉茎	pedicle, peduncle
肉茎盖	肉茎蓋	deltidium
肉裾,肉裙	肉裙	lappet
肉裙(=肉裾)		
肉穗	肉穗	spadix
肉突	肉突	carnucle
蠕虫	蠕蟲	vermes, helminth
蠕虫病	蠕蟲病	helminthiasis, helminthosis
蠕虫学	蠕蟲學	helminthology
蠕动	蠕動	peristalsis
蠕状曲折	蠕狀曲折	wormlike convolution
蠕状运动	蠕狀運動	vermiform movement
乳齿	乳齒	deciduous tooth
乳齿齿系	乳齒齒列	deciduous dentition
乳房	乳房	breast
乳糜管	乳糜管	lacteal
乳糜微粒	乳糜微粒	chylomicron
乳糖	乳糖	lactose
乳头	乳頭	nipple, teat
乳头层	乳頭層	papillary layer
乳头肌	乳頭肌	papillary muscle
乳头突	乳頭突	mamelon
乳突	乳突	papilla
乳腺	乳腺	mammary gland
入胞分泌	入胞分泌	cytocrine secretion
入球微动脉	入球微動脈	afferent arteriole
入鳃动脉	入鰓動脈	afferent branchial artery
入鳃静脉	入鰓靜脈	afferent branchial vein

祖 国 大 陆 名	台 湾 地 区 名	英 文 名
入鳃水沟	入鰓水溝	ingalant branchial canal
入水管	入水管	incurrent canal(多孔动物), inhalant siphon(软体动物)
入水孔	入水孔	incurrent pore
软腭	軟腭	soft palate
软骨	軟骨	cartilage
软骨成骨	軟骨性骨	cartilage bone
软骨关节	軟骨關節	cartilage joint
软骨环	軟骨環	cartilaginous ring
软骨基质	軟骨基質	cartilage matrix
软骨间关节	軟骨間關節	interchondral joint
软骨结合	軟骨連合	synchondrosis
软骨颅	軟顱	chondrocranium
软骨膜	軟骨膜	perichondrium
软骨细胞	軟骨細胞	chondrocyte
软骨针	軟骨針	cartilaginous stylet
软胶质	軟膠質	maltha
软膜	軟膜	pia mater
软体动物	軟體動物	mollusk, Mollusca（拉）
软体动物大小律	軟體動物大小定律	mollusk size rule
软体动物学	軟體動物學	malacology
锐突	銳突	mucco
闰管	閏管	intercalated duct
闰盘	閏盤	intercalated disk
若虫期	若蟲期	nymphal stage
弱齿(=粒齿）		

S

祖 国 大 陆 名	台 湾 地 区 名	英 文 名
塞托利细胞	賽特利氏細胞	Sertoli's cell
腮腺,耳后腺	腮腺	parotid gland
腮足	腮足	gnathopod
鳃	鰓	gill, branchia
鳃瓣	鰓瓣	gill lamella
鳃盖	鰓蓋	operculum
鳃盖骨	鰓蓋骨	opercular bone, operculum
鳃盖开肌	鰓蓋開肌	dilator opercular muscle

祖国大陆名	台湾地区名	英 文 名
鳃盖孔(硬骨鱼)	鰓蓋孔	opercular aperture
鳃盖膜	鰓蓋膜	branchiostegal membrane
鳃盖收肌	鰓蓋內收肌	adductor opercular muscle
鳃盖提肌	鰓蓋舉肌	levator opercular muscle
鳃盖条	鰓蓋條	branchiostegal ray
鳃隔	鰓間隔	interbranchial septum
鳃弓	鰓弧	branchial arch
鳃弓降肌	鰓弧下掣肌	depressor arcus branchial muscle
鳃弓连肌	鰓弧連肌	interbranchialis muscle
鳃弓收肌	鰓弧內收肌	adductor arcus branchial muscle
鳃弓提肌	鰓弧舉肌	levator arcus branchial muscle
鳃甲	鰓甲	branchiostegite
鳃甲刺	鰓甲刺	branchiostegal spine
鳃甲缝	鰓甲縫	linea homolica(人面蟹类), linea thalas-sinica(海蛄虾类),linea anomurica(歪尾类)
鳃节肌	鰓節肌	branchiomeric muscle
鳃孔	鰓孔	gill opening
鳃裂	鰓裂	gill slit, branchial cleft
鳃笼	鰓籠	branchial basket
鳃囊	鰓囊	gill pouch
鳃耙	鰓耙	gill raker
鳃区	鰓區	branchial region
鳃上齿	鰓上齒	epibranchial tooth
鳃上动脉	鰓上動脈	epibranchial artery
鳃上腔	鰓上腔	suprabranchial chamber
鳃神经节	鰓神經節	branchial ganglion
鳃式	鰓式	branchial formula
鳃室	鰓室	branchial chamber
鳃丝	鰓絲	gill filament
鳃峡(鱼)	鰓峽	isthmus
鳃下区	鰓下區	subbranchial region
鳃小叶	鰓小葉	branchial lobule
鳃心静脉	鰓心靜脈	branchio-cardiac vein
三叉叉棘	三叉叉棘	tridentate pedicellaria
三叉骨针	三叉骨針	triaene
三叉神经	三叉神經	trigeminal nerve
三重寄生	三重寄生	triploparasitism

祖国大陆名	台湾地区名	英　文　名
三次三叉骨针	三次三叉骨針	trichotriaene
三道体区	三道體區	trivium
三对孔板	三對孔板	trigeminate
三辐骨针	三輻骨針	triactine, triact
三辐爪状骨针	三輻爪狀骨針	arcuate
三杆骨针	三桿骨針	triod
三骨管	三骨管	triosseal canal
三冠骨针	三冠骨針	trilophous microcalthrops
三化	三化	trivoltine
三级飞羽	三級飛羽	tertiary feather
三级隔片	三級隔片	tertiary septum
三级卵膜	三級卵膜	tertiary egg envelope
三级支气管	三級支氣管	tertiary bronchus, parabronchus
三尖瓣	三尖瓣	tricuspid valve
三角板	三角板	dcltoid plate
三角肌	三角肌	deltoid muscle
三角孔	三角孔	delthyrium, triangular notch
三角双板	三角雙板	deltidial plate
三角座	下白齒三尖	trigonid
三脚骨	三腳骨	tripus
三精入卵	三精入卵	trispermy
三孔型	三孔型	trifora
三口道芽	三口道芽	triple-stomodeal budding
三联体	三聯體	triad
三名法	三名法	trinominal nomenclature
三胚层	三胚層	triploblastic
三态	三態	trimorphism
三头肌	三頭肌	triceps muscle
三叶叉棘	三葉叉棘	triphyllous pedicellaria
三叶幼体	三葉幼體	trilobite larva
三趾足	三趾足	tridactylous foot
三轴骨针	三軸骨針	triaxon
三主寄生	三重寄生	trixeny [parasite]
伞部	傘部	fimbria, umbrella
伞辐肋	傘輻肋	bursal ray
伞膜	傘膜	umbrella
伞序	傘序	umbel
散漫神经系	散漫神經系	diffuse nervous system

祖 国 大 陆 名	台 湾 地 区 名	英 文 名
散在分裂体	散在分裂體	sporadin
桑椹胚	桑椹胚	morula
色素上皮层	色素上皮層	pigment epithelial layer
色素上皮细胞	色素上皮細胞	pigment epithelial cell
色素细胞	色素細胞	pigment cell
森珀器	森珀器	Semper's organ
杀伤细胞	殺傷細胞	killer cell
杀婴现象	殺嬰現象	infanticide
沙比纤维(=穿通纤维)		
沙漠化(=荒漠化)		
沙丘群落	沙丘群落	thinium
沙丘生物	沙丘生物	thinicole
沙氏囊	沙氏囊	Saefftigen's pouch
沙滩	沙灘	sandy beaches
砂囊	砂囊	gizzard
筛板	篩板	madreporic plate
筛骨	篩骨	ethmoid bone
筛管	篩管	madreporic canal
筛孔	篩孔	madreporic pore
筛器	篩疣	cribellum(蜘蛛), cribriform organ(棘皮动物)
筛器腺	篩器腺	cribellate gland
筛区	篩域	sieve area
筛状孔	篩狀孔	cribriporal
珊瑚白化	珊瑚白化	coral bleaching
珊瑚杯	珊瑚杯	calice
珊瑚单体,珊瑚石	珊瑚石	corallite
珊瑚骼	珊瑚骼	corallum
珊瑚冠	珊瑚冠	anthocodia
珊瑚冠公式	珊瑚冠公式	anthocodial formula
珊瑚冠类别	珊瑚冠類別	anthocodial grade
珊瑚冠柱	珊瑚冠柱	anthostele
珊瑚礁	珊瑚礁	coral reef
珊瑚肋	珊瑚肋	costa
珊瑚石(=珊瑚单体)		
闪光幼体	閃光幼體	glaucothoe
扇叶	扇葉	flabellum

祖国大陆名	台湾地区名	英 文 名
熵	熵	entropy
上板	上腹板	epiplastron
上背(鸟),翕	翕	mantle
上背舌叶	上背舌葉	supranotoligule
上鼻甲	上鼻甲	superior concha
上鞭	上鞭	upper flagellum
上表皮(＝上角皮)		
上不动关节	上不動關節	epizygal
上步带骨	上步帶骨	supra-ambulacral ossicle
上侧板	上側板	latus superius
上层浮游生物	上層浮游生物	epiplankton
上层游泳生物	上層游泳生物	supranekton
上触角	上觸角	superior antenna
上唇	上唇	labrum
上唇腺	上唇腺	supralabial gland
上耳骨	上耳骨	epiotic bone
上盖	上蓋	tegmen
上颌齿	上頜齒	maxillary tooth
上颌骨	上頜骨	maxillary bone
上角皮,上表皮	上角皮	epicuticle
上胚层	上胚層	epiblast
上皮	上皮	epithelium
上皮层	上皮層	epithelial lining
上皮绒膜胎盘	上皮絨膜胎盤	epitheliochorial placenta
上皮网状细胞	上皮網狀細胞	epithelial reticular cell
上脐	上臍孔	superior umbilicus
上丘	上視丘	superior colliculus
上鳃骨	上鰓骨	epibranchial bone
上伞	上傘	exumbrella
上舌骨	上舌骨	epihyal bone
上向皮层骨针	上向皮層骨針	autodermalia
上向胃层骨针	上向胃層骨針	autogastralia
上斜肌	上斜肌	superior oblique muscle
上行鳃板	上行鰓瓣	ascending lamella
上缘板	上緣板	supramarginal plate
上枕骨	上枕骨	supraoccipital bone
上肢	上肢	epipod, epipodite
上直肌	上直肌	superior rectus muscle

祖国大陆名	台湾地区名	英 文 名
上锥	上錐	epicone
杓横肌	横杓肌	transverse arytenoid muscle
杓状软骨	杓狀軟骨	arytenoid cartilage
少黄卵	少黄卵	oligolecithal egg, microlecithal egg
少肌型	少肌型	meromyarian type
少孔板	少孔板	oligoporous plate
少突胶质细胞	寡突膠質細胞	oligodendrocyte
舌	舌	tongue, lingua
舌板	舌腹板	hyoplastron
舌弓	舌弧	hyoid arch
舌骨器	舌器	hyoid apparatus
舌骨上肌	舌骨上肌	suprahyoid muscle
舌骨下肌	舌骨下肌	infrahyoid muscle
舌颌骨	舌頜骨	hyomandibular bone
舌肌	舌肌	muscles of tongue
舌联型	舌接型	hyostyly
舌乳头	舌乳頭	lingual papilla
舌突起	舌突起	odontophore
舌系带	舌系帶	lingual frenulum
舌下神经	舌下神經	hypoglossal nerve
舌下腺	舌下腺	sublingual gland
舌咽神经	舌咽神經	glossopharyngeal nerve
舌叶	舌葉	ligula
舌状体	間疣	colulus
蛇杆骨针	蛇桿骨針	ophirhabd
蛇首叉棘	蛇首叉棘	ophiocephalous pedicellaria
蛇尾幼体	蛇尾幼體	ophiopluteus
蛇状骨针	蛇狀骨針	eulerhabd
社会生物学(=社群生物学)		
社群等级	社會階級	social hierarchy
社群化	社群化	socialization
社群渐变群	社群漸變群	sociocline
社群结构	社會結構	social structure
社群拟态	社會性擬態	social mimicry
社群漂移	社群漂移	social drift
社群生物学,社会生物学	社會生物學	sociobiology

祖 国 大 陆 名	台 湾 地 区 名	英 文 名
社群首领	社群首領	alpha
社群图	社群圖	sociogram
社群稳态	社群穩態	social homeostasis
社群性	社群性	sociality
社群选择	社會選擇	social selection
社群压力	社會壓力	social stress
社群优势	社會優勢	social dominance
射精管	射精管	ejaculatory duct
射精囊	射精囊	ejaculatory vesicle
射囊,矢囊	矢囊	dart sac
摄食	攝食	ingestion
摄食激素	攝食激素	feeding hormone
摄食适应	攝食適應	feeding adaptation
麝香腺	麝香腺	musk gland
伸缩泡	伸縮泡	contractile vacuole
伸足肌	伸足肌	pedal protractor muscle
深海浮游生物	深海浮游生物	abyssopelagic plankton
深海区	深海區	abyssal zone
深海群落	深海群落,深海群聚	pontium
神经	神經	nerve
神经板	神經板	neural plate
神经部	神經部	pars nervosa
神经肠孔	神經腸孔	neurenteric pore
神经冲动	神經衝動	nerve impulse
神经垂体	神經垂體	neurohypophysis
神经丛	神經叢	nerve plexus
神经分泌细胞	神經分泌細胞	neurosecretory cell
神经沟	神經溝	neural groove
神经管	神經管	neural tube
神经肌肉带	神經肌肉帶	neuromuscular band
神经肌梭,肌梭	神經肌梭,肌梭	neuromuscular spindle, muscle spindle
神经激素	神經激素	neurohormone
神经嵴	神經嵴	neural crest
神经腱梭	神經腱梭	neurotendinal spindle, Golgi tendon organ
神经胶质	神經膠質	neuroglia
神经胶质界膜	神經膠質界膜	glial limiting membrane
神经角蛋白	神經角蛋白	neurokeratin
神经节	神經節	ganglion

祖 国 大 陆 名	台 湾 地 区 名	英 文 名
神经膜细胞,施万细胞	神經膜細胞,施萬細胞	neurolemmal cell, Schwann cell
神经末梢	神經末梢	nerve ending
神经内膜	神經內膜	endoneurium
神经胚	神經胚	neurula
神经胚形成	神經胚形成	neurulation
神经丘	神經丘	neuromast
神经上孔	神經上孔	supraneural pore
神经上皮细胞	神經上皮細胞	neuroepithelial cell
神经束	神經束	nerve tract, fasciculus
神经束膜	神經束膜	perineurium
神经丝	神經絲	neurofilament
神经索	神經索	nerve cord
神经突	神經突	neurite
神经外膜	神經外膜	epineurium
神经网络	神經網絡	neural network
神经微管	神經微管	neurotubule
神经系统	神經系統	nervous system
神经纤维	神經纖維	nerve fiber
神经纤维层	神經纖維層	nerve fiber layer
神经纤维结	神經纖維結	node of nerve fiber, node of Ranvier
神经元	神經元	neuron
神经原肠管	神經原腸管	neurenteric canal
神经原纤维	神經原纖維	neurofibril
神经褶	神經褶	neural fold, neural ridge
神经组织	神經組織	nervous tissue, nerve tissue
肾	腎	kidney
肾单位,肾元	腎元,單位腎	nephron
肾导管	腎導管	nephridioduct
肾管	腎管	nephridium
肾管囊	腎管囊	nephridial pocket
肾间组织	腎間組織	interrenal tissue
肾孔	腎孔	nephridiopore
肾口	腎口	nephrostome
肾门静脉	腎門靜脈	renal portal vein
肾乳突	腎乳突	nephridial papilla
肾上腺	腎上腺	adrenal gland
肾上腺素	腎上腺素	adrenalin
肾素	腎素	renin

祖国大陆名	台湾地区名	英 文 名
肾窝	肾窝	nephridial pit
肾小管	肾小管	renal tubule
肾小囊,鲍曼囊	肾小囊,鲍曼氏囊	renal capsule, Bowman's capsule
肾小球	肾小球	renal glomerulus, glomerulus
肾小体	肾小體	renal corpuscle
肾元(=肾单位)		
肾质	肾質	nephridioplasm
肾柱	肾柱	renal column
渗透性	渗透性	permeability
渗透[性]营养	渗透性营養	osmotrophy
生产	生產	production
生产力理论	生產力理論	productivity theory
生产量	生產量	production
生产者	生產者	producer
生成层(=基底层)		
生成物	生成物	product
生成细胞	生成細胞	founder cell
生存潜力(=存活潜力)		
生存者(=存活者)		
生发层	生發層	germinal layer
生发囊	育囊	brood capsule
生发泡(=核泡)		
生发细胞	生發細胞	germinal cell
生发中心	生發中心	germinal center
生骨构造	造骨構造	skeletogenous structure
生骨肌节	生骨肌節	scleromyotome
生骨节	生骨節	sclerotome
生活力,生命力	生命力	vital capacity, vitality
生活史	生活史	life history
生活型	生活型	life form
生活周期	生活週期	life cycle
生机论	生機論	vital theory, vitalism
生肌节	生肌節	myotome
生精上皮	生精上皮	seminiferous epithelium, spermatogenic epithelium
生精小管	生精小管	seminiferous tubule
生境(=栖息地)		

祖 国 大 陆 名	台 湾 地 区 名	英 文 名
生境选择(=栖息地选择)		
生口区	生口區	stomatogenic field
生口子午线	生口子午線	stomatogenous meridian
生理生态学	生理生態學	physiological ecology
生理适应	生理適應	physiological adaptation
生毛体	生毛體	blepharoplast
生命保障系统	維生系統	life support system
生命表	生命表	life table
生命带	生命帶	life zone
生命过程	生命過程	vital process
生命力(=生活力)		
生命期望值	生命期望值	life expectancy
生命强度	生命強度	life intensity
生命曲线	生命曲線	life curve
生命统计	生命統計	vital statistics
生命网	生命網	web of life
生命元素	生命元素	bioelement
生命指数	生命指數	vital index
生命最适度	生命最適度	vital optimum
生皮节	生皮節	dermatome
生肾节	生腎節	nephrotome, nephromere
生肾组织	生腎組織	nephrogenic tissue
生死比率	生死比率	birth-death ratio
生态等价	生態等位	ecological equivalence
生态调查法	生態調查法	ecological survey method
生态对策	生態對策	ecological strategy
生态幅度	生態幅度	ecological amplitude
生态隔离	生態隔離	ecological isolation
生态工程,生态技术	生態工法	ecological engineering, ecological technique
生态恢复	生態復育	ecological restoration
生态技术(=生态工程)		
生态金字塔(=生态锥体)		
生态旅游	生態旅遊	ecotourism
生态耐性	生態耐性	ecological tolerance

祖 国 大 陆 名	台 湾 地 区 名	英 文 名
生态能量学	生態能量學	ecological energetics
生态年龄	生態年齡	ecological age
生态浓缩	生態濃縮	ecological concentration
生态平衡	生態平衡	ecological balance, ecological equilibrium
生态气候	生態氣候	ecoclimate
生态区	生態區	ecotope
生态群	生態群	ecological group
生态入侵	生態入侵	ecological invasion
生态梯度	生態漸變	ecocline
生态同功群(=共位群)		
生态危机	生態危機	ecological crisis
生态位	［生態］區位	［ecological］niche
生态位重叠	生態區位重疊	niche overlap
生态位分化	生態區位分化	niche differentiation
生态位空间	生態區位空間	niche space
生态位宽度	生態區位寬度	niche width
生态稳定性	生態穩定性	ecological stability
生态稳态	生態恆定	ecological homeostasis
生态系类型	生態系類型	type of ecosystem, ecosystem-type
生态系［统］	生態系	ecosystem
生态系统多样性	生態系多樣型	ecosystem diversity
生态系［统］发育	生態系演變	ecosystem development
生态系统生态学	生態系生態學	ecosystem ecology
生态效率	生態效率	ecological efficiency
生态型	生態型	ecotype
生态亚系［统］	次生態系	ecological subsystem
生态演替	生態演替	ecological succession
生态因子	生態因子	ecological factor
生态影响	生態衝擊	ecological impact
生态阈值	生態閾值	ecological threshold
生态障碍	生態障礙,生態界限	ecological barrier
生态锥体,生态金字塔	生態金字塔	ecological pyramid
生态综合体	生態綜合體	ecological complex
生态最适度	生態最適度	ecological optimum
生网体	生網體	bothrosome, sagenogen, sagenetosome
生物沉积	生物沉積	biodeposition
生物带	生物帶	biozone

祖国大陆名	台湾地区名	英 文 名
生物地化循环	生地化循環	biogeochemical cycle
生物地理群落	生物地理群落	biogeocoenosis
生物多样性	生物多樣性	biological diversity, biodiversity
生物发光	生物發光	bioluminescence
生物发生律	生物發生律	biogenetic law
生物防治	生物防治	biological control
生物放大	生物放大	biological magnification, biomagnification
生物富集	生物富集	biological enrichment
生物隔离	生物隔離	biological isolation
生物季节	生物季節	biotic season
生物降解	生物降解	biodegradation
生物节律	生物節律	biological rhythm
生物景带	生物景帶	biochore
生物抗性	生物抗性	biotic resistance
生物累积	生物累積	bioaccumulation
生物量	生物量	biomass
生物量金字塔(=生物 量锥体)		
生物量锥体,生物量金 字塔	生物量金字塔	pyramid of biomass
生物浓缩	生物濃縮	bioconcentration
生物浓缩系数	生物濃縮係數	bioconcentration factor
生物评估	生物評估	biological assessment
生物气候带	生物氣候帶	bioclimatic zone
生物圈	生物圈	biosphere
生物圈保护	生物圈保育	biosphere conservation
生物群落	生物群聚	biocoenosis, biocoenosium, biocommunity
生物群落学	生物群落學	biocoenology
生物群系	生物區系	biome
生物社群互助	生物社群互動	biosocial facilitation
[生物]生产力	生產力	[biological] productivity
生物体	生物有機體	living organism
生物相	生物相	biota
生物小区	生物小區	biotope
生物型	生物型	biotype
生物学性状	生物特徵	biological character
生物遥测	生物遙測	biotelemetry
生物因子	生物因子	biological factor, biotic factor

祖 国 大 陆 名	台 湾 地 区 名	英 文 名
生物源性蠕虫	生源性蠕蟲	biohelminth
生物源性蠕虫病	生源性蠕蟲病	biohelminthiasis
生物障碍	生物障礙,生物界限	biological barrier, biotic barrier
生物钟	生物鐘	biological clock
生育	生育	procreation
生育率	生育率	fertility
生长	生長	growth
生长带	生長帶	zone of growth
生长端	生長端	growing end
生长卵泡	生長卵泡	growing follicle
生长线	生長線	growth line
生长缘	生長緣	growing margin
生殖	生殖	reproduction, breeding
生殖板	生殖板	genital plate
生殖带(=环带)		
生殖窦	生殖竇	genital sinus
生殖隔离	生殖隔離	reproductive isolation
生殖个虫	生殖個蟲	gonozooid
生殖弓	生殖弓	arcus genitalis
生殖核	生殖核	generative nucleus
生殖基节	生殖基節	genital coxa
生殖嵴	生殖嵴	genital ridge
生殖节	生殖節	genital segment
生殖孔	生殖孔	genital pore, gonopore, genital orifice
生殖力	生殖力	fecundity, fertility
生殖联合	生殖聯結	genital junction
生殖裂口	生殖裂口	bursal slit
生殖笼	生殖籠	corbula
生殖盘	生殖盤	gonotyl
生殖器官	生殖器官	genital organ, reproductive organ
生殖腔	生殖腔	genital atrium
生殖鞘	生殖鞘	gonotheca
生殖球	生殖球	[genital] bulb
生殖乳突	生殖乳突	genital papilla
生殖上皮	生殖上皮	germinal epithelium
生殖索	生殖索	genital cord
生殖态	生殖態	epitoky
生殖体	生殖體	gonophore

祖 国 大 陆 名	台 湾 地 区 名	英 文 名
生殖同步	生殖同步	reproductive synchrony
生殖吸盘	生殖吸盤	genital sucker
生殖系(=生殖株)		
生殖系统	生殖系統	reproductive system, genital system
生殖细胞	生殖細胞	germocyte, germ cell
生殖下腔	生殖下腔	subgenital porticus
生殖下窝	生殖下窩	subgenital pit
生殖腺	生殖腺	gonad, genital gland
生殖消化管	殖腸管	genito-intestinal duct
生殖叶	生殖葉	genital lobe
生殖羽枝	生殖羽枝	genital pinnule
生殖肢	生殖肢	gonopod
生殖质(=种质)		
生殖株,生殖系	生殖株	germ line
生殖锥	生殖錐	genital cone
声波图	聲波圖	sonagram
声带	聲帶	vocal cord
声门	聲門	glottis
声囊	聲囊	vocal sac
施万细胞(=神经膜细胞)		
湿地	濕地	wetland
湿地生态学	濕地生態學	wetland ecology
湿度因子	濕度因子	humidity factor
湿生动物	濕生動物	hygrocole
湿生型	濕生性	hygromorphism
湿岩生物	濕岩生物	hygropetrobios
十二指肠	十二指腸	duodenum
十二指肠本部	十二指腸本部	duodenum proper
十二指肠球部	十二指腸球部	duodenal ampulla
十钩蚴	十鈎蚴	lycophora, decacanth
十字骨针	十字骨針	stauract, stauractine
十字形骨针	十字形骨針	cross
石管	石管	stone canal
石灰环	石灰環	calcareous ring
石灰小体	石灰體	calcareous body
石栖动物	石棲動物	petrocole, lapidicolous animal
石生群落	石生群落	lithic community

祖 国 大 陆 名	台 湾 地 区 名	英 文 名
石质体	石質體	lithosome
时间生物学	時間生物學	chronobiology
时空尺度	時空尺度	spatial and temporal scale
实际出生率	實際出生率	realized natality
实际生态位	實際生態區位	realized niche
实[囊]胚	中實幼體	parenchymula
实尾蚴,全尾蚴	全尾蚴	plerocercoid
实星骨针	實星骨針	sterraster
实验胚胎学	實驗胚胎學	experimental embryology
实验生态系[统],微宇宙	實驗生態系統	microcosm
实原肠胚	實原腸胚	stereogastrula
实质泡	實質泡	parenchymal vesicle
蚀羽	冬羽	eclipse plumage
食草	食草	grazing
食草动物	草食動物	herbivore
食虫动物	食蟲動物	insectivore, entomophage
食道(=食管)		
食道肠瓣	食道腸瓣	oesophago-intestinal valve
食道球	食道球	oesophageal bulb
食道上神经节	食道上神經節	supraoesophageal ganglion
食道下神经节	食道下神經節	suboesophageal ganglion
食底泥动物	食底泥動物	deposit feeder
食地衣动物	食地衣動物	lichenophage
食粪动物	食糞動物	coprophage
食腐动物	食腐動物	saprophage
食腐者	腐食者	scavenger
食谷动物	食穀動物	granivore
食谷食物链	食種子食物鏈	granivorous food chain
食管,食道	食道	esophagus
食管囊	食管囊	esophageal sac
食管腺	食道腺	esophageal gland
食果动物	食果動物	frugivore
食花蜜食物链	食花蜜食物鏈	nectar food chain
食木动物	食木動物	hylophage, xylophage
食泥动物	食泥動物	limnophage
食肉动物	食肉動物	carnivore, sacrophage
食尸动物	食屍動物	necrophage

祖 国 大 陆 名	台 湾 地 区 名	英 文 名
食碎屑动物	食碎屑動物	detritivore，detritus-feeding animal，detritus feeder
食土动物	食土動物	geophage
食微生物动物	食微生物動物	microbivore
食物链	食物鏈	food chain
食物泡	食物泡	food vacuole
食物网	食物網	food web
食性	食性	food habit
食血动物	食血動物	sauginnivore，hematophage
食叶动物	食葉動物	defoliater，folivore
食欲	食慾	appetite
食欲过盛	食慾過盛	bulimia
食枝芽	食芽	browsing
食枝芽动物	食芽動物	browsevore
食植	食植	grazing
食植动物	植食動物	phytophage，herbivore
矢囊(=射囊)		
[世]代	世代	generation
世代交替	世代交替	alternation of generations，metagenesis
世代平均长度	世代平均長度	mean generation time
世界种(=广布种)		
世系分析	親緣分析	phyletic analysis
视板	視板	optic placode，optic plate
视杯	視杯	optic cup
视杆后眼	視桿後眼	postbacillar eye
视杆前眼	視桿前眼	prebacillar eye
视杆视锥层	視桿視錐層	layer of rods and cones
视杆细胞	視桿細胞	rod cell
视交叉	視神經交叉	optic chiasma
视觉器官	視覺器官	visual organ
视盘,视神经乳头	視盤	optic disc，papilla of optic nerve
视泡	視泡	optic vesicle
视上核	視上核	supraoptic nucleus
视神经	視神經	optic nerve
视神经节	視神經節	optic ganglion
视神经乳头(=视盘)		
视网膜	視網膜	retina
[视]网膜色素	[視]網膜色素	retinal pigment

祖 国 大 陆 名	台 湾 地 区 名	英 文 名
[视]网膜细胞	[視]網膜細胞	retina cell
视锥细胞	視錐細胞	cone cell
视紫[红]质	視紫質	rhodopsin
饰带	飾帶	cordon
室管	室管	siphuncle
室管膜细胞	室管膜細胞	ependymal cell
室间隔	室間隔	interventricular septum
室间孔	室間孔	interzooidal pore
室间鸟头体	室間鳥頭體	interzooidal avicularium
室口	室口	orifice
室旁核	室旁核	paraventricular nucleus
适池沼性,嗜池沼性	嗜沼澤性	tiphophile
适大洋性,嗜大洋性	嗜大洋性	pelagophile
适低温性,嗜低温性	嗜低溫性	hypothermophile
适冬性,嗜冬性	嗜冬性	chimonophile
适洞性,嗜洞性	嗜洞性	troglophile
适腐性,嗜腐性	嗜腐性	saprophile
适共生,嗜共生	嗜共生	symphile
适光性,嗜光性	嗜光性	photophile
适海性,嗜海性	嗜海性	thalassophile
适寒性,嗜寒性	嗜寒性	cryophile
适旱变态	適旱變態	xeromorphosis
适旱性,嗜旱性	嗜旱性	xerophile
适合度	適合度	fitness
适河流性,嗜河流性	嗜河流性	potamophile
适荒漠性,嗜荒漠性	嗜荒漠性	eremophile
适林性,嗜林性	嗜林性	hylophile
适木性,嗜木性	嗜木性	xylophile
适泥滩性,嗜泥滩性	嗜泥灘性	octhophile
适农田动物,农田动物	耕地動物,農田動物	agrophile
适泉[水]性,嗜泉[水]性	嗜泉性	crenophile
适沙丘性,嗜沙丘性	嗜沙丘性	thinophile
适深海性,嗜深海性	嗜深海性	pontophile
适石性,嗜石性	嗜石性	petrodophile
适树性,嗜树性	嗜樹性	dendrophile
适水性,嗜水性	嗜水性	hydrophile

祖 国 大 陆 名	台 湾 地 区 名	英 文 名
适土性,嗜土性	嗜土性	geophile
适温性,嗜温性	嗜溫性	thermophile
适溪流性,嗜溪流性	嗜溪流性	rheophile
适雪性,嗜雪性	嗜雪性	chionophile
适岩性,嗜岩性	嗜岩性	phellophile
适盐性,嗜盐性	嗜鹽性	halophile
适洋性,嗜洋性	嗜洋性	oceanophile
适氧性,嗜氧性	嗜養性	oxyphile
适蚁动物,嗜蚁动物	嗜蟻動物	myrmecophile
适宜温度	適溫	optimal temperature
适应	適應	adaptation
适应辐射	適應輻射	adaptive radiation
适应进化	適應性演化	adaptive evolution
适应量	適應量	adaptive capacity
适应型	適應型	adaptation type, adaptation pattern
适应性	適應性	adaptability
适应性扩散	適應性擴散	adaptive dispersion
适应性选择	適應性選擇	adaptive selection
适应值	適應值	adaptive value
舐吸式	舐吸式	sponging type
释放信号	釋放訊號	releasor
释放信息素	釋放性費洛蒙	releaser pheromone
嗜池沼性(=适池沼性)		
嗜大洋性(=适大洋性)		
嗜低温性(=适低温性)		
嗜碘泡	嗜碘泡	iodinophilous vacuole, iodophilous vacuole
嗜冬性(=适冬性)		
嗜洞性(=适洞性)		
嗜腐性(=适腐性)		
嗜铬组织	嗜鉻組織	chromaffin tissue
嗜共生(=适共生)		
嗜光性(=适光性)		
嗜海性(=适海性)		
嗜寒性(=适寒性)		
嗜旱性(=适旱性)		
嗜河流性(=适河流性)		
嗜荒漠性(=适荒漠性)		
嗜碱性粒细胞	嗜鹼性粒細胞	basophilic granulocyte, basophil

祖 国 大 陆 名	台 湾 地 区 名	英 文 名
嗜碱性细胞	嗜鹼性細胞	basophilic cell
嗜林性(=适林性)		
嗜木性(=适木性)		
嗜泥滩性(=适泥滩性)		
嗜泉[水]性(=适泉[水]性)		
嗜色细胞	嗜色細胞	chromophilic cell
嗜沙丘性(=适沙丘性)		
嗜深海性(=适深海性)		
嗜石性(=适石性)		
嗜树性(=适树性)		
嗜水性(=适水性)		
嗜酸性	嗜酸性	acidophile
嗜酸性粒细胞,嗜伊红粒细胞	嗜酸性粒細胞,嗜伊紅粒細胞	eosinophilic granulocyte, eosinophil
嗜酸性细胞	嗜酸性細胞	acidophilic cell, oxyphil cell
嗜天青颗粒	嗜天青顆粒	azurophilic granule
嗜土性(=适土性)		
嗜温性(=适温性)		
嗜溪流性(=适溪流性)		
嗜雪性(=适雪性)		
嗜岩性(=适岩性)		
嗜盐性(=适盐性)		
嗜洋性(=适洋性)		
嗜氧性(=适氧性)		
嗜伊红粒细胞(=嗜酸性粒细胞)		
嗜蚁动物(=适蚁动物)		
嗜异性粒细胞	嗜異性粒細胞	heterophilic granulocyte
嗜银系	嗜銀系	argyrome
嗜银细胞	嗜銀細胞	argyrophilic cell
嗜中性粒细胞	嗜中性粒細胞	neutrophilic granulocyte, neutrophil
收集管	收集管	collecting canal
收集泡	收集泡	receiving vacuole
收足肌	收足肌	pedal retractor muscle
首同名	首同名	senior homonym
首异名	首異名	senior synonym

祖国大陆名	台湾地区名	英　文　名
守护共生, 共巢共生	共巢共生	phylacobiosis
寿命	壽命	longevity
受精	受精	fertilization, spermatiation
受精道	受精道	canal of fecundation
受精卵	受精卵	fertilized egg
受精膜	受精膜	fertilization membrane
受精囊孔	受精囊孔	spermathecal orifice
受精丝	受精絲	receptive hypha, trichogyne, fertilization filament
受精素	受精素	fertilizin
受精锥	受精錐	fertilization cone
受控生态系统	控制型生態系統	controlled ecosystem
受胁未定种	受威脅未定種	intermediate species
受胁[物]种	受威脅物種	threatened species
受孕个虫	受孕個蟲	fertilizing zooid
兽传人兽互通病	獸傳人畜共通病	anthropozoonosis
兽类学(=哺乳动物学)		
兽医寄生虫学	獸醫寄生蟲學, 家畜寄生蟲學	veterinary parasitology
授精	授精	insemination
书肺	書肺	book-lung
枢椎	樞椎	axis
梳理	梳理	grooming, preening
梳状齿钩毛	梳狀齒鈎毛	pectinate uncinus
疏松结缔组织	疏鬆結締組織	loose connective tissue
疏松淋巴组织	疏鬆淋巴組織	loose lymphoid tissue
输出环境	輸出環境	output environment
输精管	輸精管	vas deferens, spermaductus
输卵沟(鱼类)	輸卵溝(魚類)	oviducal channel
输卵管	輸卵管	oviduct
输尿管	輸尿管	ureter
输尿管膀胱	輸尿管膀胱	tubal bladder
输入环境	輸入環境	input environment
输送宿主(=转续宿主)		
属	屬	genus
属组	屬群	genus group
鼠蹊孔	鼠蹊孔	inguinal pore
鼠蹊腺	鼠蹊腺	inguinal gland

祖 国 大 陆 名	台 湾 地 区 名	英　文　名
束细胞	束細胞	bundle cell
束状带	束狀帶	zona fasciculata
树突	樹突	dendrite
树突棘	樹突棘	dendritic spine, gemmule
树突细胞	軸突細胞	dendritic cell
树枝状群体	樹枝狀群體	dendritic colony, dendroid colony, arboroid
树状骨针	樹狀骨針	dendritic [sclere]
树状鳃	樹狀鰓	arborescent branchia
竖棘突肌	豎棘突肌	erector spine muscle
竖毛肌	豎毛肌	arrector pilorum
数据库	資料庫	data base
数量金字塔(=数量锥体)		
数量锥体,数量金字塔	數量金字塔	pyramid of number
数学模型	數學模式	mathematical model
数学生态学	數學生態學	mathematical ecology
数值分类学	數值分類學	numerical taxonomy
刷细胞	刷狀細胞	brush cell
刷状刚毛	刷狀剛毛	penicillate seta
刷状缘	刷狀緣	brush border
闩骨,屏状骨	閂骨	claustrum
栓体	栓體	stieda body
双孢子的	二孢子的	disporous
双杯形骨针	雙環形骨針	double cup
双层的	雙層的	bilaminar
双叉刚毛	雙叉剛毛	bifid seta
双齿刚毛	雙齒剛毛	bidentate seta
双重壁	雙重壁	double wall
双传嵌合体	雙傳嵌合體	amphoheterogony
双担轮幼体(=双轮幼虫)		
双房簇虫	雙房簇蟲	dicystid gregarine
双纺锤形骨针	雙紡錘形骨針	double spindle
双腹板[的](海胆)	雙腹板[的](海膽)	amphisternous
双宫型	雙宮型	didelphic type
双沟型	雙溝型	sycon
双冠骨针	雙冠骨針	dilophous microcalthrops

祖 国 大 陆 名	台 湾 地 区 名	英 文 名
双冠型触手冠	雙冠型觸手冠	zygolophorus lophophore
双核的	雙核的	dikaryotic
双核体	雙核體	dikaryon
双环萼	雙環萼	dicyclic calyx
双极神经元	雙極神經元	bipolar neuron
双棘突起	雙叉突起	bifurcated process
双尖刚毛	雙尖剛毛	bifid [needle] chaeta
双尖骨针	雙尖骨針	amphioxea
双角子宫	雙角子宮	bicornute uterus
双节触角	雙節觸角	biarticulate antenna
双节触手	雙節觸手	biarticulate tentacle
双节触须	雙節觸鬚	biarticulate palp
双精入卵	雙精入卵	dispermy
双口道芽	雙口道芽	di-stomodeal budding
双口尾蚴	雙口尾蚴	distome cercaria
双联型	雙接型	amphistyly
双列板	雙列板	distichal plate
双卵受精	雙卵受精	digyny
双轮骨针	雙輪骨針	birotule
双轮形骨针	雙輪形骨針	double wheel
双轮幼虫,双担轮幼体	雙擔輪幼體	amphitrocha
双名法	二名式命名法,二名法	binominal nomenclature
双盘骨针	雙盤骨針	amphidisc
双盘形骨针	雙盤形骨針	double disc
双胚层	雙胚層	diploblastic
双平椎体	雙平椎體	amphiplatyan centrum
双腔子宫	雙腔子宮	bipartite uterus
双壳	雙殼	bivalve
双壳幼虫,双壳幼体	雙殼幼體	cyphonaute larva
双壳幼体(=双壳幼虫)		
双球形骨针	雙球形骨針	double sphere
双三叉骨针	雙三叉骨針	amphitriaene
双生初虫	雙生初蟲	twin ancestrula
双体节	雙體節	diplosomite
双头·骨针	雙頭骨針	tylote
双头肋骨	雙頭肋骨	double headed rib
双星骨针	雙星骨針	amphiaster
双星形骨针	雙星形骨針	double star

祖国大陆名	台湾地区名	英 文 名
双型膜	雙型膜	stichodyad
双叶形触手冠	雙葉形觸手冠	bilabulate lophophore
双叶型疣足	雙葉型疣足	biramous parapodium
双枝型附肢	雙枝型附肢	biramous type appendage
双栉刚毛	雙櫛剛毛	bipinnate seta
双周节律	雙週節律	biweekly rhythm
双柱[的]	雙柱的	dimyarian
双锥形骨针	雙錐形骨針	double cone
双子宫	雙子宮	duplex uterus
水表层漂浮生物	表層漂浮生物	neuston
水层中的(=开放水域的)		
水产养殖	養殖漁業	aquaculture
水肺	水肺	water lung, aqualung
水分平衡	水分平衡	water balance
水管	水管	siphon
水管板	水管板	siphonoplax
水管收缩肌	水管收縮肌	siphonal retractor muscle
水管系	水管系	water vascular system
水面漂浮生物	水面漂浮生物	pleuston
水面气候	水面氣候	hydroclimate
水母[体]	水母[體]	medusa
水平出芽	水平出芽	horizontal budding
水平出芽群体	水平出芽群體	horizontal budding colony
水平分布	水平分佈	horizontal distribution
水平骨[质]隔	水平骨質隔	horizontal skeletogenous septum
水平头裂	水平頭裂	horizontal cephali coslits
水平细胞	水平細胞	horizontal cell
水腔	水腔	hydrocoel
水圈	水圈	hydrosphere
水泉群落	水泉群落,水泉群聚	crenium
水生	水生	aquatic, hydric
水生动物	水生動物	hydrocole [animal]
水生浮游生物	水生浮游生物	hydroplankton
水生群落	水生群落,水生群聚	aquatic community
水生生物	水生生物	hydrobiont, hydrobios
水生生物学	水生生物學	hydrobiology
水生食肉动物	水生食肉動物	hydradephage

祖 国 大 陆 名	台 湾 地 区 名	英 文 名
水生穴居动物	水生穴居動物	aquatic cave animal
水生演替	水生演替,水生消長	hydrarch succession
水生演替系列	水生階段演替	hydrosere, hydrarch sere
水团	水團	water masses
[水]螅根	螅根	hydrorhiza
[水]螅茎	螅莖	hydrocaulus
[水]螅鞘	螅鞘	hydrotheca
水螅体	水螅體	polyp, hydranth
[水]螅枝	螅枝	hydrocladium
水循环	水循環	water cycle
水咽球	水咽球	aquapharyngeal bulb
顺风飞行	順風飛行	downwind flight
顺应,人为驯化	人為馴化	acclimation
顺应者	順應者	conformer
瞬膜	瞬膜	nictitating membrane
瞬褶	瞬褶	nictitating fold
丝间联系	絲間聯繫	interfilamental junction
丝孔	絲孔	nematopore
丝[状]鳃	絲鰓	trichobranchiate
丝状蚴	絲狀蚴	filariform larva
丝足	絲足	filopodium
斯氏器	斯氏器	Stewart's organ
死亡率	死亡率	mortality, death rate
死亡率曲线	死亡率曲線	mortality curve
四叉骨针	四叉骨針	tetraene
四重寄生物	四重寄生物,四重寄生蟲	quarternary parasite
四等分卵裂	四等分卵裂	homoquadrant cleavage
四叠体	四疊體	corpora quadrigemina
四分膜	四分膜	quadrulus
四辐骨针	四輻骨針	tetractine, tetract
四辐爪状骨针	四輻爪狀骨針	anchorate
四冠骨针	四冠骨針	tetralophous microcalthrops
四基板	四基板	tetrabasal
四孔型	四孔型	quadrifora
四膜式[口]器	四膜式口器	tetrahymenium
四盘蚴	四盤蚴	tetrathyridium
四叶型触手冠	四葉型觸手冠	quadrilobulate lophophore

祖国大陆名	台湾地区名	英文名
四枝骨片	四枝骨片	tetraclad, tetraclone, tetracrepid desma
四指叉棘	四指叉棘	tetradactylous pedicellaria
四轴骨片	四軸骨片	tetracrepid
四轴骨针	四軸骨針	tetraxon
四足动物	四足動物	tetrapod
似瓷的	似瓷的	porcellaneous
松果体,松果腺	松果體	pineal body, pineal gland
松果体细胞	松果體細胞	pinealocyte
松果腺(=松果体)		
松果眼	松果眼	pineal eye
松质骨(=骨松质)		
搜索常数	搜索常數	quest constant
俗名	俗名	colloquial name, common name, vernacular name
速殖子	速殖子	tachyzoite
宿主	宿主	host
宿主交替	宿主交替	alternation of host
宿主抗性	宿主抗性	host resistance
宿主特异性,宿主专一性	宿主專一性	host specificity
宿主专一性(=宿主特异性)		
嗉囊	嗉囊	crop
塑模标本	塑模式	plastotype
溯河产卵鱼	溯河產卵魚	anadromous fish
随伴体	衛星體	satellite
随机模型	隨機模型	stochastic model
随意肌	隨意肌	voluntary muscle
髓放线	髓放線	medullary ray
髓攀,勒攀	亨氏彎	medullary loop, Henle's loop
髓鞘	髓鞘	myelin sheath
髓鞘切迹	髓鞘切痕	incisure of myelin
髓壳	髓殼	medullary shell
髓索	髓索	medullary cord
髓质	髓質	medulla
碎化	碎化	breakdown
梭内肌纤维	梭內肌纖維	intrafusal muscle fiber
索腭型	繫腭型	desmognathism

祖国大陆名	台湾地区名	英 文 名
索饵洄游	攝食迴游	feeding migration
索引	索引	index
索趾足	索趾足	desmodactylous foot
索状物	索狀物	pallial siphuncle
锁骨	鎖骨	clavicle
锁骨下动脉	鎖下動脈	subclavian artery
锁骨下静脉	鎖下靜脈	subclavian vein

T

祖 国 大 陆 名	台 湾 地 区 名	英 文 名
他梳理	他梳理	allogrooming
胎	胎	fetus
胎膜	胎膜	fetal membrane
胎盘	胎盤	placenta
胎盘动物	胎盤動物	placentalia
胎生	胎生	viviparity
胎生动物	胎生動物	viviparous animal
胎循环	胎循環	fetal circulation
胎仔数	胎仔數	litter size
苔藓动物,外肛动物	苔蘚動物	moss animal, bryozoan, Bryozoa(拉), ectoproct
苔藓纤维	苔蘚纖維	mossy fiber
太阳日时钟	太陽日時鐘	solar-day clock
态模标本	態模式	morphotype
坛囊	鐔囊	ampulla
坛形刺丝泡	鐔形刺絲泡	ampullocyst
坛形器(帚虫动物)	鐔形器(箒蟲動物)	ampulla
弹跳纤毛	彈跳纖毛	springborsten
弹性	彈性	elasticity
弹性蛋白	彈性蛋白	elastin
弹性软骨	彈性軟骨	elastic cartilage
弹性纤维	彈性纖維	elastic fiber
碳酸型[外壳]	碳酸型外殼	calcareous type
碳循环	碳循環	carbon cycle
糖皮质激素	糖皮質激素	glucocorticoid, glucocorticosteroid
糖[水解]酶	糖水解酶	carbohydrase
绦虫	條蟲	cestode, tapeworm

祖 国 大 陆 名	台 湾 地 区 名	英 文 名
绦虫病	條蟲病	cestodiasis
绦虫学	條蟲學	cestodology
逃避机制	逃避機制	escape mechanism
套装论	套裝論	encasement theory
特定年龄组出生率	特定年齡組出生率	age-specific natality rate
特定神经能	特定神經能	specific nerve energy
特化	特化	specialization
特殊营养	特殊營養	idiotrophy
特有的	特有的	endemic
特有性	特有性	endemism
特有种	特有種	endemic species
特征密度	特徵密度	characteristic density
特征种	特徵種	characteristic species
藤壶胶	藤壺膠	barnacle cement
梯度	梯度	gradient
梯度变异	梯度變異	cline
梯状神经系	梯狀神經系	ladder-type nervous system
提肌	舉肌,提肌	elevator
蹄	蹄	hoof
蹄行	蹄行	unguligrade
体被	體被	integument
体壁	體壁	body wall
体壁层	體壁層	parietal layer
体壁腹膜(=腹膜壁层)		
体壁中胚层	體壁中胚層	parietal mesoderm
体表附生的,附生的	附生的	epizootic
体部分化	體部分化	somatization
体动脉弓	體動脈弧	systemic arch
体环	體環	annulus
体肌丝	體肌絲	somatoneme
体节	體節	somite, metamere
体节板	體節板	segmental plate
体节器	體節器	segmental organ
体节前期胚	體節前期胚	presomite embryo
体螺层	體螺層	body whorl
体内共生	體內共生	parachorium, raumparasitism
体内受精	體內受精	internal fertilization
体腔	體腔	coelom

祖国大陆名	台湾地区名	英 文 名
体腔动物	體腔動物	coelomate
体腔管	體腔管	coelomoduct
体腔孔	體腔孔	coelomopore
体腔口	體腔口	coelomostome
体腔形成	體腔形成	coelomation
体躯隔[壁]	體軀隔	trunk septum
体躯腔	體軀腔	trunk coelom
体外纳精器,雌性交接器	雌性交接器	thelycum
体外受精	體外受精	external fertilization
体循环	體循環	systemic circulation
体褶	體褶	body fold
体质发生	體質發生	somatogenesis
体柱	體柱	scapus
休子午线	體子午線	somatic-meridian
替代群落	替代群聚	substitute community
替代学名	替換名稱	substitute name, replacement name
替换活动	替換活動	displacement activity
田野动物	田野動物	campestral animal
条件化	條件化	conditioning
调节	調節	regulation
调整肌	調整肌	adjustor
调整卵	調整卵	regulation egg
调整囊	調整囊	compendatrix, compensation sac
调整囊孔	調整囊孔	ascopore
调整式发育	調整式發育	regulative development
调整型卵裂	調整型卵裂	regulative cleavage
听板	聽板	auditory placode
听壶	聽壺	lagena
听觉器官	聽覺器官	auditory organ
听毛	聽毛	trichobothrium
听泡	聽泡	auditory vesicle, otic vesicle
听窝	聽窩	auditory pit
听弦	聽弦	auditory string
听小骨	聽小骨	auditory ossicle
通讯	通訊	communication
通讯连续性	通訊連續性	connectedness
同胞种(=亲缘种)		

祖国大陆名	台湾地区名	英　文　名
同步的	同步的	synchronous
同步因子	同步因子	synchronizer
同部大核	同部大核	homomerous macronucleus
同侧对称分裂	同側對稱分裂	homothetogenic fission
同齿关节	同齒關節	homogomph articulation
[同代]建巢群	共同群體	communal
同工酶	同功酶	isozyme
同功	同功	analogy
同功分级信号	類比訊號	analog signal
同化	同化	assimilation
同肌型	同肌型	holomyarian type
同极双体	同極雙體	homopolar doublet
同龄组	同齡組,同齡群	cohort
同律分节	同律分節	homonomous metamerism
同模	同模式	cotype
同配生殖	同配生殖	isogamy
同上	同上	ditto, do.
同属的	同屬的	congeneric
[同物]异名	[同物]異名	synonym
同系交配,亲近繁殖	近親繁殖	endogamy
同系群	同系群	lineage group
同心层	同心層	concentric layer
同心性骨板	同心圓骨板	concentric lamella
同形接合体	同形接合體	isoconjugant
同形特征	同塑特徵	homoplasy character
同型齿	同型齒	homodont
同型核的	同型核的	homokaryotic
同型配子(=等配子)		
同型配子母体(=等配子母体)		
同型生活史	同型生命週期	homogonic life cycle
同域的	同域的	sympatric
同域分布	同域分佈	sympatry
同域物种	同域物種	sympatric species
同域物种形成	同域種化	sympatric speciation
同域杂交	同域雜交	sympatric hybridization
同源	同源	homology
同源的	同源的	homologous

祖国大陆名	台湾地区名	英 文 名
同征	同徵	homoplasy
同征择偶	同徵擇偶	assortative mating
同质性	同質性	homogeneity
同种的	同種的	conspecific
同种相残	同種相殘	cannibalism
同资源种团(=共位群)		
童虫(血吸虫)	童蟲(血吸蟲)	schistosomulum
瞳孔	瞳孔	pupil
瞳孔开大肌	瞳孔放大肌	dilator muscle of pupil
瞳孔括约肌	瞳孔括約肌	sphincter muscle of pupil
头板	頭板	cephalic plate
头半棘肌	半頭夾肌	semispinalis capitis muscle
头[部]	頭部	head, cephalon（无脊椎动物）
头部形成	頭部形成	cephalization
头侧板	頭側板	cephalic pleurite
头顶	頭冠	crown, vertex
头盾	頭盾	cephalic shield
头感器	雙器	amphid
头沟	頭溝	cephalic groove, cerebral groove
头骨	頭骨	skull
头冠	頭冠	head crown
头化作用(=头向集中)		
头极	頭極	cephalic pole
头夹肌	頭夾肌	splenius capitis muscle
头尖骨针	頭尖骨針	tyloxea
头槛	頭檻	cephalic cage
头节	頭節	scolex
头孔	頭孔	head pore
头领	頭領	head collar
头幔	頭幔	cephalic veil
头帕型	頭帕型	cidaroid type
头盘	頭盤	cephalic disk
头器	頭器	head organ
头鞘	頭鞘	head capsule
头乳突	頭乳突	cephalic papilla
头软骨	頭軟骨	cranial cartilage
头肾	頭腎	head kidney
头丝	頭絲	cephalic filament

祖国大陆名	台湾地区名	英　文　名
头索动物	頭索動物	cephalochordate, Cephalochordata（拉）
头突	頭突	head process
头腺	頭腺	cephalic gland
头向集中,头化作用	頭化作用	cephalization
头斜肌	頭斜肌	obliquus capitis muscle
头星骨针	頭星骨針	tylaster
头胸部	頭胸部	cephalothorax
头胸甲	頭胸甲	carapace
头叶	頭葉	head lobe, cerebral lobe
头缘	頭緣	cephalic rim
头枝骨针	頭枝骨針	tyloclad
头状部	頭狀部	capitulum
头状骨	頭狀骨	capital bone
头锥	頭錐	cephalic cone
头足	頭足	ccphalopodium
头最长肌	頭長肌	longissimus capitis muscle
骰骨	骰骨	cuboid bone
透孔	透孔	lunule
透明斑	透明斑	fenestra
透明层	透明層	stratum lucidum
透明带	透明帶	zona pellucida
透明角质颗粒	透明角質顆粒	keratohyalin granule
透明帽	透明帽	hyaline cap
透明软骨	透明軟骨	hyaline cartilage
透明体	透明體	hyalosome
透明足	透明足	pharopodium
突变	突變	mutation
突触	突觸	synapse
突触缝隙	突觸縫隙	synaptic cleft, synaptic fissure
突触后膜	突觸後膜	postsynaptic membrane
突触间隙	突觸間隙	synaptic gap
突触泡	突觸泡	synaptic vesicle
突触前膜	突觸前膜	presynaptic membrane
突盘	裂片	bothridium
突起	突起	apophysis
突锥状刚毛	突錐狀剛毛	sublate seta
图模标本	圖模式	autotype
土壤圈	土壤圈	pedoshpere

祖 国 大 陆 名	台 湾 地 区 名	英 文 名
土壤生物	土棲生物	geobiont
土壤因子	土壤因子	edaphic factor
土源性蠕虫	土源性蠕蟲	geohelminth
土源性蠕虫病	土源性蠕蟲病	geohelminthiasis
吐弃块	吐育塊	pellet
吐丝	吐絲	fusule
腿节(蛛形类)	腿節	femur
腿节沟	腿節溝	femoral groove
退化	退化	retrogression, degeneration
退化多形	退化多形	degenerative polymorphism
退化性状	退化特徵	regressive character
退化演替	退化型演替	retrogressive succession
退行性进化,退行性演化	退化性演化	retrogressive evolution
退行性演化(-退行性进化)		
蜕膜	蜕膜	decidua
蜕膜胎盘	蜕膜胎盤	deciduous placenta
蜕皮	蜕皮	ecdysis
蜕皮后期	蜕皮後期	postmolt, metecdysis
蜕皮激素	蜕皮激素	ecdysone
蜕皮间期	蜕皮間期	intermolt
蜕皮前期	蜕皮前期	premolt, proecdysis
褪黑激素	褪黑激素	melatonin
吞噬虫	吞噬蟲	phagocitella
吞噬泡	吞噬泡	phagocytic vacuole
吞噬[营养]	吞噬生物	phagotrophy
吞噬质	吞噬質	phagoplasm
吞噬[作用]	吞噬作用	phagocytosis
吞咽	吞咽	gulp
臀大肌	臀大肌	gluteus maximus muscle
臀鳍	臀鰭	anal fin
臀鳍降肌	臀鰭下掣肌	depressor analis muscle
臀鳍倾肌	臀鰭傾肌	inclinator analis muscle
臀鳍竖肌	臀鰭竪肌	erector analis muscle
臀鳍缩肌	臀鰭牽縮肌	retractor analis muscle
臀胝	臀胝	ischial callosity
臀中肌	臀中肌	gluteus medius muscle

祖 国 大 陆 名	台 湾 地 区 名	英　文　名
拖丝	曳絲	dragline
脱包囊	脱包囊	excystment
脱核	脱核	karyorrhexis
脱水	脱水	desiccation
脱氧核糖核酸	去氧核糖核酸	deoxyribonucleic acid（DNA）
椭球	椭圆球	ellipsoid, sheathed capillary
椭圆囊	椭圆囊	utricle
唾液腺	唾液腺	salivary gland

W

祖 国 大 陆 名	台 湾 地 区 名	英　文　名
瓦氏简约法	韋格納檢約性	Wagner parsimony
歪形海胆(=非正行海胆)		
歪型尾	歪型尾	heterocercal tail
外包	外包	epiboly
外鞭	外鞭	outer flagellum
外扁平细胞	外扁平细胞	ectopinacocyte
外表皮(=外角皮)		
外出芽	外出芽	external budding, exogenous budding, exogemmy
外触手芽	外觸手芽	extratentacular budding
外唇	外唇	outer lip
外雌器	外雌器	epigynum
外耳	外耳	external ear
外耳道	外耳道	external auditory meatus
外翻出芽	外翻出芽	evaginative budding, evaginogemmy
外附生生物	外附生生物	epicole
外肛动物(=苔藓动物)		
外根鞘	外根鞘	external root sheath
外骨骼	外骨骼	exoskeleton
外核层	外核層	outer nuclear layer
外环的	外環的	exocyclic
外寄生	外寄生	ectoparasitism
外寄生物	外寄生物	ectoparasite
外加生长	外加生長	appositional growth
外角皮,外表皮	外角皮	exocuticle

祖 国 大 陆 名	台 湾 地 区 名	英 文 名
外节	先節	epimerite
外界膜	外界膜	outer limiting membrane
外卷沟	外卷溝	epirhysis
外来种	外來種	exotic species
外[类]群	外群	outgroup
外淋巴	外淋巴	perilymph
外淋巴间隙	外淋巴間隙	perilymphytic space
外卵室	外卵室	ectooecium
外膜	外膜	tunica externa
外胚层	外胚層	ectoderm, ectoblast
外胚层间质	外胚層間質	ectomesenchyme
外皮(=角皮)		
外鞘	外鞘	epitheca
外鞘鳞板	外鞘鱗板	exothecal dissepiment
外韧带	外韌帶	outer ligament
外筛骨	外篩骨	ectethmoid bone
外生殖器	外生殖器	genitalia
外生周期	外生週期	exogenous cycle
外隧道	外隧道	outer tunnel
外套窦,外套湾	外套竇	pallial sinus
外套反转	外套反轉	mantle reversal
外套沟	外套溝	mantle groove
外套膜	外套膜	mantle
外套腔	外套腔	mantle cavity
外套乳头	外套乳頭	mantle papillae
外套神经节	外套神經節	pallial ganglion
外套收缩肌	外套收縮肌	pallial retractor muscle
外套湾(=外套窦)		
外套线	外套線	pallial line
外套眼	外套眼	pallial eye
外套叶	外套葉	mantle lobe
外套缘	外套緣	mantle edge
外套褶	外套褶	mantle fold
外体腔	外體腔	outer coelom
外凸	外凸	evagination
外凸原肠胚	外凸原腸胚	exogastrula
外突	外突	outer root
外网层	外網層	outer plexiform layer

祖 国 大 陆 名	台 湾 地 区 名	英 文 名
外温动物	外溫動物	ectotherm
外翈	外蹼	outer web
外楔骨	外楔骨	ectocuneiform bone
外斜肌	外斜肌	external oblique muscle
外眼板	外眼板	exsert
外养生物	外營性生物	ectotroph
外叶	外葉	exite
外叶足	外葉足	exolobopodium
外因	外因	extrinsic factor
外源[的]	外源的	exogenous
外[源]适应	外適應	exoadaptation
[外]展神经	外旋神經	abducent nerve
外枕骨	外枕骨	exoccipital bone
外肢	外肢	exopod, exopodite
外质	外質	cctoplasm
外质足	上足,外質足(原生動物)	epipod, epipodium
外轴骨骼	外軸骨骼	extra-axial skeleton
外锥体	外錐體	outer cone
弯胞	彎胞	cyrtocyst
弯咽管	彎咽管	cyrtos
豌豆骨	豌豆骨	pisiform bone
完全变态	完全變態發育	complete metamorphosis
晚成雏	晚熟體	altrices
晚成性	晚熟性	altricialism
晚裂殖子	晚裂殖子	telomerozoite
晚幼红细胞	晚紅母血球	acidophilic erythroblast, normoblast, metarubricyte
晚幼粒细胞	後原粒細胞	metamyelocyte
碗状胞	碗狀胞	phialocyst
腕	腕	arm, brachiole（棘皮动物）, wrist
腕板	腕板	brachialia
腕瓣	腕瓣	brachial valve
腕沟	腕溝	brachial groove
腕钩	腕鈎	crura
腕钩槽	腕鈎槽	crural trough
腕钩基	腕鈎基	crural base
腕钩尖	腕鈎尖	crural point

祖 国 大 陆 名	台 湾 地 区 名	英 文 名
腕钩连板	腕鈎連板	cruralium
腕钩突起	腕鈎突起	crural process
腕钩窝	腕鈎窩	crural fossette
腕钩支板	腕鈎支板	crural plate
腕骨	腕骨	brachidium, carpal bone
腕骨突起	腕骨突起	brachidium process
腕骨支柱	腕骨支柱	brachidium support
腕关节	腕關節	wrist joint
腕管(=腕细腔)		
腕环	腕環	loop
腕棘	腕棘	arm spine
腕脊	腕脊	arm ridge
腕间的	腕間的	interbrachial
腕间隔	腕間隔	interbrachial septum
腕间膜	腕間膜	interbrachial membrane
腕节	腕節	carpopodite, carpus, wrist
腕腔	腕腔	arm cavity
腕神经节	腕神經節	brachial ganglion
腕丝(腕足动物)	腕絲(腕足動物)	cirrus
腕细腔,腕管	腕管	arm canal
腕型	腕型	brachidial pattern
腕型变化	腕型變化	brachidial change
腕掌关节	腕掌關節	carpometacarpal joint
腕褶	腕褶	brachial fold
腕支柱	腕支柱	brachidial support
腕趾	腕趾	pad
腕栉	腕櫛	arm comb
腕足动物	腕足動物	brachiopod, Brachiopoda（拉）
网板	網狀板	reticular lamina
网格层	網格層	clathrum
网丝胞	網絲胞	clathrocyst
网胃	網胃	reticulum
网织红细胞	網織紅血球	reticulocyte
网状层	網狀層	reticular layer
网状带	網狀帶	zona reticularis
网状骨骼	網狀骨骼	dictyonalia
网状骨片	網狀骨片	desma
网状结构	網狀結構	reticular formation

祖国大陆名	台湾地区名	英　文　名
网状皿形体	網狀皿形體	reticulate cup
网状内皮系统	網狀內皮系統	reticuloendothelial system（RES）
网状球形体	網狀球形體	reticulate sphere
网状纤维	網狀纖維	reticular fiber
网状组织	網狀組織	reticular tissue
网足	網足	reticulopodium
危害密度	危害密度	density of infection
危害系数	危害係數	coefficient of injury
微变态	微變態	epimorphosis
微虫室	微蟲室	zooecicule
微动脉	小動脈	arteriole
微分类学(＝小分类学)		
微个虫	微個蟲	nanozooid
微[观]进化	微演化	microevolution
微管	微管	microtubule
微管轴	圍軸質膜	manchette
微静脉	小靜脈	venule
微孔	微孔	micropore
微量营养物	微量營養物	micronutrient
微气管	微氣管	tracheole
微气候	微氣候	microclimate
微绒毛	微絨毛	microvillus
微生态系[统]	微生態系	microecosystem
微丝	微絲	microneme，microfilament
微丝蚴	微絲蚴	microfilaria
微突变	微突變	micromutation
微尾尾蚴	微尾尾蚴	microcercous cercaria
微型浮游生物	微型浮游生物	nannoplankton
微型游泳生物	微型游泳生物	micronekton
微循环	微循環	microcirculation
微眼	微眼	aesthete
微宇宙(＝实验生态系[统])		
微褶细胞	微褶細胞	microfold cell
韦伯器[官]	韋伯器[官]	Weber's organ
韦伯小骨	韋伯小骨	Weber's ossicle
围鞭毛膜	圍鞭毛膜	periflagellar membrane
围动脉淋巴鞘	圍動脈淋巴鞘	periarterial lymphatic sheath（PALS）

祖国大陆名	台湾地区名	英 文 名
围颚环	圍顎環	perignathic girdle
围耳骨	圍耳骨	periotic bone
围腹吸盘褶	圍腹吸盤褶	circumacetabular fold
围肛板	圍肛板	periproct plate
围肛部	圍肛部	periproct
围肛纤毛	圍肛纖毛	perianal cilia
围骨针海绵质	圍骨針海綿質	perispicular spongin
围基节	圍基節	pericoxa
围口板	圍口板	peristomial plate
围口部	圍口部	peristome
围口触手	圍口觸手	tentacular cirrus
围口触须	圍口觸鬚	peristomium cirrus
围口刺	圍口刺	perioral spine
围口冠	圍口冠	circumoral crown
围口环	圍口環	circumoral ring
围口节	圍口節	peristomium
围口排泄环	圍口排泄環	circumoral excretory ring
围眶骨	圍眼眶骨	circumorbital bone
围囊	圍囊	atrial sac
围鞘	圍鞘	perisare
围鳃腔	圍鰓腔	atrium
围鳃腔孔	出水孔,圍鰓腔孔	atriopore
围椭球淋巴鞘	圍橢圓球淋巴鞘	periellipsoidal lymphatic sheath (PELS)
围腺细胞	圍腺細胞	atrial gland cell
围心腔	圍心腔	pericardial cavity
围咽环	圍咽環	circumpharyngeal ring
围咽腔	圍咽腔	periesophageal space
围咽神经	圍咽神經	circumpharyngeal nerve
围脏鞘	圍臟鞘	peritoneal sheath
围栅	籬片	pali
围栅瓣	籬片瓣	paliform lobe
围足部	圍足部	peripodium
维持行为	維持行為	maintenance behavior
伪包囊	偽胞	pseudocyst
伪复型刚毛	偽複型剛毛	pseudocompound seta
伪复眼	偽複眼	pseudocompound eye
伪接合	偽接合	pseudoconjugation
伪口	偽口	pseudostome

祖国大陆名	台湾地区名	英　文　名
伪小膜	偽小膜	pseudomembranelle
伪原质团	偽原質團	pseudoplasmodium
伪柱体	偽柱體	pseudo-paxillae
伪足	偽足	pseudopodium
尾板	尾板	tail plate
尾[部]	尾部	tail, pygidium（环节动物）
尾[部]附肢	尾附肢	caudal appendage
尾叉	尾叉	caudal furca
尾垂体	尾垂體	urohypophysis
尾刺	尾棘	caudal spine
尾动脉	尾動脈	caudal artery
尾段（精子）	尾段（精子）	end piece
尾杆骨	尾柱骨	urostyle
尾感器	幻器	phasmid
尾合纤毛束	尾合纖毛束	caudalia
尾节	尾節	telson, pygidium
尾静脉	尾靜脈	caudal vein
尾鳍（鱼）	尾鰭（魚）	caudal fin
尾鳍屈肌	尾鰭屈肌	flexor caudi muscle
尾鳍收肌	尾鰭內收肌	adductor caudi muscle
尾扇	尾扇	tail fan, rhipidura
尾上骨	尾上骨	epural bone
尾舌骨	尾舌骨	urohyal bone
尾神经	尾錐神經	coccygeal nerve
尾索动物	尾索動物	urochordate, Urochordata（拉）
尾突	尾突	caudal process, ampulla（腕足动物）
尾下骨	尾下骨	hypural bone
尾纤毛	尾纖毛	caudal cilium
尾腺	尾腺	caudal gland
尾须	尾鬚	cercus
尾叶（鲸）	尾鰭（鯨）	tail fluke
尾翼膜	尾翼膜	caudal ala
尾蚴	尾蚴	cercaria
尾蚴膜反应	尾蚴膜反應	cercarian huellen reaction（CHR）
尾羽	尾羽	tail feather, rectrix
尾肢	尾肢	uropoda, uropodite
尾脂腺	尾脂腺	uropygial gland
尾椎	尾椎	caudal vertebra

祖国大陆名	台湾地区名	英　文　名
尾综骨	尾綜骨	pygostyle
纬裂	橫向卵裂	latitudinal cleavage
卫星细胞	衛星細胞	satellite cell
未定种	未定種	species indeterminata, sp. indet.
未分化细胞	未分化細胞	undifferentiated cell
未刊学名,待刊名	待刊名	manuscript name
未受精透明带	未受精透明帶	unfertilized hyaline layer
未熟节片,幼节	未熟節片,幼節	immature segment, immature proglottid
位置未[确]定,地位未定	地位未定	incertae sedis
味蕾	味蕾	taste bud
味器	味器	gustatory organ
胃	胃	stomach
胃层	胃層	gastral epithelium
胃底	胃底部	fundus
胃底腺	胃底腺	fundic gland
胃动脉	胃動脈	gastric artery
胃盾	胃盾	gastric shield
胃腹神经系	胃腹神經系	stomato-gastric system
胃沟	胃溝	gastric groove
胃盲囊	胃盲囊	caecum
胃泌素	胃泌激素	gastrin
胃磨	胃磨	gastric mill
胃泡	胃泡	gastriole
胃腔	胃腔	gastral cavity
胃区	胃區	gastric region
胃上刺	胃上刺	epigastric spine
胃石	胃石	gastrolith
胃丝	胃絲	gastral filament
胃体壁隔膜	胃體壁隔膜	gastroparietal band
胃外区	胃外域	epigastrium
胃小凹	胃小凹	gastric pit
胃须	腹膜肋	gastralia
胃绪	胃緒	funiculus
温度适应	溫度適應	thermal adaptation
温度顺应	溫度順應	thermoconformation
温度调节	溫度調節	thermoregulation
温度系数	溫度係數	temperature coefficient

祖国大陆名	台湾地区名	英　文　名
温泉群落	溫泉群落,溫泉群聚	thermium
温湿图	溫濕圖	thermo-hygrogram, hydrotherm graph, temperature-humidity graph
温室效应	溫室效應	greenhouse effect
温跃层	溫躍層	thermocline
温周期	溫週期	thermoperiod
纹状管	紋狀管	striated duct
纹状体	紋狀體	corpus striatum
纹状缘	紋狀緣	striated border
吻	吻,喙	beak(苔藓动物), proboscis, rostrum, snout(鱼)
吻板	吻板	rostrum
吻侧板	吻側板	rostro-lateral compartment, latus rostrale
吻钩,吻囊	吻鈎	rostellar hook
吻囊(＝吻钩)		
吻腔动物	吻腔動物	Rhynchocoela(拉)
吻鞘	吻鞘	proboscis receptacle
吻突	吻	proboscis
吻血窦	吻血竇	rostal sinus
吻针基座	吻針基座	style base
稳定进化对策	演化穩定策略	evolutionary stable strategy
稳定期	穩定期	plateau phase
稳定选择	穩定選擇	stabilising selection
窝	窩	clutch, brood, fossa
窝卵数	窩卵數	clutch size
窝芽	窩芽	cryptogemmy
蜗窗	蝸窗	fenestra cochleae
蜗孔	蝸孔	helicotrema
蜗牛素	蝸牛素	helicin
蜗轴	蝸軸	modiolus
沃尔夫管,中肾管	中腎管	Wolffian duct, mesonephric duct
污染	污染	pollution
污染人兽互通病	污染人獸互通病	sapro-zoonosis
污水动物	污水動物	saprobic animal, saprobiotic animal
污水浮游生物	污水浮游生物	saproplankton
污水生物	污水生物	saprobia
污着生物	污損生物	fouling organism
无鞭毛体	無鞭毛體	amastigote

祖 国 大 陆 名	台 湾 地 区 名	英 文 名
无变态类	無變態類	ametabola
无柄腹吸盘,座状腹吸盘	無柄腹吸盤	sessile acetabulum
无柄乳突,座状乳突	無柄乳突	sessile papilla
无长突细胞,无轴突细胞	無軸突細胞	amacrine cell
无大核的	無大核的	amacronucleate
无定形区	不定形區	anarchic field
无盖卵室	無蓋卵室	acleithral ooecium
无刚毛体节	無剛毛體節	asetigerous segment
无沟边	無溝邊	asulcal side
无沟牙	無溝牙	aglyphic tooth
无管腺	無管道腺體	ductless gland
无核鞭毛系统	無核鞭毛系統	akaryomastigont
无核精子	無核精子	apyrene spermatozoon
无颌类	無頜類	agnatha
无黄卵	無黃卵	alecithal egg
无机化能营养	無機化能營養	chemolithotrophy
无脊椎动物	無脊椎動物	invertebrate
无脊椎动物学	無脊椎動物學	invertebrate zoology
无节幼体	無節幼體	nauplius larva
无节幼体眼(=中央眼)		
无精子	無精子	azoospermia
无粒[白]细胞	無顆粒細胞	agranulocyte
无名动脉	無名動脈	innominate artery
无名静脉	無名靜脈	innominate vein
无配子生殖	無性生殖	apogamety, apogamy
无融合生殖	無融合生殖	apomixia, apomixis
无丝分裂	無絲分裂	amitosis
无髓神经纤维	無髓神經纖維	unmyelinated nerve fiber
无胎盘动物	無胎盤動物	aplacentalia
无体腔动物	無體腔動物	acoelomate
无头类	無頭類	acraniate
无尾尾蚴	無尾尾蚴	cercariaeum
无纤毛的	無纖毛的	nonciliferous, aciliferous
无线电跟踪法	無線電追蹤	radio tracking
无腺区	無腺體區	pars nonglandularis
无小核的	無微核的	amicronucleate

祖 国 大 陆 名	台 湾 地 区 名	英 文 名
无性生殖	無性生殖	asexual reproduction
无性生殖阶段	無性生殖階段	asexual reproductive phase
无性杂交	無性雜交	asexual hybridization
无性杂种	無性雜種	asexual hybrid
无羊膜动物	無羊膜動物	anamniote
无疣足体节	無疣足體節	apodous segment
无疹壳	無疹殼	impunctate shell
无枝骨片	無枝骨片	acrepid desma
无轴突细胞(=无长突 细胞)		
五触手幼体	五觸手幼體	pentactula
五点形的	五點形的	quincuncial
五口动物	五口動物	pentastomid, tongue worm, Pentastomida （拉）
五腕海百合期	五腕海百合期	pentacrinoid stage
舞蹈病	舞蹈病	tarantism
物候隔离	物候隔離	phenological isolation
物理环境	物理環境	physical environment
物理抗性	物理抗性	physical resistance
物质循环	物質循環	cycling of material
物种(=种)		
物种保护,物种保育	物種保育	species conservation
物种保育(=物种保护)		
物种度量定律	物種尺度定律	species scaling law
物种多样性	物種多樣性	species diversity
物种界限	物種界限	species boundary
物种灭绝	物種滅絕	species extinction
物种气味	物種氣味	species odor
物种形成	種化	speciation
物种选择	物種選擇	species selection
物种资源	物種資源	species resources

X

祖 国 大 陆 名	台 湾 地 区 名	英 文 名
吸槽	吸溝	bothrium
吸虫	吸蟲	trematode, fluke
吸虫病	吸蟲病	trematodiasis

祖国大陆名	台湾地区名	英 文 名
吸虫学	吸蟲學	trematology
吸沟(=吸泡)		
吸盘	吸盤	sucking disk, sucker
吸泡,吸沟	吸泡	alveolus
吸收细胞	吸收細胞	absorptive cell
吸吮触手	吸吮觸手	endosprit, suctorial tentacle, sucking tentacle
吸吮型口器	吸吮型口器	suctorial mouth parts
吸胃	吸胃	sucking stomach
犀角	犀角	rhino horn
稀有种	稀有種	rare species
翕(=上背)		
溪流群落	溪流群落,溪流群聚	rhoium
蜥腭型	蜥腭型	saurognathism
膝关节	膝關節	knee joint
膝节	膝節	patella
膝状突起	膝狀突起	apophysis
螅状幼体	螅狀幼體,原芽體	hydrula
习惯化	習慣化	habituation
习性	習性	habit
系谱学	譜系學	genealogy
系丝泡	繫絲泡	haptocyst
系统地理学	親緣地理學	phylogeography
系统发生,系统发育	種系發生,系統發育	phylogeny, phylogenesis
系统发生学	親緣關係學	phylogenetics
系统发育(=系统发生)		
系统分化(=系统分异)		
系统[分类]学	系統分類學	systematics
系统分异,系统分化	親緣分化	phylogenetic differentiation
系统生态学	系統生態學	system ecology
系统生物学	系統生物學	systems biology
系统收藏	系統收藏	systematic collection
细胞	細胞	cell
细胞毒性 T 细胞	細胞毒性 T 細胞	cytotoxic T cell
细胞分化	細胞分化	cell differentiation
细胞骨架	細胞骨架	cytoskeleton
细胞集合	細胞集合	cell aggregation
细胞间质	細胞間質	intercellular substance

祖 国 大 陆 名	台 湾 地 区 名	英 文 名
细胞谱系	細胞譜系	cell lineage
细胞器	細胞器	organelle
细胞趋性	細胞趨性	cytotaxis
细胞学说	細胞學說	cell doctrine
细胞株	細胞株	cell strain
细胞滋养层	細胞營養層	cytotrophoblast
细胞最后分化	細胞最後分化	histoteliosis
细齿刚毛	細齒剛毛	denticulate seta
细滴虫期	細滴蟲期	leptomonad stage
细纺管	小吐絲管	spool
细肌丝	細肌絲	thin filament
细颈囊尾蚴	細頸囊尾蚴	cysticercus tenuicollis(拉)
细支气管	細支氣管	bronchiole
虾红素	蝦紅素	astacin
虾青素	蝦青素	astaxanthin
峡部	峽部	isthmus
狭带性	狹帶性	stenozone
狭栖性	狹棲性	stenoecic, stenotope
狭深性	狹深性	stenobathic
狭湿性	狹濕性	stenohydric
狭食性	狹食性	stenophagy
狭适性	狹適性	stenotropy
狭温性	狹溫性	stenothermal
狭盐性	狹鹽性	stenohaline
狭氧性	狹氧性	stenooxybiotic
狭域性	狹域性	stenoky
下板	下腹板	hypoplastron
下背舌叶	下背舌葉	infra-notoligule
下鼻甲	下鼻甲	inferior concha
下鞭	下鞭	lower flagellum
下不动关节	下不動關節	hypozygal
下层浮游生物	下層浮游生物	hypoplankton
下层游泳生物	下層游泳生物	subnekton
下沉上皮	下沈上皮	insunk epithelium
下触角	下觸角	inferior antenna
下唇	下唇	labium
下次尖	下下錐	hypoconid
下次小尖	下下鋒	hypoconulid

祖国大陆名	台湾地区名	英 文 名
下纲	下綱	infra-class
下颌骨	下頜骨	mandible
下颌间肌	下頜間肌	intermandibular muscle
下颌收肌	下頜内收肌	adductor mandibulae
下后尖	下後錐	metaconid
下基板	下基板	hypocoxa, infrabasal plate（棘皮动物）
下科	下科	infra-family
下目	下目	infra-order
下内尖	下内錐	endoconid
下内小尖	下内小鋒	endoconulid
下胚层	下胚層	hypoblast
下皮	下皮	hypodermis
下脐	下臍孔	inferior umbilicus
下前尖	下前錐	paraconid
下丘	下視丘	inferior colliculus
下鳃盖骨	下鰓蓋骨	subopercular bone
下鳃骨	下鰓骨	hypobranchial bone
下鳃肌	下鰓肌	hypobranchial muscle
下伞	下傘	subumbrella
下舌骨	下舌骨	hypohyal bone
下神经系	下神經系	hyponeural system
下向皮层骨针	下向皮層骨針	hypodermalia
下向胃层骨针	下向胃層骨針	hypogastralia
下斜肌	下斜肌	inferior oblique muscle
下行鳃板	下行鰓瓣	descending lamella
下原尖	下原錐	protoconid
下缘板	下緣板	inframarginal plate
下直肌	下直肌	inferior rectus muscle
下椎体	下椎體	hypocentrum
下锥	下錐	hypocone
夏候鸟	夏候鳥	summer migrant
夏季浮游生物	夏季浮游生物	summer plankton
夏季停滞［期］	夏季停滯期	summer stagnation
夏卵	夏卵	summer egg
夏眠（＝夏蛰）		
夏休芽	夏休芽	summer statoblast
夏蛰,夏眠	夏眠,夏蟄	aestivation
先成论	先成論	preformation theory

祖 国 大 陆 名	台 湾 地 区 名	英 文 名
先锋群落	先鋒群聚	pioneer community, initiative community
先锋[物]种	先鋒[物]種,先驅種	pioneer species, pioneer
纤毛	纖毛	cilium, ciliary process（软体动物）
纤毛孢子	纖毛孢子	ciliospore
纤毛虫	纖毛蟲	ciliate
纤毛虫学	纖毛蟲學	ciliatology
纤毛根丝	纖毛根絲	ciliary rootlet
纤毛冠	纖毛冠	corona
纤毛后微管	纖毛後微管	postciliary microtubule
纤毛后微纤维	纖毛後微纖維	postciliodesma
纤毛后纤维	纖毛後纖維	postciliary fiber
纤毛漏斗	纖毛漏斗	ciliated funnel
纤毛刷	纖毛刷	brosse
纤毛系	纖毛系	ciliature
纤毛子午线	纖毛子午線	ciliary meridian
纤丝胞	纖絲胞	fibrocyst
纤维根丝	纖維根絲	fibrillar rootlet
纤维连接	纖維連接	fibrous joint
纤维软骨	纖維軟骨	fibrocartilage, fibrous cartilage
纤维细胞	纖維細胞	fibrocyte
纤维性星状胶质细胞	纖維星狀細胞	fibrous astrocyte
纤羽,毛羽	針羽	filoplume, pin-feather
咸水	鹹水	salt water
咸水浮游生物	鹹水浮游生物	haliplankton
嫌色细胞	嫌色細胞	chromophobe cell
显带海星	顯帶海星	phanerozonate
显隐子	顯隱子	phanerozoite
现存库	現存庫	standing pool
现存量	現存量	standing crop, standing stock
现生种	現生種	recent species
M 线,M 膜	M 線,M 膜	M line, M membrane
Z 线,Z 膜	Z 線,Z 膜	Z line, Z membrane
线虫病	線蟲病	nematodiasis
线虫[动物]	線蟲動物	nematode, roundworm, Nematoda（拉）
线虫学	線蟲學	nematology
线粒体	粒線體	mitochondrion
线粒体 DNA	粒線體 DNA	mitochondrial DNA
线束骨针	線束骨針	dragmas

祖 国 大 陆 名	台 湾 地 区 名	英 文 名
线丝六星骨针	線絲六星骨針	graphiohexaster
线形动物	線形動物	nematomorph, horsehair worm, Nemato-morpha（拉）
限制因子	限制因子	limiting factor
陷器	凹陷器	pit organ
陷丝	陷絲	trapline
陷窝	陷窩	lacuna
腺	腺體	gland
腺垂体	腺垂體	adenohypophysis
腺介幼体,金星幼体	腺介幼體	cypris larva
腺泡	腺泡	acinus
腺上皮	腺體上皮	glandular epithelium
腺胃	腺胃	glandular stomach
腺质片	腺體瓣	glandular lamella
相关性状	相關特徵	correlated character
[相互]侵害	相互侵害	disoperation
相互适应	共適應	coadaptation
相克生物	相剋生物	antibiont
相容性	相容性	compatibility
相似性	相似性	similarity
相似性指数	相似性指數	similarity index
镶嵌分布	鑲嵌分佈	mosaic distribution
镶嵌合体	鑲嵌合體	hyperchimaera
镶嵌卵	鑲嵌卵	mosaic egg
镶嵌式发育	鑲嵌式發育	mosaic development
镶嵌型卵裂	鑲嵌型卵裂	mosaic cleavage
镶嵌性	鑲嵌性	mosaicism
向心辐骨针	向心輻骨針	esactine
项器	項器	organum nuchale
象牙	象牙	ivory
消除性免疫	消除性免疫	sterilizing immunity
消费	消費	consumption
消费者	消費者	consumer
消化	消化	digestion
消化[循环]腔	消化循環腔	gastrovascular cavity
小板形骨针	小板形骨針	platelet
小棒骨针	小棒骨針	microstrongyle
小孢子	小孢子	microspore

祖国大陆名	台湾地区名	英　文　名
小柄	小柄	peduncle
小肠	小腸	small intestine
小潮	小潮	neap tide
小齿	小齒	denticle
小齿次旋刚毛	小齒次旋剛毛	serrulate subspiral seta
小触角(=第一触角)		
小刺	小刺	spinule
小多角骨(=棱形骨)		
小颚钩	小顎鈎	maxillary hook
小颚腺	小顎腺	maxillary gland
小二尖骨针	小二尖骨針	microxea
小分类学,微分类学	微分類學	microtaxonomy
小分裂球	小分裂球	micromere
小杆骨针	小桿骨針	microrabdus, microrabd
小共生体	小共生體	microsymbiont
小钩	小鈎	hooklet
小骨针	小骨針	microsclere
小管	小管	ductulus, canaliculus, solenium
小管肾	微腎管	micronephridium
小核	小核	micronucleus
小棘	小棘	miliary spine
小胶质细胞	微膠質細胞	microglia
小角软骨	小角狀軟骨	corniculate cartilage
小接合体	小接合體	microconjugant
小荆骨针	小荊骨針	microcalthrops
小锯齿刚毛	小鋸齒剛毛	serrulate seta
小裂片	小裂片	lobule
小卵对策	小卵對策	small egg strategy
小膜	小膜	membranelle
小膜口缘区	小膜口緣區	adoral zone of membranelle(AZM)
小膜区	小膜區	membranoid
小囊	小囊	saccule
小脑	小腦	cerebellum
小脑半球	小腦半球	cerebellar hemisphere
小脑皮层	小腦皮層	cerebellar cortex
小配子	小配子	microgamete
小配子母体	小配子母體	microgamont
小配子母细胞	小配子母細胞	microgametocyte

祖 国 大 陆 名	台 湾 地 区 名	英 文 名
小配子形成	小配子形成	exflagellation
小栖息地	微棲地	microhabitat
小鳍	小鰭	finlet
小丘	小丘	monticule
小球骨针	小球骨針	globule, spherule
小球体	微球體	microsphere
小球细胞	小球細胞	spherulous cell
小室	小室	loculus
小腿,胫	脛	shank
小网膜	小網膜	lesser omentum
小微眼	小微眼	microaesthete
小型底栖生物	小型底棲生物	microbenthos
小型浮游生物	小型浮游生物	microplankton
小型消费者	小型消費者	microconsumer
小眼	小眼	ommatidium
小演替系列	小演替階段	microsere
小叶	小葉	lobule
小翼羽	小翼羽	alula, bastard wing
小阴唇	小陰唇	labium minus [pudendi], lesser lip of pudendum
小疣	小疣	miliary tubercle
小疣突	小疣突	pustule
小月面	小月面	lunule
小枝骨针	小枝骨針	cleme
小柱体	小柱體	paxillae
效应细胞	效應細胞	effector cell
楔骨	楔狀骨	cuneiform bone
楔形骨针	楔形骨針	tornote
楔状软骨	楔狀軟骨	cuneiform cartilage
协同进化	共同演化,共演化	coevolution
胁	胲	flank
斜方骨,大多角骨	大多角骨	trapezium bone
斜方肌	斜方肌	trapezius muscle
斜肌	斜肌	oblique muscle
斜角肌	斜角肌	scalenus muscle
斜纹肌	斜紋肌	obliquely striated muscle, spirally striated muscle
携播	攜播	phoresy

祖国大陆名	台湾地区名	英 文 名
携卵的	抱卵的	ovigerous, egg-bearing
泄殖孔	泄殖孔	cloacal pore
泄殖腔	泄殖腔	cloaca
泄殖腔交配	泄殖腔交配	cloacal kiss
泄殖腔膀胱	泄殖腔膀胱	cloacal bladder
泄殖腔腺	泄殖腔腺	cloacal gland
蟹类学(=甲壳动物学)		
心包膜	心包膜	pericardium
心动加速神经	心動加速神經	cardioaccelerator nerve
心房	心房	atrium, cardiac atrium
心肌	心肌	cardiac muscle
心肌膜	心肌膜	myocardium
心静脉	心靜脈	cardiac vein
心内膜	心內膜	endocardium
心囊	心囊	heart vesicle, heart sac
心区	心區	cardiac region
心鳃沟	心鳃溝	branchio-cardiac groove
心鳃脊	心鳃脊	branchio-cardiac carina
心室	心室	ventricle, cardiac ventricle
心输出量	心輸出量	cardiac output
心外肌膜	心外肌膜	epimyocardium
心外膜	心外膜	epicardium
心[脏]	心臟	heart
新北界	新北界	Nearctic realm
新[订学]名	新名	new name, nom. nov.
新科	新科	new family, fam. nov.
新轮幼体	新輪幼體	kentrogon larva
新模	新模式	newtype
新模标本	新模式	neotype
新皮层	新腦皮層	neopallium
新热带界	新熱帶界	Neotropical realm
新属	新屬	new genus, gen. nov.
新亚种	新亞種	new subspecies, subsp. nov., ssp. nov.
新月板	新月板	lunate plate
新月体	新月體	crescent
新月形骨针	新月形骨針	crescent
新种	新種	new species, sp. nov.
囟[门]	囟門	fontanelle

祖国大陆名	台湾地区名	英 文 名
信号	訊號	signal
信号刺激	訊號刺激	signal stimulus
信息素	費洛蒙	pheromone
信息素作用区	費洛蒙作用區	active space
兴奋神经元	興奮神經元	excitatory neuron
星虫[动物]	星蟲動物	sipunculan, Sipuncula（拉）
星根	星根	astrorhizae
星孔	星孔	astropyle
星形细胞	星形隙胞	stellate cell
星状骨针	星狀骨針	aster
行为	行為	behavior
行为级	行為等級	behavioral scaling, behavioral scale
行为生态学	行為生態學	behavioral ecology
行为生物学	行為生物學	behavioral biology
行为适应	行為適應	behavior adaptation
行为梯度	行為梯度	behavior gradient
行为梯度变异	行為梯度變化	ethocline
S 形触手冠	S 形觸手冠	sigmoid lophophore
Z 形带（=之形带）		
Y 形软骨	Y 形軟骨	Y-shaped cartilage
形态发生	形態發生	morphogenesis
形态分化	形態分化	morphodifferentiation
形态梯度	形態梯度	morphocline
形态种	形態種	morphospecies
型	種型	forma, form
I 型肺泡细胞	I 型肺泡細胞	type I alveolar cell, squamous alveolar cell
II 型肺泡细胞	II 型肺泡細胞	type II alveolar cell, great alveolar cell
性比	性比	sex ratio
性别	性別	sex, sexuality
性[别]分化	性別分化	sexual differentiation
性别决定	性別決定	sex determination
性多态	性多型	sexual polymorphism
性发育不全	性發育不全	sexual dysgenesis
性隆脊	性隆脊	puberty wall, tuberculum puberty
性母细胞	性母細胞	auxocyte
性选择	性選擇	sexual selection
性引诱	性吸引力	sexual attraction
性状	特徵	character

祖 国 大 陆 名	台 湾 地 区 名	英 文 名
性状趋同	性狀趨同	character convergence
性状趋异	特徵趨異	character divergence
性状替换	性狀替換	character displacement
胸板	胸板	sternum
胸[部]	胸部	thorax
胸窦	胸竇	thoracic sinus
胸肌	胸肌	pectoral muscle
胸甲	胸甲	breast theca
胸肋	胸肋	sternal rib
胸肋关节	胸肋關節	sternocostal joint
胸膜	胸膜	pleura
胸膜腔	胸膜腔	pleural cavity
胸皮腺	胸腺	chest gland
胸鳍	胸鳍	pectoral fin
胸鳍收肌	胸鳍内收肌	adductor pectoralis muscle
胸鳍展肌	胸鳍外展肌	abductor pectoralis muscle
胸腔	胸腔	thoracic cavity
胸乳突肌	胸乳肌	sternomastoideus muscle
胸腺	胸腺	thymus
胸腺细胞	胸腺細胞	thymocyte
胸腺小囊	胸腺小囊	thymic cyst
胸腺小体	胸腺小體	thymic corpuscle
胸肢	胸肢	thoracic appendage
胸主动脉	胸大動脈	thoracic aorta
胸椎	胸椎	thoracic vertebra
雄个虫	雄個蟲	androzooid, male zooid
雄核发育	雄核發育	androgenesis
雄激素	雄激素	androgen
雄模标本	雄模式	androtype
雄配子	雄配子	androgamete, male gamete
雄性附肢	雄性附肢	appendix masculina(拉)
雄性交接器	雄性交接器	petasma, penis
雄性突起	雄性突起	processus masculinus(拉)
雄性先熟	雄性先熟	protandry
雄性先熟雌雄同体	雄性先熟雌雄同體	protandrous hermaphrodite
雄性线	雄性線	linea masculina(拉)
雄原核	雄原核	male pronucleus
休眠	休眠	dormancy

祖 国 大 陆 名	台 湾 地 区 名	英 文 名
休眠孢子	休眠孢子	statospore
休眠合子	休眠合子	hypnozygote
休眠卵	休眠卵	resting egg
休［眠］芽	休眠芽	statoblast
休眠子	休眠子	dormozoite, hypnozoite
修正（＝学名订正）		
朽木生物,腐生生物	腐生生物	saproxylobios
嗅板	嗅板	olfactory placode
嗅迹	嗅跡	odor trail
嗅检器	嗅檢器	osphradium
嗅角	嗅角	rhinophora
嗅觉孔	嗅覺孔	olfactory pore
嗅觉器官	嗅覺器官	olfactory organ
嗅觉锥	嗅覺錐	olfactory cone
嗅毛	嗅毛	olfactory hair
嗅泡	嗅泡	olfactory vesicle
嗅球	嗅球	olfactory bulb
嗅区	嗅覺區	olfactory region
嗅上皮	嗅上皮	olfactory epithelium
嗅神经	嗅神經	olfactory nerve
嗅窝,鼻窝	嗅窩,鼻窩	olfactory pit, nasal pit
嗅细胞	嗅細胞	olfactory cell
嗅腺,鲍曼腺	嗅腺,鲍曼氏腺	olfactory gland, Bowman's gland
须毛	鬚毛	cirrus
须腕动物	鬚腕動物	pogonophoran, Pogonophora（拉）
虚名	虚名	naked name
序位,等级	階層,階級	hierarchy
续骨	接續骨	symplectic bone
续绦蚴	後條蚴	metacestode
悬核网	懸核網	karyophore
悬器	懸器	suspensorium
旋星骨针	旋星骨針	spiraster
旋转骨针	旋轉骨針	spire
选模标本	選模式	lectotype
K 选择	K 選擇	K-selection
r 选择	r 選擇	r-selection
选择压力	選擇壓力	selection pressure
炫耀	展示	display

祖 国 大 陆 名	台 湾 地 区 名	英 文 名
穴居动物	穴洞動物	cave animal, cryptozoon, troglobiont
学名	學名	scientific name
学名笔误	筆誤	lapsus calami
学名差错	錯誤	error
学名订正,修正	修正	emendation
血窦	血竇	blood sinusoid, sinusoid
血管	血管	blood vessel
血管极	血管極	vascular pole
血管区	血管區	area vasculosa
血管素(=血青素)		
血管纹	血管紋	stria vascularis
血管滋养管,营养血管	營養血管	nutrient vessel, vasa vasorum
血管小球	血管小球	glomerulus
血红蛋白	血紅素	hemoglobin
血红素	血紅素	heme
血内皮胎盘	血內皮胎盤	haemoendothelial placenta
血囊	血囊	haematodocha
血腔	血腔	haemocoel
血青素,血管素	血青素	hemocyanin
血绒膜胎盘	血絨膜胎盤	haemochorial placenta
血生型	棲血的	sanguicolous
血细胞发生	血細胞發生	hemocytopoiesis
血小板	血小板	platelet
血液	血液	blood
血液寄生虫	血寄生蟲	haematozoic parasite, haematozoon
巡游	巡游	cruising
巡游半径	巡游半徑	cruising radius
循环	循環	circulation
循环率	循環率	cycling rate
循环人兽互通病	循環人獸互通病	cyclo-zoonosis
循环稳定性	循環穩定性	cyclical stability

Y

祖 国 大 陆 名	台 湾 地 区 名	英 文 名
压盖肌	壓蓋肌	depressor muscle
[牙]齿	[牙]齒	tooth
牙沟	牙溝	fang groove, cheliceral furrow

祖国大陆名	台湾地区名	英　文　名
芽骨	芽骨	virgalia
芽基	芽基	blastema
芽囊	芽囊	capsule
芽球	芽球	gemmule
芽球生殖	芽球生殖	gemmulation
芽生	出芽	gemmation
哑铃形骨针	啞鈴形骨針	dumb-bell
亚螯	亞螯	sub-chela
亚螯状	亞螯狀	sub-chelate
亚成体	亞成體	subadult
亚齿	亞齒	secondary tooth
亚盾片	亞盾板	subtegulum
亚纲	亞綱	subclass
亚界	亞界	subkingdom
亚科	亞科	subfamily
亚里士多德提灯(=亚氏提灯)		
亚门	亞門	subphylum
亚目	亞目	suborder
亚氏提灯,亚里士多德提灯	亞氏提燈	Aristotle's lantern
亚适温	次適溫	suboptimal temperature
亚属	亞屬	subgenus
亚双叶型疣足	雙葉型疣足	sub-biramous parapodium
亚系统,整体元	亞系統,整體元	holon
亚沿岸带	亞潮帶	sublittoral
亚沿岸带群落	亞潮帶群落	sublittoral community
亚厣	次口蓋	suboperculum
亚致死温度	次緻死溫度	sublethal temperature
亚中齿	亞中齒	submedian tooth
亚中小齿	亞中小齒	submedian denticle
亚中[央]脊	亞中脊	submedian carina
亚种	亞種	subspecies
亚种分化	亞種分化	subspecies differentiation
亚种群	亞族群	subpopulation
亚种下的	亞種下的	infrasubspecific
咽	咽	pharynx
咽扁桃体	咽扁桃體	pharyngeal tonsil

祖 国 大 陆 名	台 湾 地 区 名	英 文 名
咽侧体	咽側體	corpora allata
咽齿	咽齒	pharyngeal tooth
咽骨	咽骨	pharyngeal bone
咽鼓管,欧氏管	耳咽管	pharyngotympanic tube，Eustachian tube
咽甲	咽甲	pharyngeal armature
咽篮	咽籃	pharyngeal basket
咽门	咽門	fauces
咽膜	咽膜	peniculus
咽囊	咽囊	pharyngeal pouch
咽腔	咽腔	pharyngeal cavity
咽鳃骨	咽鰓骨	pharyngobranchial bone
咽上肌	咽上肌	epipharyngeal muscle
咽上神经节	咽上神經節	suprapharyngeal ganglion
咽微纤丝	咽微纖絲	nematodesma
咽下神经节	咽下神經節	subpharyngeal ganglion
咽下声囊	咽下聲囊	subgular vocal sac
咽腺	咽腺	pharyngeal gland
延髓	延髓	myelencephalon
延增效应	延增效應	multiplier effect
岩鼓骨	岩鼓骨	petrotympanic bone
沿岸带	沿岸帶	littoral zone
沿岸的,近海的	近海的	neritic
沿岸群落	沿岸群落,沿岸群聚	littoral community
盐度	鹽度	salinity
盐皮质激素	鹽皮質激素	mineralocorticoid，mineralosteroid
盐生生物	鹽生動物	halobios
盐生演替系列	鹽生階段演替	halosere
盐腺	鹽腺	salt gland
盐跃层	鹽躍層	halinecline
盐沼	鹽澤	salt marsh
颜瘤	顏瘤	facial tubercle
颜色适应	色彩適應	color adaptation
衍征,离征	衍徵	apomorphy
厣	口蓋	operculum
眼	眼	eye
眼板	眼板	eye plate
眼柄	眼柄	eye stalk，eye peduncle，ocular peduncle
眼点	眼點	eye spot，stigma(原生动物)，ocellus(腔

祖国大陆名	台湾地区名	英　文　名
		肠动物)
眼后刺	眼後刺	postorbital spine
眼后房	眼球後房	posterior chamber of the eye
眼后沟	眼後溝	postorbital groove
眼睑	眼瞼	eyelid
眼节	眼節	ophthalmic somite
眼眶触角沟	眼眶觸角溝	orbito-antennal groove
眼眶前刺	眼眶前刺	preorbital spine
眼囊	眼囊	optic capsule
眼前房	眼球前房	anterior chamber of the eye
眼球	眼球	eyeball
眼球纤维膜	眼球纖維膜	fibrous tunic, tunica fibrosa bulbi
眼球血管膜	眼球血管膜	vascular tunic of eyeball
眼圈	眼環	eye ring
眼上刺	眼上刺	supraorbital spine
眼胃脊	眼胃脊	gastro-orbital carina
眼窝	眼窩	orbit
眼下齿	眼下齒	suborbital tooth
眼下区	眼下區	suborbital region
眼先(鸟)	眼先(鳥)	lore
眼叶	眼葉	oculiferous lobe, eye lobe, optic lobe
演替	演替,消長	succession
演替系列	演替階段	sere
演替系列单位	演替階段單位	seral unit
演替系列群落	演替階段群落	seral community
演替系列组合	演替階段組合	socies
厌光性	厭光性	photophobe
厌旱性	厭旱性	xerophobe
厌水性	厭水性	hydrophobe
厌酸性	厭酸性	acidophobe
厌性反应	厭性反應	phobic reaction
厌雪性	厭雪性	chionophobe
厌盐性	厭鹽性	halophobe
厌阳性	厭日性	heliophobe
厌氧生物	厭氧生物	anaerobe
厌氧性	厭氧性	oxyphobe
焰基球	焰基球	flame bulb
焰细胞	焰細胞	flame cell

祖 国 大 陆 名	台 湾 地 区 名	英 文 名
羊膜	羊膜	amnion
羊膜动物	羊膜動物	amniote
羊膜腔	羊膜腔	amniotic cavity
羊膜心泡	羊膜心泡	amnio-cardiac vesicle
羊膜形成	羊膜形成	amniogenesis
羊膜液,羊水	羊水	amniotic fluid
羊膜褶	羊膜褶	amniotic fold
羊囊尾蚴	羊囊尾蚴	cysticercus ovis(拉)
羊水(=羊膜液)		
样带	穿越線	transect
样带法	穿越線法	line transect
样点	樣點	sampling site
样方	樣區	quadrat, sample plot
腰	腰	rump
腰鞭孢子	腰鞭孢子	dinospore
腰鞭核	腰鞭核	dinokaryon, dinonucleus
腰鞭毛虫孢囊	腰鞭毛蟲孢囊	hystrichosphere
腰大肌	腰大肌	psoas major muscle
腰带	腰帶	cingulum, pelvic girdle
腰痕骨	腰痕骨	pelvic rudiment bone
腰荐丛	腰薦神經叢	lumbosacral plexus
腰荐关节	腰薦關節	lumbosacral joint
腰神经	腰神經	lumbar nerve
腰肾	腰腎	pelvic kidney
腰椎	腰椎	lumbar vertebra
摇摆舞	摇擺舞	waggle-taggle dance
咬合面	咬合面	occlusal surface
咬肌	嚼肌	masseter muscle
野化	野生化	feralization
野生生物保护	野生動物保育	wildlife conservation
野生生物管理	野生動物經營	wildlife management
野生生物资源	野生生物資源	wildlife resources
叶	葉	lobe
叶棒形骨针	葉棒形骨針	leaf club
叶纺锤形骨针	葉紡錘形骨針	leaf spindle
叶冠	輻冠	corona radiata
叶裂[法]	葉裂[法]	delamination
叶球形骨针	葉球形骨針	foliate spheroid

祖国大陆名	台湾地区名	英 文 名
叶鳃	葉鰓	phyllode
叶枝型附肢	葉枝型附肢	phyllopod appendage
叶状腹叶	葉狀腹葉	pinnule
叶状鳃	葉鰓	phyllobranchiate
叶状体	葉狀體	hydrophyllium
叶状腺	葉狀腺	lobed gland
叶状幼体	葉狀幼體	phyllosoma larva
叶足	葉足	lobopodium
液泡	中泡	pusule
曳鳃动物	曳鰓動物	priapulid, Priapulida（拉）
夜出(＝夜行)		
夜浮游生物	夜浮游生物	nyctipelagic plankton
夜间迁徙	夜間遷徙	nocturnal migration
夜行,夜出	夜行性	nocturnal
夜眼	夜眼	nocturnal eye
腋动脉	腋動脈	axillary artery
腋腺	腋腺	axillary gland
腋羽	腋羽	axillary
一雌多雄	一妻多夫制,單雌多雄	polyandry
一化	一化	univoltine
一胎多子的	一胎多子的	polytocous
一雄多雌	一夫多妻制,單雄多雌	polygyny, polygynandry
一致性指数	一緻性指標	consistency index
依赖性分化	依賴性分化	dependent differentiation
仪表行为,仪式	儀式	ceremony
仪式(＝仪表行为)		
仪式化	儀式化	ritualization
仪式化行为	儀式化行為	ritualized behavior
胰	胰	pancreas
胰岛,朗格汉斯岛	胰島,蘭氏島	pancreatic islet, islet of Langerhans
胰岛素	胰島素	insulin
移行	移行	migration
移行细胞	移行細胞	transitional cell
移植	移植	transplantation
遗传多样性	遺傳多樣性	genetic diversity
遗传隔离	遺傳隔離	genetic isolation
遗传漂变	遺傳漂變	genetic drift
遗传紊乱	遺傳紊亂	genetic disorder

祖 国 大 陆 名	台 湾 地 区 名	英 文 名
遗传资源	遺傳資源	genetic resources
遗迹单元	生跡分類單元	ichnotaxon
遗迹化石	痕跡化石	trace fossil
遗忘[学]名	遺忘名	nomen oblitum
疑难[学]名	可疑名	nomen dubium, nom. dub.
疑性	疑性别的	ambisexual
已引证	已引用	loco laudato, loc. cit.
蚁客	蟻客	symphile
异凹椎体	異凹椎體	heterocoelous centrum
异部大核	異部大核	heteromerous macronucleus
异齿刺状刚毛	異齒刺狀剛毛	heterogomph spinigerous seta
异齿关节	異齒關節	heterogomph articulation
异齿镰刀状刚毛	異齒鐮刀狀剛毛	heterogomph falcigerous seta
异辐骨针	異輻骨針	anisoactinate
异杆骨针	異桿骨針	anomoclad
异个虫	異個蟲	heterozooid
异化	異化	dissimilation
异境生物	異境生物	heterozone organism
异律分节	異律分節	heteronomous metamerism
异卵双胎	異卵雙胎	non-identical twin
异模标本	異模式	ideotype
异配生殖	異配生殖	anisogamy
异亲	異親	alloparent
异亲抚育	異親撫育	alloparent care
异染性	異染性	metachromasia
异沙蚕体	異沙蠶體	heteronereis
异生小体	異生小體	xenosome
异时隔离	異代隔離	allochronic isolation
异速生长	異速生長	allometry
异宿主型	異宿主型	heteroxenous form
异体	異體	xenoma
异体受精	異體受精	cross fertilization
异温性	異溫性	heterothermy
[异物]同名	[異物]同名	homonym
异小膜	異小膜	heteromembranelle
异形鞭毛体	異形鞭毛體	anisokont
异形隔	異形隔板	heterophragma
异形核的	異形核的	heterokaryotic

祖 国 大 陆 名	台 湾 地 区 名	英 文 名
异形配子	異型配子	anisogamete
异形配子母体	異型配子母體	anisogamont
异型齿	異型齒	heterodont
异型生活史	異型生命週期	heterogonic life cycle
异型世代交替	異型世代交替	heterogeny
异养生物	異營性生物	heterotroph, heterotrophic organism
异养性	異營性	heterotrophy, allotrophy
异域分布	異域分佈	allopatry
异域[物]种	異域[物]種	allopatric species
异域物种形成	異域種化	allopatric speciation
异域杂交	異域雜交	allopatric hybridization
异征择偶	異徵擇偶	disassortative mating
异趾足	異趾足	heterodactylous foot
异质性	異質性	heterogeneity
异种化感	相生相剋作用	allelopathy
异种化感物	相生相剋物質,種間化學物質	allelochemics
异主寄生	異寄生	heteroecism
异柱的	異柱的	heteromyarian
役生	役生	helotism
抑制神经元	抑制神經元	inhibitory neuron
抑制性 T 细胞	抑制性 T 細胞	suppressor T cell
抑制芽球	抑制芽球	gemmulostasin
抑制因子	抑制因子	inhibitive factor
抑制作用	抑制作用	inhibition
易地保护,易地保育 易地保育(=易地保护)	易地保育	ex situ conservation
翼,翅	翼	wing
翼部	翼部	ala
翼蝶骨	翼蝶骨	alisphenoid bone
翼耳骨	翼耳骨	pterotic bone
翼覆羽	翼覆羽	wing covert
翼骨	翼骨	pterygoid bone
翼骨齿	翼骨齒	pterygoid tooth
翼镜,翅斑	翼鏡	speculum
翼膜	翼膜	ala
翼咽肌	翼咽肌	pterygopharyngeus muscle
螠虫[动物]	螠形動物	echiuran, Echiura (拉)

祖 国 大 陆 名	台 湾 地 区 名	英 文 名
阴唇	陰唇	lip of pudendum
阴道	陰道	vagina
阴道管	陰道管	vaginal tube
阴道前庭	陰道前庭	vestibule of vagina
阴蒂	陰蒂	clitoris
阴茎	陰莖	penis, cirrus（寄生虫）
阴茎骨	陰莖骨	baculum
阴茎海绵体	陰莖海綿體	corpus cavernosum penis
阴茎囊	陰莖囊	cirrus pouch, cirrus sac
阴茎头	陰莖頭	glans penis
阴门	陰門	vulva
阴门裂	陰門裂	rima vulvae
阴囊	陰囊	scrotum
音叉骨针	音叉骨針	tuning fork
银膜(=反光膜)		
银线网	銀線網	dargyrome
银线系	銀線系	silverline system
引带	引帶	gubernaculum
引导器	指示器	conductor
引发信息素	引導性費洛蒙	primer pheromone
引发因子	引發因子	triggering factor
引离[天敌]行为	欺敵行為	distraction display
引入	引進	introduction
引入种	引進種	introduced species
引信导因(=近因)		
隐蔽处,蔽所	蔽所	shelter
隐蔽色作用	隱蔽色作用	crypsis coloration, cryptic coloration
隐壁	隱壁	cryptocyst
隐壁孔	隱壁孔	opesiule
隐壁缺口	隱壁缺口	opediular indentation
隐不动关节	隱不動關節	cryptosyzygy
隐齿	隱齒	cryptodont
隐存种	隱匿種,隱存種	cryptic species
隐带海星	隱帶海星	cryptozonate
隐合关节	隱合關節	cryptosynarthry
隐居多毛类	隱居多毛類	sedentary polychaetes
隐[囊]壁的	隱囊壁的	cryptocystean
隐拟囊尾蚴	隱擬囊尾蚴	cryptocystis

祖国大陆名	台湾地区名	英 文 名
隐窝	隱窩	crypt
印记	印痕	imprinting
应激性	應激性	irritability
樱虾类糠虾幼体	櫻蝦類糠蝦幼體	acanthosoma
樱虾类原溞状幼体	櫻蝦類原溞狀幼體	elaphocaris
樱虾类仔虾	櫻蝦類仔蝦	mastigopus
营养不良症	營養不良症	malnutrition
营养个虫	營養個蟲,營養體	gastrozooid
营养核	營養核	trophic nucleus, vegetative nucleus
营养级	營養層級	trophic level
营养结构	營養結構	trophic structure
营养生态位	營養生態區位	trophic niche
营养水平多样性	營養水平多樣性	trophic diversity
营养物循环	營養物循環	nutrient cycle
营养细胞	營養細胞	trophoblast
营养血管(= 血管滋养管)		
营养子	營養蟲	trophozoite
硬刺,骨质刺	骨刺	ossified spine
硬腭	硬腭	hard palate
硬骨	硬骨	bone
硬茎	硬莖	stiff stem
硬鳞	硬鱗	ganoid scale
硬鳞质	硬鱗質	ganoin
硬膜	硬膜	dura mater
硬体	硬體	zoarium
硬纤毛(= 立体纤毛)		
硬缘(苔藓动物)	硬緣(苔蘚動物)	sclerite
泳钟	泳鐘	nectocalyx
蛹	蛹	pupa
优势[度]	優勢度	dominance
优势序位	優勢序位,優勢等級	dominance hierarchy, dominance order, dominance system
优势者	優勢者	dominant
优势种	優勢種	dominant species
优先律	優先律	law of priority
优先权	優先權	priority
幽门	幽門	pylorus

祖国大陆名	台湾地区名	英　文　名
幽门部	幽門部	pyloric region
幽门盲囊	幽門盲囊	pyloric caecum
幽门腺	幽門腺	pyloric gland
疣	瘤	verruca，wart(腔肠动物)，tubercle(棘皮动物)
疣粒	疣粒	tubercle
疣轮	疣輪	areole
疣突	疣突	boss
疣足	疣足	parapodium（多毛类），papillate podium（棘皮动物）
疣足间囊	疣足間囊	interparapodial pouch
疣足幼虫	疣足幼體	nectochaeta
游荡的	遊蕩的	wandering
游荡者	遊蕩者	floater
游动孢子	游動孢子	swarmer
游动鞭毛单分体	游動鞭毛單分體	nectomonad
游动合子	游動合子	planozygote
游离端	游離端	free end
游离神经末梢	游離神經末梢	free nerve ending
游猎型	遊獵型	vagabundae
游泳生物	游泳生物	nekton
游泳体	游泳體,尾擔輪體	telotroch
游泳足	泳足	swimming leg
游走多毛类	游走多毛類	errantial polychaete
游走性休芽	游走性休芽	piptoblast
有柄腹吸盘	有柄腹吸盤	pedunculated acetabulum
有柄鸟头体	有柄鳥頭體	pendicular avicularium
有柄乳突	有柄乳突	pedunculated papilla
有盖卵室	有蓋卵室	cleithral ooecium
有害生物	有害生物	pest
有害生物综合治理	整合性有害動物管理	integrated pest management
有黄卵	有黃卵	lecithal egg
有机体	有機體	organism
有壳卵	有殼卵	cleidoic egg
有腔囊胚	有腔囊胚	coeloblastula
有色骨片	有色骨片	phosphatic deposit
有丝分裂	有絲分裂	mitosis
有髓神经纤维	有髓神經纖維	myelinated nerve fiber

祖 国 大 陆 名	台 湾 地 区 名	英 文 名
有蹄类	有蹄類	hoofed animal
有头簇虫	有頭簇蟲	cephaline gregarine
有头类	有頭類	craniate
有限增长率	終極增長率	finite rate of increase
有效积温	有效積溫	total effective temperature
有效温度	有效溫度	effective temperature
有效温度带	有效溫度帶	zone of effective temperature
有效[学]名(=确立学名)		
有效种群大小	有效族群大小	effective population size
有性生殖	有性生殖	sexual reproduction
有性生殖阶段	有性生殖階段	sexual reproductive phase
有折刺毛	有折刺毛	geniculate bristle
有疹壳	有疹殼	punctate shell
有爪动物	有爪動物	onychophoran，Onychophora（拉）
有足体节	有足體節	pediferous segment
右心房	右心房	right atrium
右心室	右心室	right ventricle
幼虫触手	幼蟲觸手	larval tentacle
幼单核细胞	原單核細胞	promonocyte
幼节(=未熟节片)		
幼巨核细胞	幼巨核細胞	promegakaryocyte
幼淋巴细胞	原淋巴細胞	prolymphocyte
幼生的	幼生的	larviparous
幼[态]的	幼[態]的	juvenile
幼态延续	幼體延續	neoteny
幼体	幼體	larva
幼体多型现象	幼體多型現象	poecilogony
幼体孤雌生殖	幼體孤雌生殖	paedoparthenogenesis
幼体集群	幼體群集	synchoropaedia
幼体生态学	幼體生態學	larval ecology
幼体生殖	幼體生殖	paedogenesis
幼体释放	幼體釋放	larval release
幼蛛	幼蛛	spiderling
诱捕	誘捕	trapping
诱导者	誘導者	inductor
诱发	誘發	evocation
诱发物	誘發物	evocator

祖 国 大 陆 名	台 湾 地 区 名	英 文 名
釉质	琺瑯質	enamel
鱼	魚	fish
鱼类学	魚類學	ichthyology
渔获量	漁獲量	catch
渔获量曲线	漁獲量曲線	catch curve
渔业	漁業	fishery
渔业资源保育区	漁業資源保育區	fishery conservation zone
隅骨	角骨,隅骨	angular bone
羽	羽	feather
羽辐骨针	羽輻骨針,五輻骨針	pinule
羽干	羽軸	rachis
羽根	翮	calamus
羽化	羽化	eclosion, emergence
羽片	羽瓣	vane
羽区	羽區	pteryla
羽丝骨针	羽絲骨針	plumicome
羽腕幼体	羽腕幼體	bipinnaria
羽网状骨骼	羽網狀骨骼	plumoreticulate skeleton
羽纤支	羽纖支	barbicel
羽小支	羽小支	barbule
羽衣	羽衣	plumage
羽支	羽支	barb
羽枝	羽枝	pinnule
羽枝节	羽枝節	pinnular
羽轴	主軸	shaft
羽状触手	羽狀觸手	pinnate tentacle
羽状刚毛	羽狀剛毛	bilimbate seta
羽状壳	羽狀殼	gladius
羽状鳃	羽狀鰓	pinnate gill
羽状三辐骨针	羽狀三輻骨針	sagital
羽状体(腔肠动物)	羽狀體(腔腸動物)	pinnule
羽[状]须	羽鬚	feathered bristle
雨林	雨林	rain forest
育卵室	育卵室	brood chamber
育囊	育囊	brood pouch, brood sac, marsupium
育[仔]袋	育兒袋	marsupium
预向动作	預期動作	intention movement
阈值	閾值,閥值	threshold

祖国大陆名	台湾地区名	英　文　名
原板	原板	protoplax, primitiva(原生动物)
原肠	原腸	gastrocoel
原肠胚	原腸胚	gastrula
原肠胚形成,原肠作用	原腸胚形成	gastrulation
原肠腔	原腸腔	archenteron, archenteric cavity
原肠外凸	原腸外凸	exogastrulation
原肠形成前期	原腸形成前期	pregastrulation
原肠作用(=原肠胚形成)		
原虫室	原蟲室	protoecium
原初虫	原初蟲	proancestrula
原刺胞	原刺胞	protrichocyst
原簇虫	原簇蟲	primite
原单核细胞	單核母細胞	monoblast
原单柱期	原單柱期	protomonomyaria stage
原分裂前体	原分裂前體	protomont
原分歧腕板	原分歧腕板	primaxil
原辐板	原辐板	primary radial
原沟	原溝	primitive groove
原管肾	原肾	protonephridium
原核	原核	pronucleus
原红细胞	原紅母血球	proerythroblast, rubriblast
原肌球蛋白	原肌球蛋白	tropomyosin
原基	原基	primodium, rudiment, anlage
原基器官	原基器官	primordium
原尖	原錐	protocone
原浆星状细胞	原漿星狀細胞	protoplasmic astrocyte
原结,亨森结	原结	primitive knot, Hensen's node
原晶杆	原杆晶體	protostyle
原巨核细胞	巨核母細胞	megakaryoblast
原口动物	原口動物	protostome, Protostomia(拉)
原肋壁	原肋壁	primary ribbed wall
原粒细胞	粒母細胞	myeloblast
原淋巴细胞	淋巴母細胞	lymphoblast
原鳞柄	原鳞柄	bulb
原内胚层	原内胚層	primary endoderm, primary endoblast
原胚细胞	原胚細胞	proembryonal cell
原皮层	原腦皮層	archipallium

祖 国 大 陆 名	台 湾 地 区 名	英 文 名
原壳	胚殼	protoconch
原生动物	原生動物	protozoan, Protozoa（拉）
原生动物学	原生動物學	protozoology
原生群落	原生群落	primary community
原生群体	原始群體	primary colony
原生珊瑚体,原生螅体	原生螅體	founder polyp
原生螅体（=原生珊瑚体）		
原生演替系列	原生階段演替	prisere
原生殖细胞	原生殖細胞	primordial germ cell
原生质凝胶	原生質凝膠	plasmagel（原生动物）
原生质溶胶	原生質溶膠	plasmasol（原生动物）
原始描记	原始描述	original description
原始细胞	原始細胞	archaeocyte
原索动物	原索動物	protochordate, Protochordata（拉）
原体腔,初级体腔,假体腔	初級體腔	primary coelom, pseudocoel
原条	原條	primitive streak
原同名	原同名	primary homonym
原头	原頭	procephalon
原头部	原頭部	protocephalon
原头节	原頭節	protoscolex
原腕板	原腕板	primibrach
原尾蚴	原尾蚴	procercoid
原窝	原窩	primitive pit
原小尖	原鋒	protoconule
原型尾	原型尾	protocercal tail
原溞状幼体	原溞狀幼體	protozoea larva
原肢	原肢	protopod, protopodite
原质团	原質團	plasmodium
原质团分割	原生質分裂	plasmotomy
原中胚层	原中胚層	primary mesoderm
原仔体	原仔體	protomite
原祖型	原祖型	archetype
圆口类	圓口類	cyclostomata
圆鳞	圓鳞	cycloid scale
圆翼	圓翼	rounded wing
圆锥突	圓錐突	conical process

祖 国 大 陆 名	台 湾 地 区 名	英 文 名
缘	缘	limbus
缘瓣	缘瓣	marginal lappet
缘齿	缘齒	marginal tooth
缘带线	缘帶線	marginal fasciole
缘窦	缘竇	marginal sinus
缘钩	缘鈎	marginal hook
缘脊	缘脊	marginal carina
缘礁(=裙礁)		
缘裂	缘裂	marginal slit
缘膜	缘膜	velum(腔肠动物、头索动物), lamella (苔藓动物), fringe(脊椎动物)
缘须	缘骨針	marginalia
远侧部	遠侧部	pars distalis
远端的	遠端的	distal
远茎的	遠莖的	abcauline
远曲小管	遠曲小管	distal convoluted tubule
远洋的	遠洋的	oceanic
远洋浮游生物	遠洋浮游生物	eupelagic plankton, oceanic plankton
远因,终极导因	遠因	ultimate cause, ultimate causation
远宅的	遠居性	exanthropic
远轴的	遠軸的	abaxial
月骨	月骨	lunar bone
月光周期	月光週期	moonlight cycle
月节律	月節律	monthly rhythm
月星骨针	月星骨針	solenaster
月型齿	月型齒	selenodont
越冬	越冬	[over]wintering
越冬场所	越冬處	hibernaculum
越冬集群	越冬群集	syncheimadia
孕节(=孕卵节片)		
孕卵节片,孕节	懷卵節片	gravid segment, gravid proglottid
孕酮,黄体酮	助孕酮,黄體酮	progesterone
运动神经末梢	運動神經末梢	motor nerve ending
运动中心	運動中心	motorium
运动终板	運動終板	motor end-plate

Z

祖 国 大 陆 名	台 湾 地 区 名	英 文 名
杂合子	雜合子	heterozygote
杂居集群	雜居群集	sympolyandria
杂食动物	雜食動物	omnivore
杂食性	雜食性	omnivory
杂种	雜種	hybrid, cross-breed
杂种优势	雜種優勢	heterosis, hybrid vigor
载色素细胞	載色素細胞	chromatophore
载体	載體	carrier
载体细胞	載體細胞	carrier cell
再迁入	再遷入	remigration
再生	再生	regeneration
再受精	再受精	refertilization
再循环指数	再循環指數	recycle index
再引入	重新引進	reintroduction
暂聚群体	暫聚群體	gregaloid colony
暂时低温昏迷	暫時性低溫昏迷	temporary cold stupor
暂时高温昏迷	暫時性高溫昏迷	temporary heat stupor
暂时宿主	暫時宿主	temporary host
暂时[性]寄生虫	暫時寄生蟲	temporary parasite, intermittent parasite
脏壁层	臟壁層	splanchnic layer
脏壁腹膜(=腹膜脏层)		
脏壁中胚层	臟壁中胚層	splanchnic mesoderm, visceral mesoderm
脏层	內臟層	visceral layer
脏颅	臟顱	splanchnocranium, viscerocranium
脏神经	臟神經	visceral nerve
脏神经节	臟神經節	visceral ganglion
脏神经系	臟神經系	visceral nervous system
脏体腔膜	臟體腔膜	visceral peritoneum
早成雏	早熟體	precocies
早成性	早熟性	precocialism
早期授精	早期授精	precocious insemination
早熟发育	早熟發育	precocious development
早幼红细胞	早紅血球	basophilic erythroblast, prorubricyte

祖国大陆名	台湾地区名	英 文 名
早幼粒细胞	早原粒細胞	promyelocyte
潘状幼体	潘狀幼體	zoea larva
藻华	藻華	algal bloom
造骨细胞	造骨細胞	sclerocyte, scleroblast
造礁珊瑚	造礁珊瑚	hermatypic coral
造血干细胞	造血幹細胞	hemopoietic stem cell
造血组织	造血組織	hemopoietic tissue
择偶场	求偶場所	lek
增生	增生	hyperplasia
张力原纤维	張力原纖維	tonofibril
掌	掌	palm [of hand]
掌板	掌板	palma
掌部	掌部	palm, hand
掌骨	掌骨	metacarpal bone
掌间关节	掌間關節	intermetacarpal joint
掌节	掌節	propodite, propodus
掌突	掌突	metacarpal tubercle
掌形爪状骨针	掌形爪狀骨針	palmate chela, palmate
掌指关节	掌指關節	metacarpophalangeal joint
掌状刚毛	掌狀剛毛	palmate chaeta
帐幕截捕器	馬氏網,馬萊誘捕器	malaise trap
招引行为	招引行為	kinopsis
沼生	沼生	paludine, torfaceous
沼泽	沼澤	swamp
沼泽浮游生物	沼澤浮游生物	heleoplankton
沼泽群落	沼澤群落,沼澤群聚	limnodium
召唤声	召喚聲	contact call
罩膜	緣膜	velum, veloid
折刀法,自减法	自减法	jackknifing
折光体	折光體	refractive body
折射体	折射體	refractile body
蛰伏	蟄伏	torpor
赭虫素	赭蟲素	blepharmone
赭虫紫	赭蟲紫	blepharismin
褶	褶	plica
褶冠型触手冠	褶冠型觸手冠	ptycholophorus lophophore
褶襟	褶襟	pleated collar
针六辐骨针	針六輻骨針	oxyhexact, oxyhexactine

祖国大陆名	台湾地区名	英 文 名
针六星骨针	針六星骨針	oxyhexaster
针星骨针	針星骨針	oxyaster
针形骨针	針形骨針	needle
针枝骨针	針枝骨針	oxyclad
针状骨针	針狀骨針	style
真雌雄同体	真雌雄同體	euhermaphrodite
真洞居生物	真洞居生物	eutroglobiont
真浮游生物	真浮游生物	euplankton
真基节	真基節	eucoxa
真孔	真孔	eupore
真皮	真皮	dermis, corium
真皮骨	真皮骨	dermal bone
真皮乳头	真皮乳頭	dermal papilla
真社群性	真社群	eusocial
真水母的	真水母的	eumedusoid
真无配生殖	真無性生殖	euapogamy
真星骨针	真星骨針	euaster
真杂种优势	真雜種優勢	euheterosis
砧骨	砧骨	incus
枕部(鸟)	枕部	occiput
枕骨	枕骨	occipital bone
枕[骨]大孔	枕骨大孔	foramen magnum
枕冠(鸟)	枕冠	occipital crest
枕髁	枕骨髁	occipital condyle
枕区	枕骨區	occipital region
枕叶	枕葉	occipital lobe
振鞭	鞭毛	flagellum
振鞭体	振鞭體	vibraculum
振动	振動	vibration
振动小棘	振動小棘	vibratile spine
振动小体	振動小體	vibratile corpuscle
争夺竞争	爭奪競爭	contest competition
整列鳞	整列鱗	cosmoid scale
整体[研究]法	整體研究法	holological approach
整体元(=亚系统)		
正部	正部	orthomere
正常配偶	正常配偶	orthogamy
正模标本	正模式	holotype

祖 国 大 陆 名	台 湾 地 区 名	英 文 名
正三叉骨针	正三叉骨針	orthotriaene
正三辐骨针	正三輻骨針	regular triact
正形海胆	正形海膽	regular echinoid
正型尾	正型尾	homocercal tail
正羽(=廓羽)		
正中隆起	正中隆起,中突隆起	median eminence
之形带,Z形带	之形帶	zigzag ribbon
支持带	支持帶	retinaculum
支持脊	支持脊	supporting ridge
支持器	支持器	supporting apparatus
支持腕环	支持腕環	supporting loop
支持细胞	支持細胞	supporting cell
支持性空个虫	支持性空個蟲	supporting kenozooid
支架丝	支架絲	scaffolding thread
支气管	支氣管	bronchus
支序分类学(=分支系统学)		
支序系统学(=分支系统学)		
枝辐群	枝輻群	cladome
枝状触手	枝狀觸手	dendritic tentacle
枝[状]鳃	枝鰓	dendrobranchiate
肢	肢	limb
肢鳃	肢鰓	mastigobranchia
肢上板	肢上板	epimera
脂肪水解	脂肪水解	lipolysis
脂肪体	脂肪體	fat body
脂肪细胞	脂肪細胞	adipocyte, fat cell
脂肪组织	脂肪組織	adipose tissue
脂褐素	脂褐素	lipofuscin
脂膜肌	脂膜肌	panniculus carnosus muscle
脂鳍	脂鰭	adipose fin
执握器	執握器	prehensile organ
直肠	直腸	rectum
直肠囊,粪袋	直腸囊	rectal sac, stereoral pocket
直肠系膜	直腸繫膜	mesorectum
直肠腺	直腸腺	rectal gland
直肌	直肌	rectus muscle

祖 国 大 陆 名	台 湾 地 区 名	英 文 名
直接隔片	直接隔片	directive septum
直接人兽互通病	直接人獸互通病	direct zoonosis
直精小管	直精小管	tubulus rectus
直立型[群体]	直立型	erect type
直神经[的]	直神經的	euthyneurous
直束骨针	直束骨針	orthodragma
直线迁徙	直線遷徙	linear migration
直形叉棘	直形叉棘	straight pedicellaria
植虫(=植形动物)		
植入	植入	implantation
植物极	植物極	vegetal pole, vegetative pole
植物线虫学	植物線蟲學	plant nematology
植物性神经系统(=自主神经系统)		
植形动物,植虫	植蟲	zoophyte
蹠骨	蹠骨	metatarsal bone
蹠肌	蹠肌	plantaris muscle
蹠腺	蹠腺	metatarsal gland
蹠行	蹠行	plantigrade
蹠突	蹠突	metatarsal tubercle
指	指	finger
指长屈肌	屈指長肌	flexor digitorum longus muscle
指定	指定	designation
指骨	指骨	digital bone
指甲	指甲	nail
指甲板	指甲板	nail plate
指甲床	指甲床	nail bed
指甲根	指甲根	nail root
指甲基质	指甲基質	nail matrix
指间关节	指間關節	interphalangeal joint
指节	指節	dactylopodite, dactylus
指名亚种	指名亞種	nominate subspecies
指浅屈肌	屈指淺肌	flexor digitorum superficialis muscle
指伸肌	指伸肌	extensor digitorum muscle
指深屈肌	屈指深肌	flexor digitorum profundus muscle
指示物	指標	indicator
指示群落	指標群聚	indicator community
指示种	指標種	indicator species

祖 国 大 陆 名	台 湾 地 区 名	英 文 名
指数增长	指數增長	exponential growth
指突	指突	stylode
指细胞	指細胞	phalangeal cell
指形管	指形管	dactylethrae
指序	指序	digital formula
指状触手	指狀觸手	digitate tentacle
指状体	指狀體	dactylozoite
指总伸肌	總指伸肌	extensor digitorum communis muscle
趾	趾	toe
趾长屈肌	屈趾長肌	flexor digitorum longus muscle
趾骨	趾骨	digital bone
趾甲	趾甲	nail
趾间关节	趾間關節	interphalangeal joint
趾间腺	趾間腺	interdigital gland
趾浅屈肌	屈趾淺肌	flexor digitorum superficialis muscle
趾伸肌	趾伸肌	extensor digitorum muscle
趾深屈肌	屈趾深肌	flexor digitorum profundus muscle
趾吸盘	趾吸盤	digital disc, digital disk
趾下瓣	趾下瓣	subdigital lamella
趾行	趾行	digitigrade
趾序	趾序	digital formula
趾总伸肌	總趾伸肌	extensor digitorum communis muscle
质膜	質膜	plasmalemma, plasma membrane
质配	細胞接合,細胞質接合	cytogamy, plasmogamy
质体	質體	plastid
峙棘	峙棘	opposing spine
栉	櫛	pecten
栉板动物,栉水母动物	櫛板動物	ctenophore, Ctenophora(拉)
栉齿	櫛齒	pectinate tooth
栉棘	櫛棘	comb-papilla
栉鳞	櫛鱗	ctenoid scale
栉器	毛櫛	calanistrum
栉鳃,本鳃	櫛鳃	ctenidium
栉水母动物(=栉板动物)		
栉状叉棘	櫛狀叉棘	pectinate pedicellaria
栉状膜	櫛狀膜	pecten
栉状体	櫛狀體	comb

祖 国 大 陆 名	台 湾 地 区 名	英 文 名
致密斑	緻密斑	macula densa
致密核	緻密核	massive nucleus
致密结缔组织	緻密結締組織	dense connective tissue
致密淋巴组织	緻密淋巴組織	dense lymphoid tissue
[致]密区	緻密區	dense area
[致]密体	緻密體	dense body
致死低温	緻死低溫	fatal low temperature
致死高温	緻死高溫	fatal high temperature
致死湿度	緻死濕度	fatal humidity
致死因子	緻死因子	fatal factor
窒息	窒息	asphyxiation
滞留	滯留	retention
滞留期	滯留期	residence time
滞育	滯育	diapause
痣粒	顆粒	granule
蛭素	蛭素	hirudin
稚后换羽	稚後換羽	post-juvenal molt
稚羽	亞成鳥羽色	juvenal plumage
中板	中板	mesoplax
中背板	中背板	central dorsal plate
中背板腔	中背板腔	centrodorsal cavity
中鼻甲	中鼻甲	middle concha
中表皮(＝中角皮)		
中侧板	中側板	latus inframedium
中肠	中腸	midgut
中齿	中齒	median tooth
中段	中段	middle piece, connecting piece
中耳	中耳	middle ear
中分裂球	中分裂球	mesomere
中隔	中隔	median guide
中隔窝	中隔窩	septal pocket
中黄卵	中黃卵	mesolecithal egg
中喙骨	中喙骨	mesocoracoid
中间板	中間板	intermediate plate
中间部	中間部	pars intermedia
中间类型	中間[類]型	intermediate type
中间连接,黏着小带	中間連接,黏著小帶	intermediate junction, zonula adherens
中间宿主	中間宿主	intermediate host

祖国大陆名	台湾地区名	英文名
中间小管	中間小管	intermediate tubule
中间型纤维	中間型纖維	intermediate fiber
中间性状	中間特徵	intermediate character
中胶层	中膠層	mesoglea
中角皮,中表皮	中角皮	mesocuticle
中膜	中膜	tunica media
中内胚层	中内胚層	mesendoderm
中脑	中腦	mesencephalon, midbrain
中脑盖	中腦蓋	tectum mesencephali
中脑水管	大腦導水管	cerebral aqueduct
中胚层	中胚層	mesoderm, mesoblast
中胚层带	中胚層帶	mesodermic band
中胚层端细胞	中胚層端細胞	mesodermic teloblast
中胚层母细胞	中胚層母細胞	mother cell of mesoderm
中胚层下段	中胚層下段	hypomoro
中胚层中段	中胚層中段	intermediate mesoderm
中[期]肾	中腎	mesonephros
中三叉骨针	中三叉骨針	centrotriaene, mesotriaene
中筛骨	中篩骨	mesethmoid bone
中肾管(=沃尔夫管)		
中生动物	中生動物	mesozoan, Mesozoa(拉)
中湿动物	中濕性動物	mesocole
中枢神经系统	中樞神經系統	central nervous system
中体	中體	mesosoma
中体腔	中體腔	mesocoel
中突	中部把持器	median apophysis
中外胚层	中外胚層	mesectoderm
中腕	中腕	median arm
中纬沟,赤道沟	赤道溝	equatorial furrow
中纬[卵]裂,赤道卵裂	赤道向卵裂	equatorial cleavage
中尾蚴	中尾蚴	mesocercaria
中楔骨	中楔骨	mesocuneiform bone
中心粒	中心粒	centriole
中型底栖生物	中型底棲生物	meiobenthos
中型浮游生物	中型浮游生物	mesoplankton
中性共生	中性共生	neutralism
中性突变漂变假说(=中性学说)		

祖国大陆名	台湾地区名	英　文　名
中性学说,中性突变 　漂变假说	中性理論	neutral theory, neutral mutation random 　drift hypothesis
中血囊	中血囊	middle haematodocha
中亚顶突	中亞把持器	mesal subterminal apophysis
中盐性	中鹽性	mesohaline
中盐性生物	中鹽性生物	mesohalobion
中央凹	中央凹	central fovea
中[央]板	中板	median plate
中[央]齿	中齒	central tooth
中央触手	中央觸手	median tentacle
中[央]隔[壁]	中隔	median septum
中[央]沟	中溝	median groove
中央管,哈氏管	中央管,哈氏管	central canal, Haversian canal
中央黄卵	中央黄卵	centrolecithal egg
中[央]脊	中脊	median carina
中央孔	中央孔	medium pore, spiramen
中央囊	中央囊	central capsule
中央盘	中央盤	central disc
中央尾羽	中央尾羽	central rectrice
中央细胞	中央細胞	central cell
中央眼,无节幼体眼	中央眼	median eye, naupliar eye
中养生物	中營性生物	mesotroph
中叶	中葉	median lobe
中翼骨	中翼骨	mesopterygoid bone
中阴道	中陰道	medial vagina
中疣	中疣	secondary tubercle
中幼红细胞	中紅母血球	polychromatophilic erythroblast, rubricyte
中幼粒细胞	原粒細胞	myelocyte
中质	中層	mesohyl
中轴	中軸	core
中轴构造	中軸構造	axial construction
中轴骨骼	中軸骨骼	axial skeleton
中轴器	中軸器	axial organ
中轴索	中軸索	central chord
终池	終池	terminal cisterna
终极导因(＝远因)		
终末钩	終末鈎	definitive hook
终神经	末端神經	terminal nerve

祖国大陆名	台湾地区名	英文名
终生浮游生物,全浮游生物	全浮游生物,终生浮游生物	holoplankton, permanent plankton
终生触手	終生觸手	definitive tentacle
终生刚毛	終生剛毛	definitive seta
终生寄生虫(=长久性寄生虫)		
终室	終室	last loculus
终树突	終樹突	telodendrion
终宿主	終宿主	final host, definitive host
钟形螅鞘(=钟形芽鞘)		
钟形芽鞘,钟形螅鞘	鐘形螅鞘	campanulate hydrotheca
种,物种	種,物種	species
种本名	種本名	specific name
种间竞争	種間競爭	interspecific competition
种间适应	種間適應	interspecies adaptation
种间信息素	種間費洛蒙,愛洛蒙	allomone
种间杂交	種間雜交	species hybridization
种名	種名	species name
种内竞争	種內競爭	intraspecific competition
种内拟态	種內擬態	automimicry
[种群]暴发,大发生	大發生	outbreak
种群崩溃	族群崩潰	population crash
种群波动	族群波動	population fluctuation
种群动态	族群動態	population dynamics
种群分析	族群分析	population analysis
种群,居群,繁群	族群	population
种群密度	族群密度	population density
种群平衡	族群平衡	population equilibrium
种群生存力分析	族群生存力分析	population viability analysis (PVA)
种群生态学	族群生態學	population ecology
种群数量调查法	族群數量調查方法	census method
种群衰退	族群衰退	population depression
种群调节	族群調節	population regulation
种群统计	族群統計	demography
种群增长	族群增長	population growth
种群周转	族群轉換	population turnover
种冗余	種的冗餘	species redundancy
种上的	種上的	supraspecific

祖 国 大 陆 名	台 湾 地 区 名	英 文 名
种数–面积曲线	種數–面積曲線	species-area curve
种系渐变论	親緣漸進論	phyletic gradualism
种下的	種下的	infraspecific
种质,生殖质	生殖質	germplasm
种组	種群	species group
舟骨	舟狀骨	scaphoid bone, scaphoideum
舟形骨针	舟形骨針	scaphoid
周花带线	周花帶線	peripetalous fasciole
周期	週期,循環	cycle
周期性	週期性	periodicity, periodism
周期性浮游生物	週期性浮游生物	periodic plankton
周期性寄生虫	週期性寄生蟲	periodic parasite
周期性[种群]暴发	週期性族群大發生	periodic outbreak
周岁幼体	周齡幼體	yearling
周围神经系统	周圍神經系統	peripheral nervous system
周细胞	周圍細胞	pericyte
周转	轉換	turnover
周转率	轉換率	turnover rate
周转期	轉換期	turnover time
轴窦	軸竇	axial sinus
轴杆	軸桿	axostyle
轴杆干	軸桿幹	axostylar trunk
轴节	軸節	cardo
轴粒	軸粒	axosome, axostylar granule
轴丘	軸丘	axon hillock
轴珊瑚单体,轴珊瑚石	軸珊瑚石	axial corallite
轴珊瑚石(=轴珊瑚单体)		
轴上肌	軸上肌	epaxial muscle
轴神经系	軸神經系	axial nerve system
轴丝	軸絲	axoneme, axial filament
轴体	軸體	axoplast
轴头	軸頭	axostylar capitulum
轴突	軸突	axon
轴下肌	軸下肌	hypaxial muscle
轴腺	軸腺	axial gland
轴质	軸質	axoplasm
轴中胚层	軸中胚層	axial mesoderm

祖 国 大 陆 名	台 湾 地 区 名	英 文 名
轴柱	中柱	columella
轴足	轴足	axopodium
肘关节	肘關節	elbow joint
帚胚	毛叢, 帚胚	scopula
帚胚小器	帚胚小器	scopulary organelle
帚体	帚體	phoront
帚形动物	帚形動物	phoronid, Phoronida（拉）
帚状骨针	帚狀骨針	scopule
昼出(=昼行)		
昼行,昼出	晝行性	diurnal
昼眼	晝眼	diurnal eye
昼夜变动	日眠	diurnation
昼夜垂直移动	晝夜垂直移動	diurnal vertical migration
昼夜节律	晝夜節律	day-night rhythm, circadian rhythm
昼夜迁徙	晝夜遷徙	diurnal migration
昼夜周期	日夜週期	light-dark cycle
皱襞	皺襞	plica
皱胃	皺胃	abomasum
侏儒节细胞	侏儒節細胞	midget ganglion cell
侏儒双极细胞	侏儒雙極細胞	midget bipolar cell
珠状触手	珠狀觸手	moniliform antenna
猪囊尾蚴	豬囊尾蚴	cysticercus cellulosa（拉）
蛛网膜	蛛網膜	arachnoid
蛛网膜下隙	蛛網膜下隙	subarachnoid space
蛛形动物学	蛛形動物學	arachnology
主背板	主背板	main tergite
主齿	主齒	cardinal tooth, main tooth（多毛类）
主动脉	主動脈,大動脈	aorta
主动脉瓣	主動脈瓣	aortic valve
主动脉弓	主動脈弧	aortic arch
主动脉体	毛動脈體	aortic body
主段(精子)	主段(精子)	principal piece
主分派	主分派	splitters
主辐	主輻	perradius
主杆	桿	rhabd
主骨针	主骨針	principalia
主观异名	主觀異名	subjective synonym
主合派	主合派	lumpers

祖 国 大 陆 名	台 湾 地 区 名	英　文　名
主基	主基	cardinalia
主突	主突	cardinal process
主细胞	主細胞	principal cell, chief cell
主线	主線	cardinal line
主芽	主芽	main bud
主缘	主緣	cardinal margin
主质	實質	parenchyma
主质骨针	主質骨針	parenchymalia
注释名录	註解名錄	annotated checklist
贮精囊	儲精囊	seminal vesicle, vesicula seminalis(拉)
柱	柱	column
柱细胞	柱細胞	pillar cell
柱状上皮	柱狀上皮	columnar epithelium
筑巢处	築巢處	rookery
爪	爪	claw
爪垫	爪墊	claw pad
爪状骨针	爪狀骨針	chela
专性共生物	專性共生物	obligate symbiont
专性寄生	專性寄生	obligatory parasitism
专性寄生虫	專性寄生蟲	obligatory parasite
专性需氧生物	專性需氧生物	obligatory aerobic organism
专性厌氧生物	專性厭氧生物	obligatory anaerobic organism
转化	轉化	transformation
转节	轉節	trochanter
转续宿主,输送宿主	轉續宿主	paratenic host, transport host
装死	裝死	death-feigning, mimic death
椎动脉	椎動脈	vertebral artery
椎弓	椎弧	vertebral arch, neural arch
椎弓横突	椎弧橫突	diapophysis
椎骨	脊椎骨	vertebra
椎管	椎管	vertebral canal
椎棘	髓棘	vertebral spine, neural spine
椎间孔	椎間孔	intervertebral foramen
椎间盘	椎間盤	intervertebral disk
椎肋	椎肋	vertebral rib
椎体	椎體	centrum
椎体横突	椎體橫突	parapophysis
锥胞	錐胞	conocyst

祖 国 大 陆 名	台 湾 地 区 名	英 文 名
锥鞭毛体	錐鞭毛體	trypomastigote
锥虫体期	錐蟲體期	trypaniform stage
锥骨	錐骨	pyramid
锥鳞	錐鱗	conic scale
锥体细胞	錐體細胞	pyramidal cell
锥体[细胞]层	錐體[細胞]層	pyramidal layer
锥[状]突	錐突	conule
锥足	錐足	conopodium
桌形体	桌形體	table
着床	着床,著苗	nidation, settling
仔体	仔體	tomite
仔体发生	仔體發生	tomitogenesis
资源再循环	資源再循環	resources recycling
滋养瓣	滋養瓣	deutoplasmic valve
滋养层	營養層	trophoblast
滋养体	營養體	trophont
滋养外胚层	營養外胚層	trophectoderm
子孢子	孢子體	sporozoite
子胞蚴	子胞蚴	daughter sporocyst
子宫	子宮	uterus, womb
子宫肌膜	子宮肌膜	myometrium
子宫角	子宮角	horn of uterus
子宫颈	子宮頸	cervix of uterus
子宫孔	子宮孔	uterine pore
子宫末段	子宮末段	metraterm
子宫内发育期	子宮內發育期	intrauterine developmental period
子宫内膜	子宮內膜	endometrium
子宫囊	子宮囊	uterine sac
子宫泡	子宮泡	uterine vesicle
子宫受精囊	子宮受精囊	receptaculum seminis uterirum
子宫体	子宮體	body of uterus
子宫外膜	子宮外膜	perimetrium
子宫腺	子宮腺	uterine gland
子宫枝	子宮枝	uterine branch
子宫钟	子宮肌鐘	uterine bell
子宫周器官(=副子宫器)		
子茎	子莖	blastostyle

祖 国 大 陆 名	台 湾 地 区 名	英 文 名
子雷蚴	子雷蚴	daughter redia
子实体	子實體	fruiting body
子叶胎盘	子葉胎盤	cotyledonary placenta
自残(=自切)		
自个虫	自個蟲	autozooid
自减法(=折刀法)		
自联型	自接型	autostyly
自律性	自律性	automaticity
自切,自残	自割	autotomy
自然保护,自然保育	自然保育	nature conservation
自然保护区	自然保留區	nature reserve, nature sanctuary
自然保育(=自然保护)		
自然地理因子	自然地理因子	physiographic factor
自然发生	自然發生	abiogenesis, autogeny
自然管理	自然經營管理	nature management
自然化	自然化	naturalization
自然控制	自然控制	nature control
自然杀伤细胞	自然殺傷細胞	nature killer cell
自然史	自然史	natural history
自然系统	自然系統	natural system
自然选择	天擇	natural selection
自然疫源地	自然疫源地	natural focus, nidus
自然资源	自然資源	natural resources
自身感染	自體感染	autoinfection
自梳理	自梳理	self grooming
自体受精	自體受精	self-fertilization
自卫力	保護潛能	protective potential
自养	自營性	autotrophy
自养生物	自營性生物	autotrophic organism, autotroph
自异宿主型	自異宿主型	autoheteroxenous form
自展法	自舉法	bootstrapping
自主附生的(=单主附生的)		
自主神经系统,植物性神经系统	自主神經系統	autonomic nervous system(ANS), vegetative nervous system
宗	族	race
棕脂肪,多泡脂肪	棕脂肪,多泡脂肪	brown fat, multilocular fat
踪迹信息素	追蹤性費洛蒙	trail pheromone, trail substance

祖 国 大 陆 名	台 湾 地 区 名	英 文 名
鬃	鬃	bristle
总虫室	總蟲室	coenoecium
总初级生产力	總初級生產力	gross primary productivity
总腹下静脉	總腹下靜脈	common hypogastric vein
总科	首科	super-family
总目	首目	super-order
总模标本(=全模标本)		
总体适合度	總體適合度	inclusive fitness
总主静脉	總主靜脈	common cardinal vein
纵隔	縱隔	mediastinum
纵肌	縱肌	longitudinal muscle
纵气管网结	縱氣管網結	longitudinal anastomose
走廊(=廊道)		
足刺	足刺	aciculum
足孔	足孔	**pedal aperture**
足囊	足囊	podocyst
足盘	足盤	pedal disc
足鳃	足鰓	podobranchia
足神经节	足神經節	pedal ganglion
足式	足式	leg formula
足丝	足絲	byssus
足丝间隙(=足丝峡)		
足丝孔	足絲孔	byssal foramen
足丝峡,足丝间隙	足絲間隙	byssal gap
足丝腺	足絲腺	byssus gland
足细胞	足細胞	podocyte
足腺	足腺	pedal gland
足舟骨	舟骨	navicular bone
足状突	肢體節	podite
族	族	tribe
阻抗稳定性	阻抗穩定性	resistance stability
组	組	series
组合	組合	combination
组织发生	組織發生	histogenesis
组织分化	組織分化	histological differentiation
组织内寄生虫	組織內寄生蟲	histozoic
组织学	組織學	histology
组织者	組織者	organizer

祖 国 大 陆 名	台 湾 地 区 名	英 文 名
祖征	祖徵	plesiomorphy
嘴底	嘴底	gonys
嘴峰	嘴峰	culmen
嘴甲	嘴甲	nail
嘴裂	嘴裂	gape
嘴须(鸟)	嘴鬚(鳥)	rictal bristle
嘴状叉棘	嘴狀叉棘	rostrate pedicellaria
最长肌	最長肌	longissimus muscle
最大持续产量	最大持續產量	maximum sustained yield
最大出生率	最大出生率	maximum natality
最大简约树	最大簡約樹	maximum-parsimony tree
最大似然树	最大概似樹	maximum-likelihood tree
最劣度	最劣度	pessimum
最适产量	最適產量	optimal yield
最适度	最適度	optimum
最适气候	最適氣候	optimal climate
最适种群密度	最適族群密度	optimal population
最小可生存种群	最小可生存族群	minimum viable population（MVP）
樽形幼体	樽形幼體	doliolaria
左心房	左心房	left atrium
左心室	左心室	left ventricle
座节	座節	ischiopodite, ischium
座节刺	座節刺	ischial spine
座状腹吸盘(=无柄腹吸盘)		
座状乳突(=无柄乳突)		

副 篇

A

英 文 名	祖 国 大 陆 名	台 湾 地 区 名
abactinal skeleton	反口面骨骼	反口面骨骼
abactinal surface	反口面	反口面
abanal side	反肛侧	反肛侧
A band(=dark band)	暗带,A 带	暗帶,A 帶
abaxial	远轴的	遠軸的
abcauline	远茎的	遠莖的
abdomen	腹[部]	腹部
abdominal aorta	腹主动脉	腹大動脈
abdominal endosternite	腹内片	腹内片
abdominal muscle	腹肌	腹肌
abdominal rib	腹皮肋,腹壁肋	腹壁肋骨,腹皮肋骨
abdominal sclerite	腹片	腹片
abdominal vein	腹静脉	腹靜脈
abducent nerve	[外]展神经	外旋神經
abductor pectoralis muscle	胸鳍展肌	胸鰭外展肌
abductor ventralis muscle	腹鳍展肌	腹鰭外展肌
abiogenesis	自然发生	自然發生
abiotic factor	非生物因子	非生物因子
abomasum	皱胃	皺胃
aboral	反口的	離口的,反口的
aboral osphradium	后嗅检器	後嗅檢器
aboral surface(=abactinal surface)	反口面	反口面
aboral tentacle	反口触手	反口觸手
abrupt succession	急转演替	急速演替
absorptive cell	吸收细胞	吸收細胞
abundance	多度	豐度,多度
abyssal zone	深海区	深海區
abyssopelagic plankton	深海浮游生物	深海浮游生物

英 文 名	祖国大陆名	台湾地区名
acanthella	棘头体	棘頭體
Acanthocephala（拉）（＝acanthocepha-lan）	棘头动物,棘头虫	棘頭動物,鈎頭蟲,鈎頭動物
acanthocephalan	棘头动物,棘头虫	棘頭動物,鈎頭蟲,鈎頭動物
acanthocephaliasis	棘头虫病	鈎頭蟲病
acanthopore	刺孔	刺孔
acanthor	棘头蚴	鈎頭蚴
acanthosoma	樱虾类糠虾幼体	櫻蝦類糠蝦幼體
acanthostege	刺状壁	刺狀壁
acanthostegous ovicell	刺壁卵胞	刺壁卵胞
accessory claw	副爪	副爪
accessory diductor	副开壳肌	副開殼肌
accessory flagellum	副鞭	副鞭
accessory median carina	副中[央]脊	副中脊
accessory nerve	副神经	副神經
accessory piece	附片,副片	副片
accessory plate	附属小板,副板	副板
accessory pouch	副针囊	副針囊
accessory sac	附性囊,副囊	副囊
accessory sesamoid［bone］	副籽骨	副種籽骨
accessory spicule	辅助骨针	輔助骨針
accessory stylets	副吻针	副吻針
accessory sucker	附吸盘,副吸盘	副吸盤
accessory urinary duct	副肾管,副尿管	副尿管
accidental host	偶见宿主	機遇宿主
accidental parasite	偶然寄生虫	機遇寄生蟲
acclimation	顺应,人为驯化	人為馴化
acclimatization	[风土]驯化	自然馴化
acerate（＝oxea）	二尖骨针	二尖骨針
acervulus cerebralis（＝brain sand）	脑砂	腦砂
acetabular index	腹吸盘指数	腹吸盤指數
acetabulum	①髋臼 ②腹吸盘	①髀臼 ②腹吸盤
acicular hook	刺状钩齿刚毛	刺狀鈎
acicular uncinus	刺状齿片刚毛	刺狀齒片鈎毛
aciculum	足刺	足刺
acidophile	嗜酸性	嗜酸性
acidophilic cell	嗜酸性细胞	嗜酸性細胞

英 文 名	祖 国 大 陆 名	台 湾 地 区 名
acidophilic erythroblast	晚幼红细胞	晚紅母血球
acidophobe	厌酸性	厭酸性
aciliferous(＝nonciliferous)	无纤毛的	無纖毛的
aciniform gland	葡萄状腺	葡萄狀腺
acinus	腺泡	腺泡
acleithral ooecium	无盖卵室	無蓋卵室
acoelomate	无体腔动物	無體腔動物
acontium	枪丝	槍絲
acquired character	获得性状	後天特徵
acraniate	无头类	無頭類
acrepid desma	无枝骨片	無枝骨片
acrodont	端生齿	頂生齒
acromioclavicular joint	肩锁关节	肩峰鎖骨關節
acromion	肩峰	肩峰突
acron	顶节	頂節
acronematic flagellum	端茸鞭毛	端茸鞭毛
acrosome	顶体	頂體
actin	肌动蛋白	肌動蛋白
actinal skeleton	口面骨骼	口面骨骼
actinal surface	口面	口面
actin filament	肌动蛋白丝	肌動蛋白絲
actinotrocha	辐轮幼虫,辐轮幼体	輻輪幼體
actinula	辐状幼体	輻狀幼體
actium	海岩群落	海岩群落,海岩群聚
activation	激活	活化
activator	激活剂	活化物
active space	信息素作用区	費洛蒙作用區
adambulacral plate	侧步带板	側步帶板
adambulacral spine	侧步带棘	側步帶棘
adaptability	适应性	適應性
adaptation	适应	適應
adaptation pattern(＝adaptation type)	适应型	適應型
adaptation type	适应型	適應型
adaptive capacity	适应量	適應量
adaptive dispersion	适应性扩散	適應性擴散
adaptive evolution	适应进化	適應性演化
adaptive radiation	适应辐射	適應輻射
adaptive selection	适应性选择	適應性選擇

英　文　名	祖国大陆名	台湾地区名
adaptive value	适应值	適應值
adaxial	近轴的	近軸的
adcauline	近茎的	近莖的
addenda	补遗	補遺
additional bar	附加棒	附加棒
additional papilla	副突	副突
adductor arcus branchial muscle	鳃弓收肌	鰓弧内收肌
adductor arcus palatine muscle	腭弓收肌	腭弓内收肌
adductor caudi muscle	尾鳍收肌	尾鰭内收肌
adductor mandibulae	下颌收肌	下頜内收肌
adductor muscle	闭壳肌	閉殼肌
adductor opercular muscle	鳃盖收肌	鰓蓋内收肌
adductor pectoralis muscle	胸鳍收肌	胸鰭内收肌
adductor scar	闭壳肌痕	閉殼肌痕
adductor ventralis muscle	腹鳍收肌	腹鰭内收肌
adenohypophysis	腺垂体	腺垂體
adequal cleavage	近等裂	近等分裂
adhering apparatus(软体动物)(=hold-fast)	附着器	附著器
adhering groove	钮穴	鈕穴
adhering ridge	钮突	鈕突
adhesive filament	黏着丝	黏著絲
adhesive fusion	黏着愈合	黏著癒合
adhesive organ	黏附器	黏著器
adhesive papilla	固着突	固着突
adichogamy	雌雄同熟	雌雄同熟
adipocyte	脂肪细胞	脂肪細胞
adipose fin	脂鳍	脂鰭
adipose tissue	脂肪组织	脂肪組織
adjustor	调整肌	調整肌
adnate	群体联生	群體聯生
adoral	近口的	近口的
adoral ciliary fringe	口缘纤毛穗	近口纖毛穗
adoral ciliary spiral	口缘纤毛旋	近口纖毛旋
adoral plate	侧口板	侧口板
adoral shield(=adoral plate)	侧口板	侧口板
adoral zone of membranelle(AZM)	小膜口缘区	小膜口緣區
adradii	近辐	近輻

英 文 名	祖国大陆名	台湾地区名
adradius	从辐	從輻
adrenal gland	肾上腺	腎上腺
adrenalin	肾上腺素	腎上腺素
adrostral carina	额角侧脊	額角側脊
adrostral groove	额角侧沟	額角側溝
adult	成体	成體
adventitious bud	附属芽	附屬芽
adventitious tubule	附属小管	附屬小管
aegithognathism	雀腭型	楔腭型
aerobe	好氧生物	好氧生物
aerobic organism(= aerobe)	好氧生物	好氧生物
aeroplankton	空中漂浮生物	空中漂浮生物
aesthetasc	感觉毛	感覺毛
aesthete	微眼	微眼
aestivation	夏蛰,夏眠	夏眠,夏蟄
aff. (= affinis)	近似	近似
afferent arteriole	入球微动脉	入球微動脈
afferent branchial artery	入鳃动脉	入鰓動脈
afferent branchial vein	入鳃静脉	入鰓靜脈
afferent duct	导精管	導精管
affinis	近似	近似
Afrotropical realm	热带界,埃塞俄比亚界	衣索匹亞界,非洲界
afterfeather(= aftershaft)	副羽	副羽
aftershaft	副羽	副羽
age composition	年龄组成	年齡組成
age distribution	年龄分布	年齡分佈
age polyethism	年龄分工	年齡分工
age-specific natality rate	特定年龄组出生率	特定年齡組出生率
age structure	年龄结构	年齡結構
agglomerate eye	聚眼	聚眼
agglutinating substance	凝集质	凝集物質
agglutination	凝集[作用]	凝集作用
aggregate form	复体	複體
aggregate gland	聚合腺	聚合腺
aggregate lymphatic nodule	淋巴集结	淋巴集結
aggregation	①群聚,聚集 ②聚生	①聚集 ②聚生
aggressiveness	进攻性	侵略性
aglyphic tooth	无沟牙	無溝牙

英 文 名	祖国大陆名	台湾地区名
agnatha	无颌类	無頜類
agonistic	对抗[行为]	拮抗
agonistic buffering	缓冲对抗[行为]	緩衝拮抗
agranulocyte	无粒[白]细胞	無顆粒細胞
agroforestry	农业森林学	農業森林學
agrophile	适农田动物,农田动物	耕地動物,農田動物
ahermatypic coral	非造礁珊瑚	非造礁珊瑚
aileron(多毛类)(=scapullet)	肩板	肩板
air-cell	气室	氣室
air-cell ring(=pneumatic ring)	气环	氣環
air sac	气囊	氣囊
akaryomastigont	无核鞭毛系统	無核鞭毛系統
akontobolocyst	箭泡	箭泡
ala	①翼膜 ②翼部	①翼膜 ②翼部
alarm call	告警声,警戒声	警戒聲
alarm-defense system	警戒防御系统	警戒防禦系統
alarm pheromone	警戒信息素	警戒性費洛蒙
alarm-recruitment system	警戒复原系统	警戒復原系統
albinism	白化[型]	白化[型]
alecithal egg	无黄卵	無黄卵
algal bloom	藻华	藻華
alignment	比对	對齊
alima larva	阿利马幼体	阿利馬幼體
alisphenoid bone	翼蝶骨	翼蝶骨
allantoic bladder	尿囊膀胱	尿囊膀胱
allantois	尿囊	尿囊
allelochemics	异种化感物	相生相剋物質,種間化學物質
allelomimicry	多体拟态	多體擬態
allelopathy	异种化感	相生相剋作用
Allen's rule	艾伦律	艾倫定律
allied species	近似种	近似種
allochronic isolation	异时隔离	異代隔離
allogrooming	他梳理	他梳理
allometry	异速生长	異速生長
allomone	种间信息素	種間費洛蒙,愛洛蒙
alloparent	异亲	異親

英　文　名	祖 国 大 陆 名	台 湾 地 区 名
alloparent care	异亲抚育	異親撫育
allopatric hybridization	异域杂交	異域雜交
allopatric speciation	异域物种形成	異域種化
allopatric species	异域[物]种	異域[物]種
allopatry	异域分布	異域分佈
allotrophy(=heterotrophy)	异养性	異營性
allotype	配模标本	異模式
allozyme	等位酶	等位酶,等位脢
allozyme electrophoresis	等位酶电泳	等位酶電泳,等位脢電泳
alpha	社群首领	社群首領
alternation of generations	世代交替	世代交替
alternation of host	宿主交替	宿主交替
altrices	晚成雏	晚熟體
altricialism	晚成性	晚熟性
altruism	利他行为	利他行為
alula	小翼羽	小翼羽
alveolar hydatid	泡状棘球蚴	泡狀棘球蚴
alveolar macrophage(=dust cell)	尘细胞	塵細胞
alveolar pore	肺泡孔	肺泡孔
alveolar sac	肺泡囊	肺泡囊
alveolate pedicellaria	泡状叉棘	泡狀叉棘
alveolus	①吸泡,吸沟 ②腔窝 ③胞室	①吸泡 ②腔窩 ③胞室
amacrine cell	无长突细胞,无轴突细胞	無軸突細胞
amacronucleate	无大核的	無大核的
amastigote	无鞭毛体	無鞭毛體
ambiens muscle	栖肌	棲肌
ambisexual	疑性	疑性別的
ambitus	赤道部	赤道部
ambulacral area	步带区	步帶區
ambulacral avenue	步带道	步帶道
ambulacral furrow	步带沟	步帶溝
ambulacral ossicle	步带骨	步帶骨
ambulacral plate	步带板	步帶板
ambulacral pore	步带孔	步帶孔
ambulacral radial canal	辐步管	輻步管

英　文　名	祖国大陆名	台湾地区名
ambulacral system	步带系	步帶系
ambulacral zone	步带	步帶
ambulatory leg(=pereiopod)	步足	步足
amensalism	偏害共生	片害共生
ametabola	无变态类	無變態類
ametoecism	单主寄生	單主寄生
amicronucleate	无小核的	無微核的
amictic female	非混交雌体	非混交雌體
amitosis	无丝分裂	無絲分裂
ammonotely	排氨	排氨
amnio-cardiac vesicle	羊膜心泡	羊膜心泡
amniogenesis	羊膜形成	羊膜形成
amnion	羊膜	羊膜
amniote	羊膜动物	羊膜動物
amniotic cavity	羊膜腔	羊膜腔
amniotic fluid	羊膜液,羊水	羊水
amniotic fold	羊膜褶	羊膜褶
amoebocyte	变形细胞	變形細胞
amoebula	变形体	變形體
amphiaster	双星骨针	雙星骨針
amphibian	两栖动物	兩棲類動物,兩生類動物
amphiblastula	两囊幼虫	兩囊幼體
amphicoelous centrum	两凹椎体	雙凹椎體
amphid	头感器	雙器
amphidelphic type	前后宫型	前後宮型
amphidisc	双盘骨针	雙盤骨針
amphigamy	两性结合	兩性結合
amphimict	两性融合体	兩性融合體
amphioxea	双尖骨针	雙尖骨針
amphiplatyan centrum	双平椎体	雙平椎體
amphisternous	双腹板[的](海胆)	雙腹板[的](海膽)
amphistome cercaria	对盘尾蚴	對盤尾蚴
amphistyly	双联型	雙接型
amphitoky(=deuterotoky)	产两性单性生殖	產兩性單性生殖
amphitriaene	双三叉骨针	雙三叉骨針
amphitrocha	双轮幼虫,双担轮幼体	雙擔輪幼體
amphixenosis	互传人兽互通病	互傳人獸互通病

英　文　名	祖 国 大 陆 名	台 湾 地 区 名
amphoheterogony	双传嵌合体	雙傳嵌合體
amphosome	副核	副核
ampulla	①壶腹 ②坛形器(帚虫动物) ③坛囊 ④(=caudal process)尾突(腕足动物)	①壺腹 ②罈形器(箒蟲動物) ③罈囊 ④尾突
ampulla of Lorenzini	洛伦齐尼瓮,罗伦瓮	勞氏罍
ampulliform gland	壶状腺	壺狀腺
ampullocyst	坛形刺丝泡	罈形刺絲泡
amylase	淀粉酶	澱粉酶
anabiosis	复苏	復甦
anabiotic state	复苏态	復甦狀態
anadromous fish	溯河产卵鱼	溯河產卵魚
anaerobe	厌氧生物	厭氧生物
anagram	衮位名称	顛字名稱
anal chamber	肛室	肛室
anal cirrus	肛须	肛鬚
anal cone	肛锥	肛錐
anal fin	臀鳍	臀鰭
anal gland	肛腺	肛門腺
anal groove	肛沟	肛溝
analog signal	同功分级信号	類比訊號
analogy	同功	同功
anal papilla	肛乳突	肛乳突
anal pit	肛窝	肛窩
anal pore	肛孔	肛孔
anal scale	肛鳞	肛鱗
anal segment	肛节	肛節
anal side	肛侧	肛側
anal tubercle	肛丘	肛丘
anal valve	肛扉,肛瓣	肛瓣
anamniote	无羊膜动物	無羊膜動物
anarchic field	无定形区	不定形區
anatriaene	后三叉骨针	後三叉骨針
ancestroarium	初群体	初群體
ancestrula	初虫	初蟲
anchor	①锚形体 ②锚钩	①錨形體 ②錨鈎
anchor-arm	锚臂	錨臂

英　文　名	祖国大陆名	台湾地区名
anchorate	四辐爪状骨针	四輻爪狀骨針
androgamete	雄配子	雄配子
androgen	雄激素	雄激素
androgenesis	雄核发育	雄核發育
androgenic gland	促雄性腺	促雄性腺
androspermium	产雄精子	產雄精子
androtype	雄模标本	雄模式
androzooid	雄个虫	雄個蟲
anellus	端环	端環
anemochory	风播	風播
anemotaxis	趋风性	趨風性
angioblast	成血管细胞	血管母細胞
angonekton	短命生物	短命生物
angular bone	隅骨	角骨,隅骨
animal	动物	動物
animal community	动物群落	動物群聚
animal ecology	动物生态学	動物生態學
animal embryology	动物胚胎学	動物胚胎學
animal ethology	动物行为学	動物行為學
animal histology	动物组织学	動物組織學
animal host	动物宿主	動物宿主
animal kingdom	动物界	動物界
animal morphology	动物形态学	動物形態學
animal nematology	动物线虫学	動物線蟲學
animal physiology	动物生理学	動物生理學
animal pole	动物极	動物極
［animal］society	［动物]社群	［動物]社群
animal sociology	动物社会学	動物社會學
animal taxonomy	动物分类学	動物分類學
anisoactinate	异辐骨针	異輻骨針
anisodactylous foot	不等趾足	不等趾足
anisogamete	异形配子	異型配子
anisogamont	异形配子母体	異型配子母體
anisogamy	异配生殖	異配生殖
anisokont	异形鞭毛体	異形鞭毛體
ankle	踝	跗
ankle joint	踝关节	踝關節
anlage（＝primodium）	原基	原基

英 文 名	祖国大陆名	台湾地区名
annelid	环节动物	環節動物
Annelida（拉）（=annelid）	环节动物	環節動物
annotated checklist	注释名录	註解名錄
annual cycle	年周期	年週期,年循環
annual rhythm	年节律	年節律
annulation	环[纹]	環[紋]
annulo-spiral ending	环旋末梢	環旋末梢
annulus	①体环 ②环状部	①體環 ②環狀部
ano-genital segment	肛生殖节	肛生殖節
anomoclad	异杆骨针	異桿骨針
anomocoelous centrum	变凹型椎体	变凹型椎體
ANS（=autonomic nervous system）	自主神经系统	自主神經系統
antagonistic symbiosis	对抗共生,拮抗共生	拮抗共生
Antarctic realm	南极界	南極界
antenna（=second antenna）	第二触角,大触角	第二觸角
antennal carina	触角脊	觸角脊
antennal gland	触角腺	觸角腺
antennal notch	触角缺刻	觸角缺刻
antennal peduncle	第二触角柄	第二觸角柄
antennal region	触角区	觸角區
antennal scale（=scaphocerite）	第二触角鳞片	第二觸角鱗片
antennal spine	触角刺	觸角刺
antennary segment	触角体节	觸角體節
antenniform spine	触角状刺	觸角狀刺
antennular peduncle	第一触角柄	第一觸角柄
antennular plate	触角板	觸角板
antennular somite	触角节	觸角節
antennular sternum	触角腹甲	觸角腹甲
antennular stylocerite	第一触角柄刺	第一觸角柄刺
antennule（=first antenna）	第一触角,小触角	第一觸角
anter（苔藓动物）（=anterior lobe）	前叶	前葉
anterior adductor muscle	前闭壳肌	前閉殼肌
anterior articular process	前关节突	前關節突
anterior canal	前沟	前水管
anterior cardinal vein	前主静脉	前主靜脈
anterior chamber	前房	前房
anterior chamber of the eye	眼前房	眼球前房
anterior commissure	前连合	前連合

英 文 名	祖 国 大 陆 名	台 湾 地 区 名
anterior fontanelle	前囟	前囟門
anterior intestinal portal	前肠门	前腸門
anterior lateral eye	前侧眼	前側眼
anterior lateral tooth	前侧齿	前側齒
anterior lobe	前叶	前葉
anterior median eye	前中眼	前中眼
anterior mesenteric artery	前肠系膜动脉	前腸繫膜動脈
anterior neuropore	前神经孔	前神經孔
anterior rectus muscle	前直肌	前直肌
anterior row of eyes	前眼列	前眼列
anterior spinneret	前纺器	前絲疣
antero-dorsal rod	前背杆	前背桿
antero-lateral horn	前侧角	前側角
antero-lateral rod	前侧杆	前側桿
anthocodia	珊瑚冠	珊瑚冠
anthocodial formula	珊瑚冠公式	珊瑚冠公式
anthocodial grade	珊瑚冠类别	珊瑚冠類別
anthostele	珊瑚冠柱	珊瑚冠柱
anthropic factor	人为因子	人為因子
anthropozoonosis	兽传人兽互通病	獸傳人畜共通病
antibiont	相克生物	相剋生物
antibody	抗体	抗體
antifertilizin	抗受精素	抗受精素
antifouling	防污浊	防污损
antigen	抗原	抗原
antigen presenting cell	抗原呈递细胞	抗原呈遞細胞
antisocial factor	抗种群因子,反社群因子	反社群因子
antizoea larva	前溞状幼体	前溞狀幼體
antler	鹿角	鹿角
anus	肛门	肛門
aorta	主动脉	主動脈,大動脈
aortic arch	主动脉弓	主動脈弧
aortic body	主动脉体	主動脈體
aortic valve	主动脉瓣	主動脈瓣
aperiodicity	非周期性	非週期性
apertural bar	口栅	口柵
aperture	①(=loricastome)壳口	①殻口 ②口區

英 文 名	祖国大陆名	台湾地区名
	(软体动物) ②(=oral area) 口区(苔藓动物)	
aperture of endolymphatic duct	内淋巴管孔	内淋巴管孔
apex	螺顶	螺顶
apical canal	顶管	顶管
apical complex	顶复体	顶複體
apical gland	顶腺	顶腺
apical plate	顶板	顶板
apical process(腔肠动物)	顶突	顶突
apical system	顶系	顶系
apical tooth	顶齿	顶齒
apical tuft	顶毛丛	顶毛叢
aplacentalia	无胎盘动物	無胎盤動物
apochete	后幽门管	後幽門管
apocrine gland	顶质分泌腺	顶分泌腺
apocrine sweat gland	顶泌汗腺	顶泌汗腺
apodous segment	无疣足体节	無疣足體節
apogamety	无配子生殖	無性生殖
apogamy(=apogamety)	无配子生殖	無性生殖
apokinetal	毛基索端生型	毛基索端生型
apomict population	单性种群	單性族群
apomixia	无融合生殖	無融合生殖
apomixis(=apomixia)	无融合生殖	無融合生殖
apomorphy	衍征,离征	衍徵
apophysis	①膝状突起 ②壳内柱 ③突起 ④内突骨	①膝狀突起 ②殼内柱 ③突起 ④内突骨
apopyle	后幽门孔	後幽門孔
aporhysis	内卷沟	内卷溝
aposematic color(=warning coloration)	警戒色	警戒色
aposematism	警戒态	警戒狀態
apotype	补模标本	補模式
appendage	附肢	附肢
appendicular skeleton	附肢骨骼	附肢骨骼
appendix interna (拉)	内附肢	内附肢
appendix masculina(拉)	雄性附肢	雄性附肢
appetite	食欲	食慾
apposition eye	连立相眼	連立相眼

英 文 名	祖 国 大 陆 名	台 湾 地 区 名
appositional growth	外加生长	外加生長
apterium	裸区	裸區
apyrene spermatozoon	无核精子	無核精子
aquaculture	水产养殖	養殖漁業
aqualung(=water lung)	水肺	水肺
aquapharyngeal bulb	水咽球	水咽球
aquatic	水生	水生
aquatic cave animal	水生穴居动物	水生穴居動物
aquatic community	水生群落	水生群落,水生群聚
aqueous humor	房水	房水
arachnoid	蛛网膜	蛛網膜
arachnology	蛛形动物学	蛛形動物學
arboreal animal	林栖动物	樹棲性動物
arborescent branchia	树状鳃	樹狀鰓
arboroid(=dendritic colony)	树枝状群休	樹枝狀群體
archaeocyte	原始细胞	原始細胞
archenteric cavity(=archenteron)	原肠腔	原腸腔
archenteron	原肠腔	原腸腔
archetype	原祖型	原祖型
archipallium	原皮层	原腦皮層
arcifera	弧胸型	弧胸型
arcuate	三辐爪状骨针	三輻爪狀骨針
arcus genitalis	生殖弓	生殖弓
area	[分布]区	區
area opaca	暗区	暗區
area pellucida	明区	明區
area vasculosa	血管区	血管區
areola	侧窝	侧窩
areolar pore(=areole)	侧壁孔	侧壁孔
areole	①疣轮 ②侧壁孔	①疣輪 ②侧壁孔
argentaffin cell	亲银细胞	親銀細胞
argentea(=tapetum lucidum)	反光膜,银膜	反光膜
argyrome	嗜银系	嗜銀系
argyrophilic cell	嗜银细胞	嗜銀細胞
aristate seta	芒状刚毛	芒狀剛毛
Aristotle's lantern	亚氏提灯,亚里士多德提灯	亞氏提燈
arm	①臂 ②腕	①臂 ②腕

英　文　名	祖国大陆名	台湾地区名
arm canal	腕细腔,腕管	腕管
arm cavity	腕腔	腕腔
arm comb	腕栉	腕櫛
arm ridge	腕脊	腕脊
arm spine	腕棘	腕棘
arrector pilorum	竖毛肌	豎毛肌
arteriole	微动脉	小動脈
artery	动脉	動脈
arthrobranchia	关节鳃	關節鰓
arthropod	节肢动物	節肢動物
Arthropoda（拉）（=arthropod）	节肢动物	節肢動物
arthropodization	节肢动物化	節肢動物化
articular bone	关节骨	關節骨
articular cartilage	关节软骨	關節軟骨
articular facet	关节面	關節面
articulation（=joint）	关节	關節
artificial ecosystem	人工生态系统	人工生態系統
artificial fish reef	人工鱼礁	人工漁礁
artificial selection	人工选择	人擇
arytenoid cartilage	杓状软骨	杓狀軟骨
ascending lamella	上行鳃板	上行鰓瓣
aschelminth	袋形动物	袋形動物
Aschelminthes（拉）（=aschelminth）	袋形动物	袋形動物
ascon	单沟型	單溝型
ascopore	调整囊孔	調整囊孔
asetigerous segment	无刚毛体节	無剛毛體節
asexual hybrid	无性杂种	無性雜種
asexual hybridization	无性杂交	無性雜交
asexual reproduction	无性生殖	無性生殖
asexual reproductive phase	无性生殖阶段,无性繁殖阶段	無性生殖階段
aspection	季相	季相
asphyxiation	窒息	窒息
assemblage	集聚	類聚
assembly	集群	群集
assimilation	同化	同化
assortative mating	同征择偶	同徵擇偶
astacin	虾红素	蝦紅素

英 文 名	祖国大陆名	台湾地区名
astaxanthin	虾青素	蝦青素
aster	星状骨针	星狀骨針
astogenetic change	群育变化	群育變化
astogeny	群体发育	群體發育
astragalus bone(=talus)	距骨	距骨
astropyle	星孔	星孔
astrorhizae	星根	星根
asulcal side	无沟边	無溝邊
asymptotic population	饱和种群	飽和族群
atavism	返祖现象	返祖現象
atlantoaxial joint	寰枢关节	寰樞關節
atlantooccipital joint	寰枕关节	寰枕關節
atlas	寰椎	寰椎
atmosphere	大气圈	大氣圈
atoll	环礁	環礁
atractophore	纺锤器	紡錘器
atretic corpus luteum	闭锁黄体	閉鎖黃體
atretic follicle	闭锁卵泡	閉鎖卵泡
atrial gland cell	围腺细胞	圍腺細胞
atrial sac	围囊	圍囊
atrial sphincter	口前腔括约肌	口前腔括約肌
atriopore	围鳃腔孔	出水孔,圍鰓腔孔
atrioventricular node	房室结	房室結
atrium	①内腔 ②围鳃腔 ③心房	①腔室 ②圍鰓腔 ③心房
attaching base	附着基盘	附著基盤
attaching clamp	固着铗	固著鋏
attaching disc	固着盘	固著盤
attaching organ	固着器	固著器
attachment disc(=attaching base)	附着基盘	附著基盤
attachment filament	附着丝	附著絲
auditory organ	听觉器官	聽覺器官
auditory ossicle	听小骨	聽小骨
auditory pit	听窝	聽窩
auditory placode	听板	聽板
auditory string	听弦	聽弦
auditory vesicle	听泡	聽泡
aulodont type	管齿型	管齒型

英 文 名	祖国大陆名	台湾地区名
auricle	①耳状骨 ②耳郭	①耳狀骨 ②耳殼
auricular	耳羽	耳外羽
auricular crura	耳关节,耳带脊	耳脊
auricularia	耳状幼体	耳狀幼體
auricular projection	耳状突	耳狀突
auricular seta	耳状刚毛	耳狀剛毛
Australian realm	澳大利亚界	澳洲界
autapomorphy	独征	獨徵
autecology	个体生态学	個體生態學
autodermalia	上向皮层骨针	上向皮層骨針
auto-epizootic	单主附生的,自主附生的	自主附生的
autogastralia	上向胃层骨针	上向胃層骨針
autogeny(=abiogenesis)	自然发生	自然發生
autoheteroxenous form	自异宿主型	自異宿主型
autoinfection	自身感染	自體感染
automaticity	自动节律性	自律性
automimicry	种内拟态	種內擬態
autonomic nervous system(ANS)	自主神经系统,植物性神经系统	自主神經系統
autostyly	自联型	自接型
autotomy	自切,自残	自割
autotroph(=autrophic organism)	自养生物	自營性生物
autotrophic organism	自养生物	自營性生物
autotrophy	自养	自營性
autotype	图模标本	圖模式
autozooid	自个虫	自個蟲
autumn molt	秋季换羽	秋季換羽
autumn statoblast	秋休芽	秋休芽
auxocyte	性母细胞	性母細胞
auxotrophy	辅源营养	副營養
available name	可用[学]名	可用名
avicularium	鸟头体	鳥頭體
avicular seta	鸟头状刚毛	鳥頭狀剛毛
avicular uncinus	鸟头状齿片钩毛	鳥頭狀齒片鉤毛
axial construction	中轴构造	中軸構造
axial corallite	轴珊瑚单体,轴珊瑚石	軸珊瑚石
axial filament	轴丝(精子)	軸絲(精子)

英　文　名	祖国大陆名	台湾地区名
axial gland	轴腺	軸腺
axial mesoderm	轴中胚层	軸中胚層
axial nerve system	轴神经系	軸神經系
axial organ	中轴器	中軸器
axial sinus	轴窦	軸竇
axial skeleton	中轴骨骼	中軸骨骼
axillary	①分歧轴 ②腋羽	①分歧軸 ②腋羽
axillary artery	腋动脉	腋動脈
axillary gland	腋腺	腋腺
axis	枢椎	樞椎
axon	轴突	軸突
axoneme	轴丝	軸絲
axon hillock	轴丘	軸丘
axoplasm	轴质	軸質
axoplast	轴体	軸體
axopodium	轴足	軸足
axosome	轴粒	軸粒
axostylar capitulum	轴头	軸頭
axostylar granule (= axosome)	轴粒	軸粒
axostylar trunk	轴杆干	軸桿幹
axostyle	轴杆	軸桿
AZM (= adoral zone of membranelle)	小膜口缘区	小膜口緣區
azoospermia	无精子	無精子
azurophilic granule	嗜天青颗粒	嗜天青顆粒
azygos vein	奇静脉	奇靜脈

B

英　文　名	祖国大陆名	台湾地区名
bacillary band	杆状带	桿狀帶
bacterioplankton	浮游细菌	浮游細菌
baculum	阴茎骨	陰莖骨
balanced polymorphism	平衡多态性	平衡多態性
baleen	鲸须	鯨鬚
baleen plate	鲸须板	鯨鬚板
ballon club	球棒形骨针	球棒形骨針
ballooning	飞航	飛航
band form nuclear granulocyte	带形核粒细胞	帶形核粒細胞

英 文 名	祖国大陆名	台湾地区名
barb	羽支	羽支
barbed process	钩突	鈎突
barbel	口须(鸟)	口鬚(鳥)
barbicel	羽纤支	羽纖支
barbule	羽小支	羽小支
barnacle cement	藤壶胶	藤壺膠
barrel	短腰双圆球形骨针	短腰雙圓球形骨針
barrier reef	堡礁	堡礁
basal	基部的	基部的
basal body	基体	基體
basal decidua	基蜕膜,底蜕膜	基蜕膜
basal disc	基盘	基盤
basal haematodocha	基血囊	基血囊
basalia	基须	基骨針
basal keel	基脊	基脊
basal lamina	基板	基板
basal metabolic rate (BMR)	基础代谢率	基礎代謝率
basal piece	基片	基片
basal plate(= basal lamina)	基板	基板
basal porechamber	基孔室	基孔室
basal process	基突	基突
basal sac	基囊	基囊
basement membrane	基膜	基膜
basial spine	基节刺	基節刺
basibranchial bone	基鳃骨	基鰓骨
basihyal bone	基舌骨	基舌骨
basilar membrane	基底膜	基底膜
basioccipital bone	基枕骨	基枕骨
basipodite(甲壳动物)(=coxa)	基节	基節
basipterygium	基鳍骨	基鰭骨
basis	基底	基底
basisphenoid bone	基蝶骨	基蝶骨
basket	笼状体	籠狀體
basket cell	篮状细胞	籃狀細胞
basophil(= basophilic granulocyte)	嗜碱性粒细胞	嗜鹼性粒細胞
basophilic cell	嗜碱性细胞	嗜鹼性細胞
basophilic erythroblast	早幼红细胞	早红血球
basophilic granulocyte	嗜碱性粒细胞	嗜鹼性粒細胞

英　文　名	祖国大陆名	台湾地区名
basopinacocyte	基[底]扁平细胞	基部扁平细胞
bastard wing(＝alula)	小翼羽	小翼羽
bathypelagic plankton	半深海浮游生物	半深海浮游生物
beak	①壳尖 ②吻(苔藓动物)	①殼尖 ②吻，喙
begging call	求食声，乞食声	乞食聲
behavior	行为	行為
behavior adaptation	行为适应	行為適應
behavioral biology	行为生物学	行為生物學
behavioral ecology	行为生态学	行為生態學
behavioral scale(＝behavioral scaling)	行为级	行為等級
behavioral scaling	行为级	行為等級
behavior gradient	行为梯度	行為梯度
benthic fauna	底栖动物区系	底棲動物相
benthic flora	底栖植物区系	底棲植物相
benthos	底栖生物	底棲生物
Bergmann's rule	伯格曼律	伯格曼定律
biarticulate antenna	双节触角	雙節觸角
biarticulate palp	双节触须	雙節觸鬚
biarticulate tentacle	双节触手	雙節觸手
biased sex ratio	偏性比	性比偏差
biceps muscle	二头肌	二頭肌
bicornute uterus	双角子宫	雙角子宮
bicuspid valve	二尖瓣	二尖瓣
bidactylous foot	二趾足	二趾足
Bidder's gland	比德腺	畢德氏腺
bidentate seta	双齿刚毛	雙齒剛毛
bifid [needle] chaeta	双尖刚毛	雙尖剛毛
bifid seta	双叉刚毛	雙叉剛毛
bifora	二孔型	二孔型
bifurcated process	双棘突起	雙叉突起
bilabulate lophophore	双叶形触手冠	雙葉形觸手冠
bilaminar	双层的	雙層的
bilateral cleavage	对称卵裂	對稱卵裂
bile canaliculus	胆小管	膽小管
bile duct	胆管	膽管
bilimbate seta	羽状刚毛	羽狀剛毛
bill	[鸟]嘴，喙	喙

英　文　名	祖国大陆名	台湾地区名
Billroth's cord(=splenic cord)	脾索	脾索
binary fission	二分裂	二分裂
binominal nomenclature	双名法	二名式命名法,二名法
bioaccumulation	生物累积	生物累積
biochore	生物景带	生物景带
bioclimatic zone	生物气候带	生物氣候帶
biocoenology	生物群落学	生物群落學
biocoenosis	生物群落	生物群聚
biocoenosium(=biocoenosis)	生物群落	生物群聚
biocommunity(=biocoenosis)	生物群落	生物群聚
bioconcentration	生物浓缩	生物濃縮
bioconcentration factor	生物浓缩系数	生物濃縮係數
biodegradation	生物降解	生物降解
biodeposition	生物沉积	生物沉積
biodiversity(=biological diversity)	生物多样性	生物多樣性
bioelement	生命元素	生命元素
biogenetic law	生物发生律	生物發生律
biogeochemical cycle	生物地化循环	生物地化循環
biogeocoenosis	生物地理群落	生物地理群落
biohelminth	生物源性蠕虫	生物源性蠕蟲
biohelminthiasis	生物源性蠕虫病	生物源性蠕蟲病
biological assessment	生物评估	生物評估
biological barrier	生物障碍	生物障礙,生物界限
biological character	生物学性状	生物特徵
biological clock	生物钟	生物鐘
biological control	生物防治	生物防治
biological diversity	生物多样性	生物多樣性
biological enrichment	生物富集	生物富集
biological factor	生物因子	生物因子
biological isolation	生物隔离	生物隔離
biological magnification	生物放大	生物放大
[biological] productivity	[生物]生产力	生產力
biological rhythm	生物节律	生物節律
bioluminescence	生物发光	生物發光
biomagnification(=biological magnification)	生物放大	生物放大
biomass	生物量	生物量
biome	生物群系	生物區系

英 文 名	祖国大陆名	台湾地区名
biophage	活食者	活食者
biosocial facilitation	生物社群互助	生物社群互動
biosphere	生物圈	生物圈
biosphere conservation	生物圈保护	生物圈保育
biota	生物相	生物相
biotelemetry	生物遥测	生物遙測
biotic barrier(=biological barrier)	生物障碍	生物障礙,生物界限
biotic factor(=biological factor)	生物因子	生物因子
biotic potential	繁殖潜力	生殖潛力
biotic resistance	生物抗性	生物抗性
biotic season	生物季节	生物季節
biotope	生物小区	生物小區
biotype	生物型	生物型
biozone	生物带	生物帶
bipartite uterus	双腔子宫	雙腔子宮
bipinnaria	羽腕幼体	羽腕幼體
bipinnate seta	双栉刚毛	雙櫛剛毛
bipolar neuron	双极神经元	雙極神經元
biradial cleavage	二辐射裂	二輻射裂
biramous parapodium	双叶型疣足	雙葉型疣足
biramous type appendage	双枝型附肢	雙枝型附肢
Birbeck granule	伯贝克颗粒	伯貝克氏顆粒
bird	鸟	鳥,鳥類
[bird] banding	环志	繫放
[bird] ringing(=[bird] banding)	环志	繫放
birotule	双轮骨针	雙輪骨針
birth-death ratio	生死比率	生死比率
birth pore	产孔	產孔
birth rate(=natality)	出生率	出生率
bisymmetry	两侧对称	兩側對稱
bivalve	双壳	雙殼
bivium	二道体区	二道體區
biweekly rhythm	双周节律	雙週節律
blastema	芽基	芽基
blastocoel	囊胚腔	囊胚腔
blastocyst	胚泡	胚泡
blastoderm	囊胚层	囊胚層
blastodisc	胚盘	胚盤

英 文 名	祖国大陆名	台湾地区名
blastoformation	母细胞化	母細胞化
blastokinesis	胚动	胚動
blastomere	卵裂球	胚球
blastoporal lip	胚孔唇	胚孔唇
blastopore	胚孔	胚孔
blastostyle	子茎	子莖
blastula	囊胚	囊胚
blepharismin	赭虫紫	赭蟲紫
blepharmone	赭虫素	赭蟲素
blepharoplast	生毛体	生毛體
blood	血液	血液
blood capillary	毛细血管	微血管
blood sinusoid	血窦	血竇
blood vessel	血管	血管
blow hole	呼吸孔	呼吸孔, 嘈氣孔
B lymphocyte	B 淋巴细胞	B 淋巴細胞
BMR(=basal metabolic rate)	基础代谢率	基礎代謝率
boathook	船形钩齿刚毛	船形鈎
body fold	体褶	體褶
body of uterus	子宫体	子宫體
body wall	体壁	體壁
body whorl	体螺层	體螺層
bonding	连结	連結
bone	硬骨	硬骨
bone canaliculus	骨小管	骨小管
bone collar	骨领	骨領
bone lamella	骨板	骨板
bone marrow	骨髓	骨髓
bone matrix	骨基质	骨基質
bone trabecula	骨小梁	骨小梁
bonitation(=reproductive fitness)	繁殖适度	生殖適度
bony scale	骨鳞	骨鱗
book-lung	书肺	書肺
bootstrapping	自展法	自舉法
boss	①角皮凸 ②疣突	①角皮凸 ②疣突
bothridium	突盘	裂片
bothrium	吸槽	吸溝
bothrosome	生网体	生網體

英 文 名	祖 国 大 陆 名	台 湾 地 区 名
bottlebrush	瓶刷形分枝	瓶刷形分枝
bottle neck effect	瓶颈效应	瓶頸效應
bourrelet	口凸	口凸
Bowman's capsule(＝renal capsule)	肾小囊,鲍曼囊	腎小囊,鮑曼氏囊
Bowman's gland(＝olfactory gland)	嗅腺,鲍曼腺	嗅腺,鮑曼氏腺
brachial artery	臂动脉	肱動脈
brachial fold	腕褶	腕褶
brachial ganglion	腕神经节	腕神經節
brachial groove	腕沟	腕溝
brachialia	腕板	腕板
brachialis muscle	肱肌	肱肌
brachial plexus	臂丛	前肢神經叢
brachial valve	腕瓣	腕瓣
brachidial change	腕型变化	腕型變化
brachidial pattern	腕型	腕型
brachidial support	腕支柱	腕支柱
brachidium	腕骨	腕骨
brachidium process	腕骨突起	腕骨突起
brachidium support	腕骨支柱	腕骨支柱
brachiolaria	短腕幼体	短腕幼體
brachiole（棘皮动物)(＝arm)	腕	腕
brachiopod	腕足动物	腕足動物
Brachiopoda（拉)(＝brachiopod)	腕足动物	腕足動物
brachyodont	低冠齿	低冠齒
bracket	弧形骨针	弧形骨針
brackish water	半咸水	半鹹水
brackish water plankton	半咸水浮游生物	半鹹水浮游生物
bradyzoite	慢殖子	慢殖子
brain	脑	腦
brain case	脑匣	腦殼
brain hormone	脑激素	腦激素
brain sand	脑砂	腦砂
brain stem	脑干	腦幹
brain ventricle	脑室	腦室
branchia(＝gill)	鳃	鰓
branchial arch	鳃弓	鰓弧
branchial basket	鳃笼	鰓籠
branchial cleft(＝gill slit)	鳃裂	鰓裂

英　文　名	祖国大陆名	台湾地区名
branchial chamber	鳃室	鳃室
branchial formula	鳃式	鳃式
branchial ganglion	鳃神经节	鳃神經節
branchial lobule	鳃小叶	鳃小葉
branchial region	鳃区	鳃區
branchio-cardiac carina	心鳃脊	心鳃脊
branchio-cardiac groove	心鳃沟	心鳃溝
branchio-cardiac vein	鳃心静脉	鳃心靜脈
branchiomeric muscle	鳃节肌	鳃節肌
branchiostegal membrane	鳃盖膜	鳃蓋膜
branchiostegal ray	鳃盖条	鳃蓋條
branchiostegal spine	鳃甲刺	鳃甲刺
branchiostegite	鳃甲	鳃甲
breakdown	碎化	碎化
breast	乳房	乳房
breast theca	胸甲	胸甲
breeding(=reproduction)	生殖	生殖
breeding activity	繁殖活动	生殖活動
bridge	甲桥	側橋
bridge worm	桥虫	橋蟲
bristle	鬃	鬃
bronchiole	细支气管	細支氣管
bronchus	支气管	支氣管
brood(=clutch)	窝	窩
brood capsule	生发囊	育囊
brood cell	抚幼室	撫幼室
brood chamber	育卵室	育卵室
brooding	抚育	撫育
brood parasitism	巢寄生	巢寄生
brood pouch	育囊	育囊
brood sac(=brood pouch)	育囊	育囊
brosse	纤毛刷	纖毛刷
brotium	人为演替	人為演替
brown body	褐色体(苔藓动物)	褐色體(苔蘚動物)
brown fat	棕脂肪,多泡脂肪	棕脂肪,多泡脂肪
browsevore	食枝芽动物	食芽動物
browsing	食枝芽	食芽
brow tine	眉叉	眉叉

英 文 名	祖 国 大 陆 名	台 湾 地 区 名
brush border	刷状缘	刷狀緣
brush cell	刷细胞	刷狀細胞
Bryozoa（拉）(=moss animal)	苔藓动物,外肛动物	苔蘚動物
bryozoan(=moss animal)	苔藓动物,外肛动物	苔蘚動物
buccal armature	口甲	口甲
buccal capsule	口囊	口囊
buccal cavity(=mouth cavity)	口腔	口腔
buccal cirrum	口[笠触]须	口鬚
buccal frame	口框	口框
buccal funnel	口漏斗	口吻漏斗
buccal ganglion	口神经节	口神經節
buccal nerve cord	口神经索	口神經索
buccal sucker	前咽吸盘	前咽吸盤
buccal tube	口管	口管
bucco-anal striae	冂–肛缝	冂–肛縫
buccokinetal	毛基索口生型	毛基索口生型
budding activity	出芽潜能	出芽潛能
budding direction	出芽方向	出芽方向
budding pattern	出芽型	出芽型
budding potential(=budding activity)	出芽潜能	出芽潛能
budding zone	出芽带	出芽帶
bulb	原鳞柄	原鱗柄
bulbourethral gland	尿道球腺	尿道球腺
bulbus arteriosus	动脉球	動脈球
bulimia	食欲过盛	食慾過盛
bulk capture	大批量取食	大量取食
bundle cell	束细胞	束細胞
bunodont	丘型齿	丘型齒
burrowing animal	洞穴动物,掘洞动物	掘洞動物
bursal ray	伞辐肋	傘輻肋
bursal slit	生殖裂口	生殖裂口
bursa of Fabricius(=cloacal bursa)	腔上囊,法氏囊	腔上囊
bushy	丛状分枝	叢狀分枝
butterfly-form	蝶形骨针	蝶形骨針
button	扣状体	扣狀體
byssal foramen	足丝孔	足絲孔
byssal gap	足丝峡,足丝间隙	足絲間隙
byssus	足丝	足絲

英 文 名	祖国大陆名	台湾地区名
byssus gland	足丝腺	足絲腺

C

英 文 名	祖国大陆名	台湾地区名
caecum	胃盲囊	胃盲囊
caespiticole	草栖生物	草棲生物
calamus	羽根	翮
calanistrum	栉器	毛櫛
calcaneum bone(=calcaneus)	跟骨	跟骨
calcaneus	跟骨	跟骨
calcar(=spur)	距	距
calcareous body	石灰体	石灰體
calcareous ring	石灰环	石灰環
calcareous type	碳酸型[外壳]	碳酸型外殼
calcification	钙化	鈣化
calcitonin	降钙素	降鈣化鈣素
calcium pump	钙泵	鈣泵
calice	珊瑚杯	珊瑚杯
call	鸣叫	鳴叫
callose	板鳞(蜥蜴类)	板鱗(蜥蜴類)
callosity	胼胝	胼胝
calsequestrin	集钙蛋白	集鈣蛋白
calthrops	棘状骨针	棘狀骨針
calycocome	萼丝骨针	萼絲骨針
calymma	泡层	泡層
calyptopis	磷虾类原溞状幼体,节胸幼体	節胸幼體
calyx	萼[器]	萼
calyx pore	萼孔	萼孔
camarodont type	拱齿型	拱齒型
campanulate hydrotheca	钟形芽鞘,钟形螅鞘	鐘形螅鞘
campestral animal	田野动物	田野動物
canal(=duct)	导管	導管
canalaria	管沟骨针	管溝骨針
canaliculus(=ductulus)	小管	小管
canalized development hypothesis	定向发育假说	定向發育假說
canal of fecundation	受精道	受精道

英 文 名	祖 国 大 陆 名	台 湾 地 区 名
canal system	沟系(多孔动物)	溝系
cancellous bone (=spongy bone)	骨松质,松质骨	疏質骨
cancellus	格室	格室
candelabrum	花唇骨针	花唇骨針
canine tooth	犬齿	犬齒
cannibalism	同种相残	同種相殘
capacitation	获能	獲能
capillary caecum	毛[细]管盲囊	微血管盲囊
capital bone	头状骨	頭狀骨
capitate tentacle	锤形触手	錘形觸手
capitulum	头状部	頭狀部
capitulum of rib	肋头	肋頭
capitutum	冠部	冠部
cap placenta	帽状胎盘	帽狀胎盤
capstan	绞盘形骨针	絞盤形骨針
capsular decidua	包蜕膜	包蜕膜
capsule	①被膜 ②囊 ③芽囊	①被膜 ②囊 ③芽囊
capsulogenic cell	成囊细胞	成囊細胞
carapace	①头胸甲 ②(=tergum) 背甲	①頭胸甲 ②背甲
carbohydrase	糖[水解]酶	糖水解酶
carbon cycle	碳循环	碳循環
carbon dioxide cycle	二氧化碳循环	二氧化碳循環
carcinology	甲壳动物学,蟹类学	甲殼動物學,蟹類學
cardia	贲门	賁門
cardiac atrium(=atrium)	心房	心房
cardiac gland	贲门腺	賁門腺
cardiac muscle	心肌	心肌
cardiac output	心输出量	心輸出量
cardiac region	①心区 ②贲门部	①心區 ②賁門部
cardiac vein	心静脉	心靜脈
cardiac ventricle(=ventricle)	心室	心室
cardinalia	主基	主基
cardinal line	主线	主線
cardinal margin	主缘	主緣
cardinal process	主突	主突
cardinal tooth	主齿	主齒
cardioaccelerator nerve	心动加速神经	心動加速神經

英　文　名	祖国大陆名	台湾地区名
cardioblast	成心细胞	心母細胞
cardo	轴节	軸節
carina	①脊 ②峰板	①脊 ②峰板
carinal plate	龙骨板	龍骨板
carinal side	峰端	峰端
carino-lateral compartment	峰侧板	峰側板
carnassial tooth	裂齿	裂齒
carnivore	食肉动物	食肉動物
carnucle	肉突	肉突
carotid arch	颈动脉弓	頸動脈弧
carotid artery	颈动脉	頸動脈
carotid body	颈动脉体	頸動脈體
carotid duct	颈动脉导管	頸動脈導管
carotid sinus	颈动脉窦	頸動脈竇
carotinoid	类胡萝卜素	類胡蘿蔔素
carpal bone(=brachidium)	腕骨	腕骨
carpometacarpal joint	腕掌关节	腕掌關節
carpopodite	腕节	腕節
carpus(=carpopodite)	腕节	腕節
carrier	载体	載體
carrier cell	载体细胞	載體細胞
carrying capacity	负载力,负载量	負荷量
cartilage	软骨	軟骨
cartilage bone	软骨成骨	軟骨性骨
cartilage joint	软骨关节	軟骨關節
cartilage matrix	软骨基质	軟骨基質
cartilaginous ring	软骨环	軟骨環
cartilaginous stylet	软骨针	軟骨針
casual society	偶见群	偶成群
catadromous fish	降海产卵鱼	降海產卵魚
catch	渔获量	漁獲量
catch curve	渔获量曲线	漁獲量曲線
catch per unit effort（CPUE）	单位捕捞努力量渔获量	單位努力漁獲量
category	阶元	階元
catenoid colony	链状群体	鏈狀群體
caterpillar	单边刺形骨针	單邊刺形骨針
catharobia	清水生物	清水生物
cathetodesma	导引微纤丝	導引微纖絲

英 文 名	祖 国 大 陆 名	台 湾 地 区 名
caudal ala	尾翼膜	尾翼膜
caudal appendage	尾[部]附肢	尾附肢
caudal artery	尾动脉	尾動脈
caudal cilium	尾纤毛	尾纖毛
caudal fin	尾鳍(鱼)	尾鰭(魚)
caudal furca	尾叉	尾叉
caudal gland	尾腺	尾腺
caudalia	尾合纤毛束	尾合纖毛束
caudal process	尾突	尾突
caudal spine	尾刺	尾棘
caudal vein	尾静脉	尾靜脈
caudal vertebra	尾椎	尾椎
cauline	茎生的	莖生的
cave animal	穴居动物	穴洞動物
cecum	盲肠	盲腸
celiac artery	腹腔动脉	腹腔動脈
cell	细胞	細胞
cell aggregation	细胞集合	細胞集合
cell differentiation	细胞分化	細胞分化
cell doctrine	细胞学说	細胞學說
cell lineage	细胞谱系	細胞譜系
cell strain	细胞株	細胞株
cement	齿骨质	齒堊質
cement duct	黏液管	膠黏管
cement gland	胶黏腺	膠黏腺
cement line	黏合线	黏合線
cement reservoir	黏液储囊	貯膠囊
census method	种群数量调查法	族群數量調查方法
central canal	中央管,哈氏管	中央管,哈氏管
central capsule	中央囊	中央囊
central cell	中央细胞	中央細胞
central chord	中轴索	中軸索
central disc	中央盘	中央盤
central dorsal plate	中背板	中背板
central fovea	中央凹	中央凹
central nervous system	中枢神经系统	中樞神經系統
central rectrice	中央尾羽	中央尾羽
central tooth	中[央]齿	中齒

英　文　名	祖国大陆名	台湾地区名
centriole	中心粒	中心粒
centroacinar cell	泡心细胞	泡心細胞
centrodorsal cavity	中背板腔	中背板腔
centrolecithal egg	中央黄卵	中央黄卵
centrotriaene	中三叉骨针	中三叉骨針
centrum	椎体	椎體
cephalic cage	头槛	頭檻
cephalic cone	头锥	頭錐
cephalic disk	头盘	頭盤
cephalic filament	头丝	頭絲
cephalic gland	头腺	頭腺
cephalic groove	头沟	頭溝
cephalic papilla	头乳突	頭乳突
cephalic plate	头板	頭板
cephalic pleurite	头侧板	頭側板
cephalic pole	头极	頭極
cephalic rim	头缘	頭緣
cephalic shield	头盾	頭盾
cephalic veil	头幔	頭幔
cephaline gregarine	有头簇虫	有頭簇蟲
cephalization	①头部形成 ②头向集中,头化作用	①頭部形成 ②頭化作用
Cephalochordata（拉）(= cephalochordate)	头索动物	頭索動物
cephalochordate	头索动物	頭索動物
cephalon（无脊椎动物）(= head)	头[部]	頭部
cephalopodium	头足	頭足
cephalothorax	头胸部	頭胸部
ceratobranchial bone	角鳃骨	角鰓骨
ceratohyal bone	角舌骨	角舌骨
ceratophore	触手基节	觸手基節
ceratostyle(= ceratophore)	触手基节	觸手基節
ceratotrichia(拉)	角质鳍条	角條
cercaria	尾蚴	尾蚴
cercariaeum	无尾尾蚴	無尾尾蚴
cercarian huellen reaction(CHR)	尾蚴膜反应	尾蚴膜反應
cercocystis	缺尾拟囊尾蚴	缺尾擬囊尾蚴
cercus	尾须	尾鬚

英 文 名	祖国大陆名	台湾地区名
cere	蜡膜	蠟膜
cerebellar cortex	小脑皮层	小腦皮層
cerebellar hemisphere	小脑半球	小腦半球
cerebellum	小脑	小腦
cerebral aqueduct	中脑水管	大腦導水管
cerebral cortex	大脑皮层	大腦皮層
cerebral ganglion	脑神经节	腦神經節
cerebral gland	脑腺	腦腺
cerebral groove(=cephalic groove)	头沟	頭溝
cerebral hemisphere	大脑半球	大腦半球
cerebral lobe(=head lobe)	头叶	頭葉
cerebral peduncle	大脑脚	大腦腳
cerebral vein	大脑静脉	大腦靜脈
cerebral vesicle	脑泡	腦泡
cerebro-pedal connective	脑足神经连索	腦足神經連索
cerebro-pleural connective	脑侧神经连索	腦側神經連索
cerebrospinal fluid	脑脊液	腦脊液
cerebro-visceral connective	脑脏神经连索	腦臟神經連索
cerebrum	大脑	大腦
ceremony	仪表行为,仪式	儀式
ceruminous gland	耵聍腺	耵聹腺
cervical ala	颈翼膜	頸翼膜
cervical carina	颈脊	頸脊
cervical fascia	颈筋膜	頸肌膜
cervical fold（寄生蠕虫）(=jugular plica)	颈褶	頸褶
cervical gland（寄生蠕虫）(=nuchal gland）	颈腺	頸腺
cervical groove	颈沟	頸溝
cervical nerve	颈神经	頸神經
cervical papilla	颈乳突	頸乳突
cervical plexus	颈丛	頸神經叢
cervical vertebra	颈椎	頸椎
cervix of uterus	子宫颈	子宮頸
cestode	绦虫	條蟲
cestodiasis	绦虫病	條蟲病
cestodology	绦虫学	條蟲學
CFU(=colony forming unit)	集落生成单位	聚落生成單位

英 文 名	祖国大陆名	台湾地区名
chaeta(=seta)	刚毛	剛毛
chaetognath	毛颚动物	毛顎動物
Chaetognatha（拉）(=chaetognath)	毛颚动物	毛顎動物
chain-type nervous system	链状神经索,链状神经系	鏈狀神經系
chalaza	卵黄系带	卵黄繫带
chambered organ	分房器	分房器
character	性状	特徵
character convergence	性状趋同	性狀趨同
character displacement	性状替换	性狀替換
character divergence	性状趋异	特徵趨異
characteristic density	特征密度	特徵密度
characteristic species	特征种	特徵種
checklist	分类名录	名錄
cheek	颊	頰
cheek pouch	颊囊	頰囊
cheek stripe	颊纹	頰線
cheek tooth	颊齿	頰齒
chela	①爪状骨针 ②螯	①爪狀骨針 ②螯
chelate	螯状	螯狀
chelicera	螯肢	螯肢
cheliceral furrow(=fang groove)	牙沟	牙溝
cheliceral tooth	螯肢齿	牙堤齒
Chelicerata(拉) (=chelicerate)	螯肢动物	螯肢動物
chelicerate	螯肢动物	螯肢動物
cheliped	螯足	螯足
chemical differentiation	化学分化	化學分化
chemical ecology	化学生态学	化學生態學
chemical embryology	化学胚胎学	化學胚胎學
chemoautotroph	化能自养生物	化能自營生物
chemolithotrophy	无机化能营养	無機化能營養
chemotaxis	趋化性	趨化性
chemotaxy(=chemotaxis)	趋化性	趨化性
chest gland	胸皮腺	胸腺
chevron	人字颚	人字顎
chevron bone	人字骨	人字骨
chewing type	咀嚼式	咀嚼式
chewing-lapping type	嚼吸式	嚼吸式

英　文　名	祖国大陆名	台湾地区名
chiaster	叉星骨针	叉星骨針
chief cell (= principal cell)	主细胞	主細胞
chilidial plates	背三角双板	背三角雙板
chilidium	背三角板	背三角板
chimera(= mosaic)	嵌合体	嵌合體
chimonophile	适冬性,嗜冬性	嗜冬性
chimopelagic plankton	冬季海面浮游生物	冬季海面浮游生物
chin barbel	颏须	頦鬚
chin bristle (= chin barbel)	颏须	頦鬚
chionophile	适雪性,嗜雪性	嗜雪性
chionophobe	厌雪性	厭雪性
chirotype	稿模标本	稿模式
chitin	几丁质,甲壳质	幾丁質
chloride cell	氯细胞	氯細胞
chlorogogue cell	黄色细胞	黄色細胞
choana(= internal naris)	内鼻孔	内鼻孔
choanocyte	领细胞	領細胞
choanocyte chamber	领细胞室	領細胞室,襟細胞室
choanoderm(= choanosome)	领细胞层	領細胞層
choanomastigote	领鞭毛体[期]	領鞭毛體
choanosome	领细胞层	領細胞層
chondroblast	成软骨细胞	軟骨母細胞
chondrocranium	软骨颅	軟顱
chondrocyte	软骨细胞	軟骨細胞
chondrophore	内韧[带]托	内韌帶托
chordal plate	脊索板	脊索板
chorda-mesoderm	脊索中胚层	脊索中胚層
Chordata（拉）(= chordate)	脊索动物	脊索動物
chordate	脊索动物	脊索動物
chorioallantoic membrane	尿囊绒膜	尿囊絨膜
chorioallantoic placenta	绒膜尿囊胎盘	絨膜尿囊胎盤
chorioallantois(= chorioallantoic membrane)	尿囊绒膜	尿囊絨膜
chorion	①绒毛膜 ②卵壳	①絨毛膜 ②卵殼
choriovitelline placenta	绒膜卵黄囊胎盘	絨膜卵黄囊胎盤
chorocline	地理分布梯度	地理分佈梯度
choroid	脉络膜	脈絡膜
choroid gland	脉络膜腺	脈絡膜腺

英 文 名	祖国大陆名	台湾地区名
choroid plexus	脉络丛	脈絡叢
chorology	分布学	分佈學
chorus	合鸣,合唱	合鳴,合唱
CHR(=cercarian huellen reaction)	尾蚴膜反应	尾蚴膜反應
chromaffin tissue	嗜铬组织	嗜鉻組織
chromatophore	载色素细胞	載色素細胞
chromophilic cell	嗜色细胞	嗜色細胞
chromophobe cell	嫌色细胞	嫌色細胞
chronobiology	时间生物学	時間生物學
chylomicron	乳糜微粒	乳糜微粒
cidaroid type	头帕型	頭帕型
ciliary body	睫状体	睫狀體
ciliary gland	睫腺	睫腺
ciliary meridian	纤毛子午线	纖毛子午線
ciliary process（软体动物）(=cilium)	纤毛	纖毛
ciliary rootlet	纤毛根丝	纖毛根絲
ciliate	纤毛虫	纖毛蟲
ciliated funnel	纤毛漏斗	纖毛漏斗
ciliatology	纤毛虫学	纖毛蟲學
ciliature	纤毛系	纖毛系
ciliospore	纤毛孢子	纖毛孢子
cilium	纤毛	纖毛
cinclides	壁孔	壁孔
cingulum	腰带	腰帶
circadian rhythm(=day-night rhythm)	昼夜节律	晝夜節律
circular canal	环管	環管
circular muscle	环肌	環肌
circulation	循环	循環
circumacetabular fold	围腹吸盘褶	圍腹吸盤褶
circumanal gland	肛周腺	肛週腺
circumferential lamella	环骨板	環骨板
circumoral crown	围口冠	圍口冠
circumoral excretory ring	围口排泄环	圍口排泄環
circumoral ring	围口环	圍口環
circumorbital bone	围眶骨	圍眼眶骨
circumoval precipitate reaction(COPR)	环卵沉淀反应	環卵沈澱反應
circumpharyngeal nerve	围咽神经	圍咽神經
circumpharyngeal ring	围咽环	圍咽環

英　文　名	祖国大陆名	台湾地区名
cirromembranelle	棘毛小膜	棘毛小膜
cirrophore	触须基节	觸鬚基節
cirrostyle(= cirrophore)	触须基节	觸鬚基節
cirrus	①棘毛 ②须毛 ③蔓足 ④腕丝（腕足动物）⑤卷枝 ⑥(= penis) 阴茎(寄生虫)	①捲鬚,蔓足,棘毛 ② 鬚毛 ③蔓足 ④腕 絲（腕足動物）⑤卷 枝 ⑥陰莖
cirrus pouch	阴茎囊	陰莖囊
cirrus sac(= cirrus pouch)	阴茎囊	陰莖囊
clade	分支	分支群
cladism	分支理论	分支理論
cladistic ranking	分支排列	分支排列
cladistics(= cladistic systematics)	分支系统学,支序系统 学,支序分类学	支序系統學
cladistic systematics	分支系统学,支序系统 学,支序分类学	支序系統學
cladogram	分支图	分支圖,支序圖
cladome	枝辐群	枝輻群
Clara cell	克拉拉细胞	克氏細胞
clasper	鳍脚	鰭腳
clasping organ	抱持器	抱持器
class	纲	綱
classification	分类	分類
clathrocyst	网丝胞	網絲胞
clathrum	网格层	網格層
claustrum	闩骨,屏状骨	閂骨
clavate cilium	棒状纤毛	棒狀纖毛
clavicle	锁骨	鎖骨
clavule	球棒骨针	球棒骨針
claw	爪	爪
claw pad	爪垫	爪墊
cleaning foot	清扫肢	清掃肢
cleavage	卵裂	卵裂
cleavage cavity(= segmentation cavity)	卵裂腔	卵裂腔
cleavage plane	卵裂面	卵裂面
cleidoic egg	有壳卵	有殼卵
cleithral ooecium	有盖卵室	有蓋卵室
cleithrum	匙骨	匙骨

英 文 名	祖 国 大 陆 名	台 湾 地 区 名
cleme	小枝骨针	小枝骨針
cleptobiosis	盗食共生	盗食共生
cleptoparasitism	盗食寄生	盗食寄生
climax	顶极	極盛相
climax community	顶极群落	極盛相群聚
climbing fiber	攀缘纤维	攀緣纖維
cline	梯度变异	梯度變異
clitellum	环带,生殖带	環帶
clitoris	阴蒂	陰蒂
cloaca	泄殖腔	泄殖腔
cloacal bladder	泄殖腔膀胱	泄殖腔膀胱
cloacal bursa	腔上囊,法氏囊	腔上囊
cloacal gland	泄殖腔腺	泄殖腔腺
cloacal kiss	泄殖腔交配	泄殖腔交配
cloacal pore	泄殖孔	泄殖孔
closed ecosystem	封闭生态系统	封閉生態系統
closed vascular system	闭管循环系[统]	閉鎖循環系統
clotting	凝固	凝固
club	棒形骨针	棒形骨針
clustering	聚类	聚類
clutch	窝	窩
clutch size	窝卵数	窩卵數
clypeus（蜘蛛）	额[部]	額
Cnidaria（拉）（=cnidarian）	刺胞动物	刺胞動物
cnidarian	刺胞动物	刺胞動物
cnidoblast（=sting cell）	刺细胞	刺細胞
cnidocil	刺针	刺針
cnidocyst（=nematocyst）	刺丝囊	刺絲胞
coadaptation	相互适应	共適應
coagulation	凝结	凝结
coccolith	球石粒	球石
coccygeal nerve	尾神经	尾錐神經
cochlea	耳蜗	耳蝸
cochlear labyrinth	耳蜗迷路	耳蝸迷路
coclypeus	副额板	副額板
cocoon	茧	繭
code	①法规 ②编码	①規約 ②編碼
co-dominance	共优势	共優勢

英　文　名	祖国大陆名	台湾地区名
coefficient of community	群落系数	群聚係數
coefficient of injury	危害系数	危害係數
Coelenterata（拉）（＝coelenterate）	腔肠动物	腔腸動物
coelenterate	腔肠动物	腔腸動物
coelenteron	腔肠	腔腸
coeliac artery（＝celiac artery）	腹腔动脉	腹腔動脈
coeloblastula	有腔囊胚	有腔囊胚
coelom	体腔	體腔
coelomate	体腔动物	體腔動物
coelomation	体腔形成	體腔形成
coelomocyte	腔胞	腔胞
coelomoduct	体腔管	體腔管
coelomopore	体腔孔	體腔孔
coelomostome	体腔口	體腔口
coenocytic（＝syncytial）	多核体的	多核體的
coenoecium	总虫室	總蟲室
coenosarc	共肉	共肉
coenosium（＝community）	群落	群落,聚落
coenosteum	共骨	共骨
coenurus	多头蚴,共尾蚴	共尾蚴
coevolution	协同进化	共同演化,共演化
coexistence	共存	共存
cohort	①股 ②同龄组	①股 ②同齡組,同齡群
cold hardiness	耐寒性	耐寒性
cold resistance	抗寒性	抗寒性
collagen	胶原蛋白	膠原蛋白
collagen fiber	胶原纤维	膠原纖維
collar cavity	领腔	領腔
collar cell（＝choanocyte）	领细胞	領細胞
collaret	领部	領部
collar spine	襟刺	領棘
collateral branch	侧副支	側副支
collecting canal	收集管	收集管
collecting tubule	集合小管	集合小管
collection	标本收藏	收藏品
collenchyma	胶充质	膠充質
collencyte	胶原细胞	膠原細胞
colloblast	黏细胞	黏細胞

英　文　名	祖国大陆名	台湾地区名
colloid	胶体	膠體
colloquial name	俗名	俗名
collum	颈板	頸板
collum segment	颈节	頸節
colon	结肠	結腸
colonial coelom	群体体腔	群體體腔
colonial division	群体分裂	群體分裂
colonial theory	群体说	群體論
colonization	建群	拓殖
colony	群体	群體
colony fission	分群	分群
colony formation	群体形成	群體形成
colony formation pattern	群体形成类型	群體形成類型
colony forming unit（CFU）	集落生成单位	聚落生成單位
colony odor	群体气味	群體氣味
color adaptation	颜色适应	色彩適應
colulus	舌状体	間疣
columella	①轴柱 ②耳柱骨	①中柱 ②耳柱骨
columellar muscle	螺轴肌	殼軸肌
column	柱	柱
columnar epithelium	柱状上皮	柱狀上皮
comb	①栉状体 ②肉冠	①櫛狀體 ②肉冠
combination	组合	組合
comb-papilla	栉棘	櫛棘
comitalia	伴骨针	伴骨針
commensal union	共栖结合	共棲結合
commensalism	偏利共生,偏利共栖	片利共生
commissure	背腹壳间缘	背腹殼間緣
committed stem cell	定向干细胞	定向幹細胞
common bud	共芽	共芽
common cardinal vein	总主静脉	總主靜脈
common hypogastric vein	总腹下静脉	總腹下靜脈
common iliac artery	髂总动脉	總髂動脈
common name（ =colloquial name）	俗名	俗名
common species	常见种	常見種
common vitelline duct	卵黄总管	卵黄總管
communal	[同代]建巢群	共同群體
communication	通讯	通訊

英 文 名	祖国大陆名	台湾地区名
communication pore	连孔	連孔
community	群落	群落,聚落
community complex	群聚复合体	群聚複合體
community component	群落成分	群聚成分
community composition	群落组成	群聚组成
community ecology	群落生态学	群落生態學,群聚生態學
compact bone	骨密质,密质骨	緻密骨
companion seta	伴随刚毛	伴隨剛毛
companion species	伴生种	伴生種
comparative anatomy	比较解剖学	比較解剖學
compartment	壳板	殼板
compass	弧骨	弧骨
compatibility	相容性	相容性
compendatrix	调整囊	調整囊
compensation	补偿作用	補償作用
compensation depth	补偿深度	補償深度
compensation sac(＝compendatrix)	调整囊	調整囊
competence	反应能力	反應能力
competition	竞争	競爭
competition exclusion	竞争排斥	競爭排斥
competition theory	竞争理论	競爭理論
competitor	竞争者	競爭者
complemental male	备雄	備雄
complete metamorphosis	完全变态	完全變態發育
complexity	复杂性	複雜性
composite signal	复合信号	複合訊號
compound eye	复眼	複眼
compound nest	多种混居巢	多種混居巢
compound plate	复板	複板
compound seta	复型刚毛	複型剛毛
compressed	侧扁	側扁
concentric lamella	同心性骨板	同心圓骨板
concentric layer	同心层	同心層
conch	贝壳	貝殼
conchiolin	贝壳素	貝殼素
conchology	贝类学	貝殼學
concomitant immunity	伴随免疫	伴隨免疫

英 文 名	祖 国 大 陆 名	台 湾 地 区 名
concrement vacuole	结合泡	結合泡
conditioning	条件化	條件化
conducting system	传导系统	傳導系統
conductor	引导器	指示器
condyle(=odontoid process)	齿突	齒突
cone cell	视锥细胞	視錐細胞
conformer	顺应者	順應者
congeneric	同属的	同屬的
conical process	圆锥突	圓錐突
conic scale	锥鳞	錐鱗
conjugant	接合体	接合體
conjugated protein	结合蛋白	結合蛋白
conjugation	接合[生殖]	接合
conjunctiva	结膜	結膜
conjunctive tunic(=conjunctiva)	结膜	結膜
connectedness	通讯连续性	通訊連續性
connecting piece(=middle piece)	中段	中段
connecting tube	连接管	連接管
connective bar	连接棒	連接棒
connective tissue	结缔组织	結締組織
connective tissue proper	固有结缔组织	固有結締組織
conocyst	锥胞	錐胞
conoid	类锥体	類錐體
conopodium	锥足	錐足
consensus index	合意指标	共同指標
consensus method	合意法	共同法
consensus tree	合意树	共同樹
consistency index	一致性指数	一緻性指標
conspecific	同种的	同種的
constancy	恒定性	恆定性
constant species	恒有种	恆有種
consumer	消费者	消費者
consumption	消费	消費
contact call	召唤声	召喚聲
contest competition	争夺竞争	爭奪競爭
continental drift theory	大陆漂移说	大陸漂移說
contour feather	廓羽,正羽	覆羽,翬羽
contractile vacuole	伸缩泡	伸縮泡

英　文　名	祖 国 大 陆 名	台 湾 地 区 名
controlled ecosystem	受控生态系统	控制型生態系統
conule	锥[状]突	錐突
conus arteriosus	动脉圆锥	動脈錐
conventional behavior(=epideictic display)	夸量行为	示量行為
convergence	①趋同 ②会聚	①趨同 ②會聚
convergent community	趋同群落	趨同群落
convergent evolution	趋同进化	趨同演化
co-operation	合作	合作
copepodid larva	桡足幼体	橈足幼體
copepodite(=copepodid larva)	桡足幼体	橈足幼體
cophenetic	共表型的	共表型的
COPR(=circumoval precipitate reaction)	环卵沉淀反应	環卵沈澱反應
coprodeum	粪道	糞道
coprophage	食粪动物	食糞動物
coprozoon	粪生动物	糞生動物
copulatory bursa	交合伞	交合囊
copulatory opening	交配孔	交配孔
copulatory organ	交接器	交接器
copulatory tube	交接管	交接管
coracidium	钩毛蚴	鈎毛蚴
coracoid	喙骨	烏喙骨
coracoid process	喙突	喙狀突
coral bleaching	珊瑚白化	珊瑚白化
corallite	珊瑚单体,珊瑚石	珊瑚石
corallum	珊瑚骼	珊瑚骼
coral reef	珊瑚礁	珊瑚礁
corbula	生殖笼	生殖籠
cordon	饰带	飾帶
cordylus	感觉棍	感覺棍
core	中轴	中軸
corium(=dermis)	真皮	真皮
cornea	角膜	角膜
corneal cell	角膜细胞	角膜細胞
corneal limbus	角膜缘	角膜緣
corniculate cartilage	小角软骨	小角狀軟骨
corona	①纤毛冠 ②壳(海胆)	①纖毛冠 ②殼
coronal	冠须	冠狀的

英　文　名	祖国大陆名	台湾地区名
coronal plate(棘皮动物)(=compartment)	壳板	殼板
corona radiata	①放射冠 ②叶冠	①放射冠 ②輻冠
coronary artery	冠状动脉	冠狀動脈
corpora allata	咽侧体	咽側體
corpora quadrigemina	四叠体	四疊體
corpus albicans	白体	白體
corpus callosum	胼胝体	胼胝體
corpus cavernosum	海绵体	海綿體
corpus cavernosum penis	阴茎海绵体	陰莖海綿體
corpus cavernosum urethrae	尿道海绵体	尿道海綿體
corpus luteum	黄体	黃體
corpus striatum	纹状体	紋狀體
correlated character	相关性状	相關特徵
corridor	廊道,走廊	走廊
cortex	皮质	皮質
cortex-medulla border(=marginal layer)	边缘层	邊緣層
cortical reaction	皮质反应,皮层反应	皮質反應
cortical vesicle	皮层泡	皮層泡
corticotrop[h]	促肾上腺皮质素细胞	促腎上腺皮質素細胞
corticotrop[h]ic cell(=corticotrop[h])	促肾上腺皮质素细胞	促腎上腺皮質素細胞
corticotype	皮层型	皮層型
cosmoid scale	整列鳞	整列鱗
cosmopolitan species	广布种,世界种	廣佈種,世界種
costa	①珊瑚肋 ②(=rib)肋骨	①珊瑚肋 ②肋骨
costal groove	肋沟	肋溝
costate shield	肋盾	肋盾
costochondral joint	肋软骨关节	肋軟骨關節
costotransverse joint	肋横突关节	肋橫突關節
costovertebral joint	肋椎关节	肋椎關節
costula	肋刺	肋刺
cotyledonary placenta	子叶胎盘	子葉胎盤
cotylocercous cercaria	盘尾尾蚴	盤尾尾蚴
cotype	同模	同模式
counter-adaptation	逆适应	逆適應
counter-evolution	逆进化	逆演化
courtship	求偶	求偶

英 文 名	祖 国 大 陆 名	台 湾 地 区 名
covering epithelium	被覆上皮	被覆上皮
coxa	基节	基節
coxal gland	基节腺,底节腺	底節腺
coxal plate	底节板	底節板
coxal sac	基节囊	基節囊
coxopleura	基侧板	基側板
coxopodite	底节(甲壳动物)	底節
coxosternum	基胸板	基胸板
CPUE(=catch per unit effort)	单位捕捞努力量渔获量	單位努力漁獲量
cranial cartilage	头软骨	頭軟骨
cranial nerve	脑神经	腦神經
craniate	有头类	有頭類
cranium	颅骨	顱骨
crenate	锯齿	鋸齒
crenium	水泉群落	水泉群落,水泉群聚
crenophile	适泉[水]性,嗜泉[水]性	嗜泉性
crescent	①新月体 ②新月形骨针	①新月體 ②新月形骨針
crest	冠羽	冠羽
crest scale	鬣鳞	鬣鳞
cribellate gland	筛器腺	篩器腺
cribellum(蜘蛛)	筛器	篩疣
cribriform organ(棘皮动物)	筛器	篩疣
cribriporal	筛状孔	篩狀孔
cricoid cartilage	环状软骨	環狀軟骨
cricothyroid muscle	环甲肌	環甲肌
crisscrossed fiber	回交纤维	回交纖維
crista ampullaris	壶腹嵴	壺腹嵴
crista statica	平衡嵴	平衡嵴
crithidial stage	短膜虫期	短膜蟲期
critical depth	临界深度	臨界深度
critical period	关键期	關鍵期
critical point	临界点	臨界點
critical species	极危种	極度瀕危種
critical state	临界状态	臨界狀態
crooklike seta	屈曲刚毛	屈曲剛毛
crop	嗉囊	嗉囊

英　文　名	祖国大陆名	台湾地区名
cross	十字形骨针	十字形骨針
cross beam	横梁	橫樑
cross-breed(=hybrid)	杂种	雜種
cross bridge	横桥	橫橋
crossed pedicellaria	交叉叉棘	交叉叉棘
cross fertilization	异体受精	異體受精
crown	①冠骨针 ②头顶	①冠骨針 ②頭冠
crown spine	光头刺骨针	光頭刺骨針
crude density	粗密度	粗密度
cruising	巡游	巡游
cruising radius	巡游半径	巡游半徑
crura	腕钩	腕鈎
crural base	腕钩基	腕鈎基
crural fossette	腕钩窝	腕鈎窩
cruralium	腕钩连板	腕鈎連板
crural plate	腕钩支板	腕鈎支板
crural point	腕钩尖	腕鈎尖
crural process	腕钩突起	腕鈎突起
crural trough	腕钩槽	腕鈎槽
crusta	甲壳	甲殼
Crustacea(拉)(=crustacean)	甲壳动物	甲殼動物
crustacean	甲壳动物	甲殼動物
crutch	叉头骨针	叉頭骨針
cryophile	适寒性,嗜寒性	嗜寒性
cryoplankton	冰雪浮游生物	冰雪浮游生物
crypsis coloration	隐蔽色作用	隱蔽色作用
crypt	隐窝	隱窩
cryptic coloration (=crypsis coloration)	隐蔽色作用	隱蔽色作用
cryptic species	隐存种	隱匿種,隱存種
cryptocyst	隐壁	隱壁
cryptocystean	隐[囊]壁的	隱囊壁的
cryptocystis	隐拟囊尾蚴	隱擬囊尾蚴
cryptodont	隐齿	隱齒
crypt of Lieberkühn(=intestinal gland)	肠腺	腸腺
cryptogemmy	窝芽	窩芽
cryptosynarthry	隐合关节	隱合關節
cryptosyzygy	隐不动关节	隱不動關節
cryptozoite	潜隐体	潛隱體

英　文　名	祖国大陆名	台湾地区名
cryptozonate	隐带海星	隱帶海星
cryptozoon (= cave animal)	穴居动物	穴洞動物
crystalline style	晶杆	晶桿, 杆晶體
crystallocyst	晶胞	晶胞
ctenidium	栉鳃, 本鳃	櫛鰓
ctenoid scale	栉鳞	櫛鱗
Ctenophora (拉) (= ctenophore)	栉板动物, 栉水母动物	櫛板動物
ctenophore	栉板动物, 栉水母动物	櫛板動物
cuboidal epithelium	立方上皮	立方上皮
cuboid bone	骰骨	骰骨
culmen	嘴峰	嘴峰
culticular spine	表皮刺	表皮刺
cultural eutrophication	人为富营养化	人為優養化
cuneiform bone	楔骨	楔狀骨
cuneiform cartilage	楔状软骨	楔狀軟骨
cupula	壶腹帽	壺腹帽
curythermal (= eurythermic)	广温性	廣溫性
cutaneous artery	皮动脉	皮動脈
cuticle	角皮, 外皮	角皮, 外皮
cuticular pit	角皮窝	角皮窝
cuticular ring	角质环	角質環
cutting plate	切板	切板
Cuvierian organ	居维叶器, 居氏器	居氏器
cybrid	胞质杂种	胞質雜種
cycle	周期	週期, 循環
cyclical stability	循环稳定性	循環穩定性
cycling of material	物质循环	物質循環
cycling pool (= labile pool)	流动库	流動庫
cycling rate	循环率	循環率
cycloid scale	圆鳞	圓鱗
cyclostomata	圆口类	圓口類
cyclo-zoonosis	循环人兽互通病	循環人獸互通病
cylinder	滚轴式骨针	滾軸式骨針
cymbium	跗舟	①跗舟 ②杯葉
cyphonaute larva	双壳幼虫, 双壳幼体	雙殼幼體
cypris larva	腺介幼体, 金星幼体	腺介幼體
cyrtocyst	弯胞	彎胞
cyrtopia	磷虾类后期幼体	磷蝦類後期幼體

英　文　名	祖国大陆名	台湾地区名
cyrtos	弯咽管	彎咽管
cyst	包囊	包囊
cystacanth	感染性棘头体	感染性棘頭體
cystencyte	泡细胞	泡細胞
cystial pore	虫包外孔	蟲包外孔
cystic duct	胆囊管	膽囊管
cysticercoid	拟囊尾蚴	擬囊尾蚴
cysticercus	囊尾蚴	囊尾蚴
cysticercus bovis(拉)	牛囊尾蚴	牛囊尾蚴
cysticercus cellulosa(拉)	猪囊尾蚴	豬囊尾蚴
cysticercus ovis(拉)	羊囊尾蚴	羊囊尾蚴
cysticercus pisiformis(拉)	豆状囊尾蚴	豆狀囊尾蚴
cysticercus tenuicollis(拉)	细颈囊尾蚴	細頸囊尾蚴
cystid	虫包体	蟲包體
cystigenic valve	霉瓣	霉瓣
cystigenous cup	囊状杯	囊狀杯
cystocercous cercaria	囊尾尾蚴	囊尾尾蚴
cystophorous cercaria	具囊尾蚴	具囊尾蚴
cystozoite	孢囊子	孢囊子
cystozygote	囊合子	囊合子
cytocrine secretion	入胞分泌	入胞分泌
cytogamy	质配	细胞接合,细胞質接合
cytokinesis	胞质分裂	胞質分裂
cytomere	裂殖子胚	裂殖子胚
cytopharyngeal apparatus	胞咽器	胞咽器
cytopharyngeal armature	胞咽盔	胞咽盔
cytopharyngeal basket	胞咽篮	胞咽籃
cytopharyngeal pouch	胞咽囊	胞咽囊
cytopharyngeal rod	胞咽杆	胞咽桿
cytopharynx	胞咽	胞咽
cytoproct	胞肛	胞肛
cytopyge(＝cytoproct)	胞肛	胞肛
cytoskeleton	细胞骨架	細胞骨架
cytostome	胞口	胞口
cytotaxis	细胞趋性	細胞趨性
cytotoxic T cell	细胞毒性 T 细胞	細胞毒性 T 細胞
cytotrophoblast	细胞滋养层	細胞營養層

D

英　文　名	祖国大陆名	台湾地区名
dactylethrae	指形管	指形管
dactylopodite	指节	指節
dactylozoite	指状体	指狀體
dactylus（=dactylopodite）	指节	指節
Dahlgren cell（=giant cell）	巨大细胞	巨大細胞
dargyrome	银线网	銀線網
dark band	暗带,A 带	暗帶,A 帶
dart sac	射囊,矢囊	矢囊
data base	数据库	資料庫
daughter cyst	棘球子囊	棘球子囊
daughter redia	子雷蚴	子雷蚴
daughter sporocyst	子胞蚴	子胞蚴
day-night rhythm	昼夜节律	晝夜節律
dear enemy phenomenon	亲敌现象	親敵現象
death-feigning	装死	裝死
death rate（=mortality）	死亡率	死亡率
decacanth（=lycophora）	十钩蚴	十鉤蚴
decapacitation	去能	去能
decidua	蜕膜	蜕膜
deciduous dentition	乳齿齿系	乳齒齒列
deciduous placenta	蜕膜胎盘	蜕膜胎盤
deciduous tooth	乳齿	乳齒
decomposer	分解者	分解者
dedifferentiation	去分化	去分化
defecation	排粪	排糞
defense	防御	防禦
defense adaptation	防御适应	防禦適應
definitive hook	终末钩	終末鉤
definitive host（=final host）	终宿主	終宿主
definitive seta	终生刚毛	終生剛毛
definitive tentacle	终生触手	終生觸手
defoliater	食叶动物	食葉動物
degeneration（=retrogression）	退化	退化

英　文　名	祖国大陆名	台湾地区名
degenerative polymorphism	退化多形	退化多形
degree of variability	变异度	變異度
delamination	①(=stratification)分层 ②叶裂[法]	①分層 ②葉裂[法]
delthyrium	三角孔	三角孔
deltidial plate	三角双板	三角雙板
deltidium	肉茎盖	肉莖蓋
deltoid muscle	三角肌	三角肌
deltoid plate	三角板	三角板
demarcation membrane	分隔膜	分隔膜
deme	繁殖群	繁殖群
demi-plate	半板	半板
demography	种群统计	族群統計
dendrite	树突	樹突
dendritic cell	树突细胞	軸突細胞
dendritic colony	树枝状群体	樹枝狀群體
dendritic [sclere]	树状骨针	樹狀骨針
dendritic spine	树突棘	樹突棘
dendritic tentacle	枝状触手	枝狀觸手
dendrobranchiate	枝[状]鳃	枝鰓
dendrogram(=phylogenetic tree)	[进化]系统树	親緣樹
dendroid colony(=dendritic colony)	树枝状群体	樹枝狀群體
dendrophile	适树性,嗜树性	嗜樹性
dense area	[致]密区	緻密區
dense body	[致]密体	緻密體
dense connective tissue	致密结缔组织	緻密結締組織
dense lymphoid tissue	致密淋巴组织	緻密淋巴組織
density	密度	密度
density dependence	密度制约	密度制約
density-dependent factor	密度制约因子	密度制約因子
density-independent factor	非密度制约因子	非密度制約因子
density of infection	①危害密度 ②感染密度	①危害密度 ②感染密度
dental formula	齿式	齒式
dental plate	齿板	齒板
dental pulp	齿髓	齒髓
dental socket	齿槽	齒槽
dentary bone	齿骨	齒骨
dentate seta	齿刚毛	齒剛毛

英 文 名	祖 国 大 陆 名	台 湾 地 区 名
denticle	①小齿 ②齿体	小齒
denticulate ring	齿环	齒環
denticulate seta	细齿刚毛	細齒剛毛
dentine	齿质	齒質
deoxyribonucleic acid(DNA)	脱氧核糖核酸	去氧核糖核酸
dependent avicularium	附属鸟头体	附屬鳥頭體
dependent differentiation	依赖性分化	依賴性分化
deposit feeder	食底泥动物	食底泥動物
depressed	平扁	平扁
depressor analis muscle	臀鳍降肌	臀鰭下掣肌
depressor arcus branchial muscle	鳃弓降肌	鰓弧下掣肌
depressor dorsalis muscle	背鳍降肌	背鰭下掣肌
depressor muscle	压盖肌	壓蓋肌
depressor ventralis muscle	腹鳍降肌	腹鰭下掣肌
dermal bone	真皮骨	真皮骨
dermal epithelium	皮层	皮層
dermalia	皮层骨针	皮層骨針
dermal papilla	真皮乳头	真皮乳頭
dermal pore	皮孔	皮孔
dermatome	生皮节	生皮節
dermis	真皮	真皮
dermomuscular sac	皮肌囊	皮肌囊
descending colon	降结肠	降結腸
descending lamella	下行鳃板	下行鰓瓣
deserta	荒漠群落	荒漠群落,荒漠群聚
desertification	荒漠化,沙漠化	沙漠化
desiccation	脱水	脱水
designation	指定	指定
desma	网状骨片	網狀骨片
desmodactylous foot	索趾足	索趾足
desmodont	韧带齿	韌帶齒
desmognathism	索腭型	繫腭型
desmose	连结纤丝	連結纖絲
desmosome	桥粒,黏着斑	胞橋小體
determinative factor	决定因子	決定因子
detritivore	食碎屑动物	食碎屑動物
detritus feeder(=detritivore)	食碎屑动物	食碎屑動物
detritus-feeding animal(=detritivore)	食碎屑动物	食碎屑動物

英 文 名	祖国大陆名	台湾地区名
deuterostome	后口动物	後口動物
Deuterostomia(拉)(=deuterostome)	后口动物	後口動物
deuterotoky	产两性单性生殖	產兩性單性生殖
deutomerite	后节	後節
deutomonomyaria stage	次单柱期	後單柱期
deutoplasmic valve	滋养瓣	滋養瓣
development	发育	發育
developmental biology	发育生物学	發育生物學
developmental index	发育指数	發育指數
developmental rate	发育[速]率	發育速率
developmental threshold	发育临界,发育阈值	發育閾值
developmental zero	发育零点	發育零點
diact(=diactine)	二辐骨针	二輻骨針
diactine	二辐骨针	二輻骨針
diad	二联休	二聯體
diadematoid type	冠海胆型	冠海膽型
diaene	二叉骨针	二叉骨針
diagnosis	鉴别	鑑別
diagnostic characteristics	鉴别特征	鑑別特徵
dialect	方言	方言
diamond anastomose	菱形气管网结	菱形氣管網結
diamorph	聚合体	聚合體
diapause	滞育	滯育
diaphragm	①膈 ②隔[膜]	①橫膈膜 ②隔[膜]
diaphragmatic dilator	横隔[壁]扩张肌	橫隔擴張肌
diaphragmatic sphincter	横隔[壁]括约肌	橫隔括約肌
diapophysis	椎弓横突	椎弧橫突
diarhysis	全卷沟	全卷溝
diarthrosis(=movable joint)	动关节	可動關節
diastema	齿[间]隙	齒間隙
diaxon	二轴骨针	二軸骨針
dichogamy	雌雄异熟	雌雄異熟
dichotriaene	二次三叉骨针	二次三叉骨針
dicranoclona	膨头骨片	膨頭骨片
dictyonalia	网状骨骼	網狀骨骼
dicyclic calyx	双环萼	雙環萼
dicystid gregarine	双房簇虫	雙房簇蟲
didelphic type	双宫型	雙宮型

英　文　名	祖国大陆名	台湾地区名
diductor（＝divarigator）	开壳肌	開殼肌
diencephalon	间脑	間腦
diestrus	动情间期	動情間期
dietellae	墙孔	牆孔
differentiation	分化	分化
differentiative polymorphism	分化多形	分化多形
diffuse bipolar cell	弥散双极细胞,扩散双极细胞	擴散雙極細胞
diffuse ganglion cell	弥散节细胞,扩散节细胞	擴散節細胞
diffuse nervous system	散漫神经系	散漫神經系
diffuse placenta	弥散胎盘	彌散胎盤
digenetic reproduction	两性生殖	兩性生殖
digestion	消化	消化
digital bone	①指骨 ②趾骨	①指骨 ②趾骨
digital disc	趾吸盘	趾吸盤
digital disk（＝digital disc）	趾吸盘	趾吸盤
digital formula	①指序 ②趾序	①指序 ②趾序
digitate tentacle	指状触手	指狀觸手
digitigrade	趾行	趾行
digyny	双卵受精	雙卵受精
dikaryon	双核体	雙核體
dikaryotic	双核的	雙核的
dilator muscle of pupil	瞳孔开大肌	瞳孔放大肌
dilator opercular muscle	鳃盖开肌	鰓蓋開肌
dilophous microcalthrops	双冠骨针	雙冠骨針
dimorphism	二态	雙態
dimyarian	双柱［的］	雙柱的
dinokaryon	腰鞭核	腰鞭核
dinonucleus（＝dinokaryon）	腰鞭核	腰鞭核
dinospore	腰鞭孢子	腰鞭孢子
dioecism	雌雄异体	雌雄異體
diplasiocoelous centrum	参差型椎体	參差型椎體
dipleurula ancestor	两侧对称祖先	兩側對稱祖先
diploblastic	双胚层	雙胚層
diplodal	等孔型	雙幽管的
diploparasitism	二重寄生	二重寄生
diplosomite	双体节	雙體節

英　文　名	祖国大陆名	台湾地区名
direct zoonosis	直接人兽互通病	直接人獸互通病
directional selection	定向选择	定向選擇
directive septum	直接隔片	直接隔片
disassortative mating	异征择偶	異徵擇偶
disclimax	人为顶极[群落]	人為峯群聚
discoblastula	盘状囊胚	盤狀囊胚
discobolocyst	盘形刺泡	盤形刺泡
discohexact	盘六辐骨针	盤六輻骨針
discohexactine(= discohexact)	盘六辐骨针	盤六輻骨針
discohexaster	盘六星骨针	盤六星骨針
discoid colony	盘形群体	盤狀群體
discoidal cleavage	盘状卵裂	盤狀卵裂
discoidal placenta	盘形胎盘	盤形胎盤
discotriaene	盘三叉骨针	盤三叉骨針
disc placenta	盘状胎盘	盤狀胎盤
disjunctive symbiosis	间断共生	間斷共生
disk-spindle	盘纺锤形骨针	盤紡錘形骨針
disoperation	[相互]侵害	相互侵害
dispermy	双精入卵	雙精入卵
dispersal	扩散	擴散
dispersion pattern	扩散型	擴散型
displacement activity	替换活动	替換活動
display	炫耀	展示
disporous	双孢子的	二孢子的
disruptive selection	分裂选择	分裂選擇
dissepiment	鳞板	鱗板
dissimilation	异化	異化
distal	远端的	遠端的
distal budding	端芽	端芽
distal convoluted tubule	远曲小管	遠曲小管
distal haematodocha	顶血囊	頂血囊
distal pinnule	末梢羽枝	末梢羽枝
distal porechamber	端孔室	端孔室
distal radioulnar joint	桡尺远侧关节	末端橈尺關節
distal zooid	末端个虫	末端個蟲
distichal plate	双列板	雙列板
distolateral	端侧的	端側的
distome cercaria	双口尾蚴	雙口尾蚴

英　文　名	祖国大陆名	台湾地区名
di-stomodeal budding	双口道芽	雙口道芽
distraction display	引离[天敌]行为	欺敵行為
distribution center	分布中心	分佈中心
distribution pattern	分布型	分佈型
distribution range	分布范围	分佈範圍
ditto	同上	同上
diurnal	昼行,昼出	晝行性
diurnal eye	昼眼	晝眼
diurnal migration	昼夜迁徙	晝夜遷徙
diurnal vertical migration	昼夜垂直移动	晝夜垂直移動
diurnation	昼夜变动	日眠
divarigator	开壳肌	開殼肌
divergence	①趋异 ②分散	①趨異 ②分散
diverticulum	[肠]盲囊	盲囊,盲管
division	部	部
division of labor	分工	分工
divoltine	二化	二化
DNA(=deoxyribonucleic acid)	脱氧核糖核酸	去氧核糖核酸
do. (=ditto)	同上	同上
doliolaria	樽形幼体	樽形幼體
domestication	家化	畜養化
dominance	优势[度]	優勢度
dominance hierarchy	优势序位	優勢序位,優勢等級
dominance order(=dominance hierarchy)	优势序位	優勢序位,優勢等級
dominance system(=dominance hierar-chy)	优势序位	優勢序位,優勢等級
dominant	优势者	優勢者
dominant species	优势种	優勢種
dormancy	休眠	休眠
dormozoite	休眠子	休眠子
dorsal aorta	背主动脉	背大動脈
dorsal arm plate	背腕板	背腕板
dorsal brim	背缘	背緣
dorsal ciliated organ	背纤毛器	背纖毛器
dorsal cirrus	背须	背鬚
dorsal cricoarytenoid muscle	环杓背肌	背環杓肌
dorsal erector muscle	背鳍竖肌	背鰭豎肌
dorsal fin	背鳍	背鰭

英 文 名	祖国大陆名	台湾地区名
dorsal ganglion	背神经节	背神經節
dorsal keel	背脊	背脊
dorsal lamina(脊椎动物)(=tergum)	背板	背板
dorsal mesentery	①背肠系膜 ②背肠隔膜	①背腸繫膜 ②背腸隔膜
dorsal organ	背器	背器
dorsal pore	背孔	背孔
dorsal rib	背肋	背肋
dorsal root	背根	背根
dorsal sac	背囊	背囊
dorsal sinus	背窦	背竇
dorsal spine	背棘	背棘
dorsal valve	背瓣	背瓣
dorsolateral compartment	侧背腔	側背腔
dorsolateral fold	背侧褶	背側褶
double cone	双锥形骨针	雙錐形骨針
double cup	双杯形骨针	雙環形骨針
double disc	双盘形骨针	雙盤形骨針
double headed rib	双头肋骨	雙頭肋骨
double sphere	双球形骨针	雙球形骨針
double spindle	双纺锤形骨针	雙紡錘形骨針
double star	双星形骨针	雙星形骨針
double wall	双重壁	雙重壁
double wheel	双轮形骨针	雙輪形骨針
dowel	壳板钉	殼板釘
down-feather	绒羽	絨羽
downwind flight	顺风飞行	順風飛行
dragline	拖丝	曳絲
dragmas	线束骨针	線束骨針
drought resistance	抗旱性	抗旱性
duct	导管	導管
ductless gland	无管腺	無管道腺體
ductulus	小管	小管
ductus arteriosus	动脉导管	動脈導管
dumb-bell	哑铃形骨针	啞鈴形骨針
duodenal ampulla	十二指肠球部	十二指腸球部
duodenum	十二指肠	十二指腸
duodenum proper	十二指肠本部	十二指腸本部
duplex uterus	双子宫	雙子宮

英　文　名	祖国大陆名	台湾地区名
duplicate bud	重复芽	重複芽
duplicature band	二重带	二重帶
duplicature fold	二重褶	二重褶
duplomentum	单唇基节	單唇基節
durability	忍耐性	忍耐性
dura mater	硬膜	硬膜
dust cell	尘细胞	塵細胞
dwarf male	矮雄	矮雄
dwarf zooid	矮个虫	侏儒個蟲
dyad	二分体	二分體
dysodont	粒齿,弱齿	粒齒

E

英　文　名	祖国大陆名	台湾地区名
ecdysis	蜕皮	蜕皮
ecdysone	蜕皮激素	蜕皮激素
echinating	棘状骨骼	棘狀骨骼
echinococcus	棘球蚴	棘球蚴
echinoderm	棘皮动物	棘皮動物
Echinodermata（拉）（=echinoderm）	棘皮动物	棘皮動物
echinopluteus	海胆幼体	海膽幼體
echinostome cercaria	棘口尾蚴	棘口尾蚴
echinothuroid type	柔海胆型	柔海膽型
echinus rudiment	海胆原基	海膽原基
Echiura（拉）（=echiuran）	螠虫［动物］	螠形動物
echiuran	螠虫［动物］	螠形動物
echolocation	回声定位	回聲定位
eclipse plumage	蚀羽	冬羽
eclosion	羽化	羽化
ecoclimate	生态气候	生態氣候
ecocline	生态梯度	生態漸變
ecological age	生态年龄	生態年齡
ecological amplitude	生态幅度	生態幅度
ecological balance	生态平衡	生態平衡
ecological barrier	生态障碍	生態障礙,生態界限
ecological complex	生态综合体	生態綜合體
ecological concentration	生态浓缩	生態濃縮

英　文　名	祖国大陆名	台湾地区名
ecological crisis	生态危机	生態危機
ecological efficiency	生态效率	生態效率
ecological energetics	生态能量学	生態能量學
ecological engineering	生态工程,生态技术	生態工法
ecological equilibrium(=ecological balance)	生态平衡	生態平衡
ecological equivalence	生态等价	生態等位
ecological factor	生态因子	生態因子
ecological group	生态群	生態群
ecological homeostasis	生态稳态	生態恆定
ecological impact	生态影响	生態衝擊
ecological invasion	生态入侵	生態入侵
ecological isolation	生态隔离	生態隔離
[ecological] niche	生态位	[生態]區位
ecological optimum	生态最适度	生態最適度
ecological pyramid	生态锥体,生态金字塔	生態金字塔
ecological restoration	生态恢复	生態復育
ecological stability	生态稳定性	生態穩定性
ecological strategy	生态对策	生態對策
ecological subsystem	生态亚系[统]	次生態系
ecological succession	生态演替	生態演替
ecological survey method	生态调查法	生態調查法
ecological technique(=ecological engineering)	生态工程,生态技术	生態工法
ecological threshold	生态阈值	生態閥值
ecological tolerance	生态耐性	生態耐性
ecosystem	生态系[统]	生態系
ecosystem development	生态系[统]发育	生態系演變
ecosystem diversity	生态系统多样性	生態系多樣型
ecosystem ecology	生态系统生态学	生態系生態學
ecosystem-type(=type of ecosystem)	生态系类型	生態系類型
ecotone	群落交错区	群落交會區
ecotope	生态区	生態區
ecotourism	生态旅游	生態旅遊
ecotype	生态型	生態型
ectendotrophy	内外营养	内外營養
ectethmoid bone	外筛骨	外篩骨
ectoblast(=ectoderm)	外胚层	外胚層

英　文　名	祖国大陆名	台湾地区名
ectocuneiform bone	外楔骨	外楔骨
ectoderm	外胚层	外胚層
ectomesenchyme	外胚层间质	外胚層間質
ectooecium	外卵室	外卵室
ectoparasite	外寄生物	外寄生物
ectoparasitism	外寄生	外寄生
ectopinacocyte	外扁平细胞	外扁平細胞
ectoplasm	外质	外質
ectopolygeny	多元外出芽	多元外出芽
ectoproct（＝moss animal）	苔藓动物,外肛动物	苔蘚動物
ectotherm	外温动物	外溫動物
ectotroph	外养生物	外營性生物
edaphic factor	土壤因子	土壤因子
edge effect	边缘效应	邊緣效應
effective population size	有效种群大小	有效族群大小
effective temperature	有效温度	有效溫度
effector cell	效应细胞	效應細胞
efferent arteriole	出球微动脉	出球微動脈
efferent branchial artery	出鳃动脉	出鰓動脈
egestion	排遗	排遺
egg	卵细胞	卵
egg axis	卵轴	卵軸
egg-bearing（＝ovigerous）	携卵	抱卵
egg capsule（＝egg sac）	卵囊	卵囊
egg envelope	卵膜	卵膜
egg hatching	孵卵	卵孵化
egg mass	卵块	卵塊
egg membrane（＝egg envelope）	卵膜	卵膜
egg reservoir	储卵器	貯卵器,储卵器
egg sac	①卵囊 ②卵袋	卵囊
egg string	卵块袋	卵塊袋
egg tooth	卵齿	卵齒
egoism	利己行为	利己行為
ejaculatory duct	射精管	射精管
ejaculatory vesicle	射精囊	射精囊
ejectisome	喷射体	噴射體
elaphocaris	樱虾类原溞状幼体	櫻蝦類原溞狀幼體
elastic cartilage	弹性软骨	彈性軟骨

英　文　名	祖国大陆名	台湾地区名
elastic fiber	弹性纤维	彈性纖維
elasticity	弹性	彈性
elastin	弹性蛋白	彈性蛋白
elbow joint	肘关节	肘關節
eleutherodactylous foot	离趾足	離趾足
elevator	提肌	舉肌,提肌
ellipsoid	椭球	橢圓球
El Niño	厄尔尼诺	聖嬰現象
elytron	鳞片(多毛类)	鱗片(多毛類)
elytrophore	鳞片柄	鱗片柄
emargination	凹缘	凹緣
embolus	插入器	栓子
embryo	胚胎	胚胎
embryoblast	成胚细胞	成胚細胞
embryo-colony	胚性群休	胚性群體
embryogenesis(=embryogeny)	胚胎发生	胚胎發生
embryogeny	胚胎发生	胚胎發生
embryology	胚胎学	胚胎學
embryonic induction	胚胎诱导	胚胎誘導
embryonic knot	胚结	胚結
embryonic layer	胚层	胚層
embryonic shield	胚盾	胚盾
embryonic stage	胚胎期	胚胎期
embryonic stem cell	胚胎干细胞	胚幹細胞
embryonic tissue	胚胎组织	胚胎組織
embryophore	胚托	胚托
embryotrophy	胚胎营养	胚胎營養
emendation	学名订正,修正	修正
emergence(=eclosion)	羽化	羽化
emigration	迁出	遷出
empathic learning	观摩学习	觀摩學習
enamel	釉质	琺瑯質
enantiotropic	对映现象	對映現象
encapsulated nerve ending	被囊神经末梢	被囊神經末梢
encasement theory	套装论	套裝論
encephalon(=brain)	脑	腦
encrustation	被覆皮壳	被覆皮殼
encystment	包囊形成	胞囊形成

英　文　名	祖国大陆名	台湾地区名
endangered species	濒危种	瀕危種
end bulb(蚕虫动物)(=terminal bulb)	端球	端球
endemic	特有的	特有的
endemic species	特有种	特有種
endemism	特有性	特有性
endite	①内叶 ②颚叶	①内葉 ②顎葉
endoadaptation	内[源]适应	内適應
endoblast(=endoderm)	内胚层	内胚層
endocardium	心内膜	心内膜
endoconid	下内尖	下内錐
endoconulid	下内小尖	下内小鋒
endocrine organ	内分泌器官	内分泌器官
endocuticle	内角皮,内表皮	内角皮
endocyclic	内环的	内環的
endoderm	内胚层	内胚層
endodyocyte	孢内体	孢内體
endodyogeny	孢内生殖	孢内生殖
endogamy	同系交配,亲近繁殖	近親繁殖
endogemmy(=internal budding)	内出芽	内出芽
endogenous	内源	内源的
endogenous budding(=internal budding)	内出芽	内出芽
endogenous cycle	内生周期	内生週期
endolobopodium	内叶足	内叶足
endolymph	内淋巴	内淋巴
endolymphatic duct	内淋巴导管	内淋巴導管
endolymphatic fossa	内淋巴窝	内淋巴窩
endolymphatic sac	内淋巴囊	内淋巴囊
endometrium	子宫内膜	子宫内膜
endomixis	内融合	内融合
endomysium	肌内膜	肌内膜
endoneurium	神经内膜	神經内膜
endooecial ovicell	内陷卵胞	内陷卵胞
endoparasite	内寄生物	内寄生物
endoparasitism	内寄生	内寄生
endopinacocyte	内扁平细胞	内扁平細胞
endoplasm	内质	内質
endoplasmic reticulum(ER)	内质网	内質網
endopod	内肢	内肢

英　文　名	祖国大陆名	台湾地区名
endopodite(=endopod)	内肢	内肢
endopolygeny	多元内出芽	多元内出芽
endoral membrane	内口膜	内口膜
endoskeleton	内骨骼	内骨骼
endosome	核内体	核内體
endosprit	吸吮触手	吸吮觸手
endosteum	骨内膜	骨内膜
endostyle	内柱	内柱
endotheca	内鞘	内鞘
endothecal dissepiment	内鞘鳞板	内鞘鱗板
endotheliochorial placenta	内皮绒膜胎盘	内皮絨膜胎盤
endothelium	内皮	内皮
endotherm	内温动物	内溫動物
endotoichal ovicell	端卵胞	端卵胞
end piece	尾段(精子)	尾段(精子)
energy drain	分流能量	能量分流
energy flow	能流	能流
energy subsidy	辅加能量	副能量
energy transfer	能量传递	能量傳遞
energy value	能值	能值
ennomoclone	瘤杆骨片	瘤桿骨片
enterochromaffin cell	肠嗜铬细胞	腸嗜鉻細胞
enterocoel	肠体腔	腸體腔
enterocoelic method	肠腔法	腸腔法
entirely webbed	全蹼	全蹼
entocuneiform bone	内楔骨	内楔骨
entomesenchyme	内胚层间质	内胚層間質
entomesodermal cell	内中胚层细胞	内中胚層細胞
entooecium	内卵室	内卵室
entomophage(=insectivore)	食虫动物	食蟲動物
entoplastron	内板	内腹板
entoproct	内肛动物	内肛动物
Entoprocta(拉)(=entoproct)	内肛动物	内肛动物
entropy	熵	熵
enucleation	去核	去核
enucleolation	去核仁	去核仁
environmental capacity	环境容量	環境容量
environmental complex	环境综合体	環境綜合體

英　文　名	祖国大陆名	台湾地区名
environmental physiology	环境生理学	環境生理學
environmental resistance	环境抗性,环境阻力	環境阻力
eosinophil(＝eosinophilic granulocyte)	嗜酸性粒细胞,嗜伊红粒细胞	嗜酸性粒細胞,嗜伊紅粒細胞
eosinophilic granulocyte	嗜酸性粒细胞,嗜伊红粒细胞	嗜酸性粒細胞,嗜伊紅粒細胞
eotic animal	流水动物	流水動物
EP(＝extinction probability)	灭绝概率	滅絕機率
epaulet	肩[饰]片	肩片
epaulettes	肩纤毛带	肩纖毛帶
epaxial muscle	轴上肌	軸上肌
ependymal cell	室管膜细胞	室管膜細胞
ephippium	卵鞍	卵鞍
ephyra	碟状幼体	碟狀幼體
epibenthic plankton	底表浮游生物	底表浮游生物
epiblast	上胚层	上胚層
epibranchial artery	鳃上动脉	鰓上動脈
epibranchial bone	上鳃骨	上鰓骨
epibranchial tooth	鳃上齿	鰓上齒
epiboly	外包	外包
epicardium	心外膜	心外膜
epicole	外附生生物	外附生生物
epicone	上锥	上錐
epicuticle	上角皮,上表皮	上角皮
epicyte	胞外膜	外表質
epideictic display	夸量行为	示量行為
epidermal ridge	表皮嵴	表皮嵴
epidermis	表皮	表皮
epididymal duct	附睾管	附睾管
epididymis	附睾	附睾
epigastric spine	胃上刺	胃上刺
epigastrium	胃外区	胃外域
epigenesis theory(＝postformation theory)	后成论,渐成论	漸成論
epiglottal cartilage	会厌软骨	會厭軟骨
epiglottic spout	会厌管	會厭管
epiglottis	会厌	會厭
epigynum	外雌器	外雌器
epihyal bone	上舌骨	上舌骨

英　文　名	祖国大陆名	台湾地区名
epimastigote(=crithidial stage)	短膜虫期	短膜蟲期
epimera	肢上板	肢上板
epimerite	外节	先節
epimorphosis	微变态	微變態
epimyocardium	心外肌膜	心外肌膜
epimysium	肌外膜	肌外膜
epineurium	神经外膜	神經外膜
epiotic bone	上耳骨	上耳骨
epipelagic plankton	大洋上层浮游生物	大洋上層浮游生物
epipelagic zone	表层洋带	表層洋帶
epipharyngeal muscle	咽上肌	咽上肌
epiphragm	膜厣	膜口蓋
epiphyseal plate	骺板	骺板
epiplankton	上层浮游生物	上層浮游生物
epiplasm	表质	表質
epiplastron	上板	上腹板
epiplexus cell	丛上细胞,科氏细胞	上叢細胞,科爾默氏細胞
epipod	①上肢 ②外质足	①上肢 ②上足,外質足（原生動物）
epipodite(=epipod)	上肢	上肢
epipodium(=epipod)	外质足	上足,外質足(原生動物)
epirhysis	外卷沟	外卷溝
epistege	膜上腔	膜上腔
epistome	①口前板 ②口上片 ③口上突起	①口前板 ②口上片 ③口上突起
epistomial ring	口上突起环	口上突起環
epithalamus	丘脑上部	上視丘
epitheca	外鞘	外鞘
epithelial lining	上皮层	上皮層
epithelial reticular cell	上皮网状细胞	上皮網狀細胞
epitheliochorial placenta	上皮绒膜胎盘	上皮絨膜胎盤
epitheliomuscular cell	皮肌细胞	皮肌細胞
epithelium	上皮	上皮
epitoky	生殖态	生殖態
epizootic	体表附生的,附生的	附生的
epizygal	上不动关节	上不動關節

英　文　名	祖国大陆名	台湾地区名
epural bone	尾上骨	尾上骨
equal cleavage	均等卵裂	均等卵裂
equatorial cleavage	中纬[卵]裂,赤道卵裂	赤道向卵裂
equatorial furrow	中纬沟,赤道沟	赤道溝
equilateralis	等侧的	等侧的
equitability(=evenness)	均匀度	均匀度
equivalve	等壳	等殼
ER(=endoplasmic reticulum)	内质网	内質網
erector analis muscle	臀鳍竖肌	臀鰭豎肌
erector spine muscle	竖棘突肌	豎棘突肌
erect type	直立型[群体]	直立型
eremium(=deserta)	荒漠群落	荒漠群落,荒漠群聚
eremophile	适荒漠性,嗜荒漠性	嗜荒漠性
erichthus larva	拟水蚤幼体	擬水蚤幼體
errantia	漫游生物	漫游生物
errantial polychaete	游走多毛类	游走多毛類
error	学名差错	錯誤
erythroblast	成红血细胞	紅血球母細胞
erythrocyte	红细胞	紅血球
erythrocytic phase	红细胞内期	紅細胞内期
erythrocytic schizogony	红细胞内裂体生殖	紅細胞内裂體生殖
erythrocytopoiesis	红细胞发生	紅血球發生
erythropoiesis(=erythrocytopoiesis)	红细胞发生	紅血球發生
esactine	向心辐骨针	向心輻骨針
escape mechanism	逃避机制	逃避機制
escutcheon	盾面	盾面
esophageal gland	食管腺	食道腺
esophageal sac	食管囊	食管囊
esophagus	食管,食道	食道
estrogen	雌激素	雌激素
estrus	动情期	動情期
estuary	河口	河口
et al. (=et alii)	及其他作者,等作者	等作者
et alii	及其他作者,等作者	等作者
etching cell	泌钙细胞	泌鈣細胞
Ethiopian realm(=Afrotropical realm)	热带界,埃塞俄比亚界	衣索匹亞界,非洲界
ethmoid bone	筛骨	篩骨
ethmolytic apical system	分筛顶系	分篩頂系

英 文 名	祖国大陆名	台湾地区名
ethmophract apical system	合筛顶系	合篩頂系
ethocline	行为梯度变异	行為梯度變化
euapogamy	真无配生殖	真無性生殖
euaster	真星骨针	真星骨針
eucoxa	真基节	真基節
euhermaphrodite	真雌雄同体	真雌雄同體
euheterosis	真杂种优势	真雜種優勢
eulerhabd	蛇状骨针	蛇狀骨針
eulimnoplankton	湖心浮游生物	湖心浮游生物
eumedusoid	真水母的	真水母的
eupelagic plankton	远洋浮游生物	遠洋浮游生物
euphotic zone	光亮带	光亮帶
euplankton	真浮游生物	真浮游生物
eupore	真孔	真孔
euroky	广城性	廣城性
eurybaric	广压性	廣壓性
eurybathic	广深性	廣深性
euryhaline	广盐性	廣鹽性
euryhydric	广湿性	廣濕性
euryoecious	广栖性	廣棲性
eurysalinity(=euryhaline)	广盐性	廣鹽性
euryoxybiotic	广氧性	廣氧性
euryphagy	广食性	廣食性
eurypylorus	宽幽门孔	寬幽門孔
eurythermic	广温性	廣溫性
eurytopic	广布性	廣佈性
eurytrophy	广营养性	廣營養性
eurytropy	广适性	廣適性
euryzone	广带性	廣帶性
eusocial	真社群性	真社群
Eustachian tube(=pharyngotympanic tube)	咽鼓管,欧氏管	耳咽管
eusynanthropic	栖宅的	棲居性
eutaxiclad	叉杆骨片	叉桿骨片
euthyneurous	直神经[的]	直神經的
eutroglobiont	真洞居生物	真洞居生物
eutrophication	富营养化	優養化
eutrophy	富营养	過營養

英　文　名	祖国大陆名	台湾地区名
evagination	外凸	外凸
evaginative budding	外翻出芽	外翻出芽
evaginogemmy（=evaginative budding）	外翻出芽	外翻出芽
evenness	均匀度	均匀度
evergrowing tooth	常生齿	恆齒
eversible sac（=coxal sac）	基节囊	基節囊
evocation	诱发	誘發
evocator	诱发物	誘發物
evolution	进化	演化
evolutionary biology	进化生物学	演化生物學
evolutionary ecology	进化生态学	演化生態學
evolutionary stable strategy	稳定进化对策	演化穩定策略
evolutionary systematics	进化系统学	演化系統分類學,演化系統學
exactine	离心辐骨针	離心輻骨針
exanthropic	远宅的	遠居性
excitatory neuron	兴奋神经元	興奮神經元
exconjugant	接合后体	接合後體
excretion	排泄	排泄
excretory bladder（=excretory vesicle）	排泄囊	排泄囊
excretory canal	排泄管	排泄管
excretory duct（=excretory canal）	排泄管	排泄管
excretory pore	排泄孔	排泄孔
excretory tubule	排泄小管	排泄小管
excretory vesicle	排泄囊	排泄囊
excurrent canal（多孔动物）	出水管	出水管
excurrent vent	排泄口	排泄口
excysted metacercaria	后尾蚴	後尾蚴
excystment	脱包囊	脱包囊
exflagellation	小配子形成	小配子形成
exhalant branchial canal	出鳃水沟	出鰓水溝
exhalant siphon（软体动物）	出水管	出水管
exite	外叶	外葉
exoadaptation	外[源]适应	外適應
exoccipital bone	外枕骨	外枕骨
exocoelom（=extraembryonic coelom）	胚外体腔	胚外體腔
exocuticle	外角皮,外表皮	外角皮
exocyclic	外环的	外環的

英　文　名	祖 国 大 陆 名	台 湾 地 区 名
exoerythrocytic schizogony	红细胞外裂体生殖	紅細胞外裂體生殖
exoerythrocytic stage	红细胞外期	紅細胞外期
exogastrula	外凸原肠胚	外凸原腸胚
exogastrulation	原肠外凸	原腸外凸
exogemmy(= external budding)	外出芽	外出芽
exogenous	外源[的]	外源的
exogenous budding(= external budding)	外出芽	外出芽
exogenous cycle	外生周期	外生週期
exolobopodium	外叶足	外葉足
exopod	外肢	外肢
exopodite(= exopod)	外肢	外肢
exoskeleton	外骨骼	外骨骼
exothecal dissepiment	外鞘鳞板	外鞘鱗板
exotic species	外来种	外來種
experimental embryology	实验胚胎学	實驗胚胎學
exponential growth	指数增长	指數增長
exsert	外眼板	外眼板
ex situ conservation	易地保护,易地保育	易地保育
extensor carpi ulnaris muscle	尺侧腕伸肌	尺側腕伸肌
extensor digitorum communis muscle	①指总伸肌 ②趾总伸肌	①總指伸肌 ②總趾伸肌
extensor digitorum muscle	①指伸肌 ②趾伸肌	①指伸肌 ②趾伸肌
external auditory meatus	外耳道	外耳道
external budding	外出芽	外出芽
external carotid artery	颈外动脉	外頸動脈
external ear	外耳	外耳
external fertilization	体外受精	體外受精
external jugular vein	颈外静脉	外頸靜脈
external oblique muscle	外斜肌	外斜肌
external oblique muscle of abdomen	腹外斜肌	腹外斜肌
external root sheath	外根鞘	外根鞘
extinction	灭绝	滅絕
extinction probability(EP)	灭绝概率	滅絕機率
extinction rate	灭绝率	滅絕速率
extinction vortex	灭绝漩涡	滅絕漩渦
extinct species	灭绝种	滅絕種
extirpated species	绝迹种	絕跡種
extra-axial skeleton	外轴骨骼	外軸骨骼
extracapsular zone	囊外区	囊外區

英　文　名	祖国大陆名	台湾地区名
extraembryonic coelom	胚外体腔	胚外體腔
extraglomerular mesangial cell	球外系膜细胞	球外繫膜細胞
extratentacular budding	外触手芽	外觸手芽
extrinsic factor	外因	外因
extrusome	排出小体	排出小體
exumbrella	上伞	上傘
eye	眼	眼
eyeball	眼球	眼球
eyelash	睫毛	睫毛
eyelid	眼睑	眼瞼
eye lobe(=oculiferous lobe)	眼叶	眼葉
eye peduncle(=eye stalk)	眼柄	眼柄
eye plate	眼板	眼板
eye ring	眼圈	眼環
eye spot	眼点	眼點
eye stalk	眼柄	眼柄

F

英　文　名	祖国大陆名	台湾地区名
facial disk	面盘	面盤
facial muscles	面肌	面肌
facial nerve	面神经	颜面神經
facial pit	颊窝	頰窩
facial tubercle	颜瘤	顏瘤
facultative anaerobic organism	兼性厌氧生物	兼性厭氧生物
facultative parasite	兼性寄生虫	兼性寄生蟲
facultative parasitism	兼性寄生	兼性寄生
FAE(=follicle associated epithelium)	连滤泡上皮	連濾泡上皮
falcate seta	镰形刚毛	鐮形剛毛
falciform ligament	镰状韧带	鐮狀韌帶
falciform process	镰状突	鐮狀突
falciger(=falcate seta)	镰形刚毛	鐮形剛毛
falintomy	连续双分裂	連續雙分裂
false cirrus pouch	假阴茎囊	假陰莖囊
falx	毛基皮层单元增殖区	鐮狀構造
family	科	科
family group	科组	科群

英 文 名	祖国大陆名	台湾地区名
fam. nov. (= new family)	新科	新科
fang	毒牙	毒牙
fang groove	牙沟	牙溝
FAP(= fixed action pattern)	固定动作模式	固定動作模式
fascicled stem	成束茎	成束莖
fasciculation	成束现象	成束現象
fasciculus(= nerve tract)	神经束	神經束
fasciole	带线	帶線
fatal factor	致死因子	緻死因子
fatal high temperature	致死高温	緻死高溫
fatal humidity	致死湿度	緻死濕度
fatal low temperature	致死低温	緻死低溫
fat body	脂肪体	脂肪體
fat cell(= adipocyte)	脂肪细胞	脂肪細胞
fauces	咽门	咽門
fauna	①动物志 ②动物区系	①動物誌 ②動物相
faunal component	[动物]区系组成	動物相組成
faunistics	动物区系学	動物分佈學
feather	羽	羽
feathered bristle	羽[状]须	羽鬚
feces	粪便	糞便
fecundity	①生殖力 ②产卵力	①生殖力 ②產卵力
feedback	反馈	回饋
feedback loop	反馈环	回饋环
feedback mechanism	反馈机制	回饋機制
feeding adaptation	摄食适应	攝食適應
feeding hormone	摄食激素	攝食激素
feeding migration	索饵洄游	攝食迴游
female choice	雌性选择	雌性選擇
female gamete	雌配子	雌配子
female gametic nucleus	卵核	卵核
female pronucleus	雌原核	雌原核
female zooid(= gynozooid)	雌个虫	雌個蟲
femoral artery	股动脉	股動脈
femoral groove	腿节沟	腿節溝
femoral pore	股孔	股孔
femur	①股骨 ②腿节(蛛形类)	①股骨 ②腿節
fenestra	①透明斑 ②窗孔	①透明斑 ②窗孔

英　文　名	祖国大陆名	台湾地区名
fenestra cochleae	蜗窗	蝸窗
fenestra vestibuli	前庭窗	前庭窗
feralization	野化	野生化
fertility	①生育率 ②(=fecun-dity)生殖力	①生育率 ②生殖力
fertilization	受精	受精
fertilization cone	受精锥	受精錐
fertilization filament(=receptive hypha)	受精丝	受精絲
fertilization membrane	受精膜	受精膜
fertilized egg	受精卵	受精卵
fertilizin	受精素	受精素
fertilizing zooid	受孕个虫	受孕個蟲
fetal circulation	胎循环	胎循環
fetal membrane	胎膜	胎膜
fetal stalk	胚柄	胚柄
fetus	胎	胎
fibrillar rootlet	纤维根丝	纖維根絲
fibroblast	成纤维细胞	纖維母細胞
fibrocartilage	纤维软骨	纖維軟骨
fibrocyst	纤丝胞	纖絲胞
fibrocyte	纤维细胞	纖維細胞
fibrous astrocyte	纤维性星状胶质细胞	纖維星狀細胞
fibrous cartilage(=fibrocartilage)	纤维软骨	纖維軟骨
fibrous joint	纤维连接	纖維連接
fibrous tunic	眼球纤维膜	眼球纖維膜
fibula	腓骨	腓骨
field	场	場
field gradient	场梯度	場梯度
filamentary appendage	鞭状附肢	鞭狀附肢
filariform larva	丝状蚴	絲狀蚴
filoplume	纤羽,毛羽	針羽
filopodium	丝足	絲足
filter feeder	滤食动物	濾食動物
fimbria	伞部	傘部
fin	鳍	鰭
final host	终宿主	終宿主
fin formula	鳍式	鰭式
finger	指	指

英 文 名	祖 国 大 陆 名	台 湾 地 区 名
finite rate of increase	有限增长率	終極增長率
finlet	小鳍	小鰭
fin membrane	鳍膜	鰭膜
fin ray	鳍条	鰭條
fin spine	鳍棘	鰭棘
firmisternia	固胸型	固胸型
first antenna	第一触角,小触角	第一觸角
first intermediate host	第一中间宿主	第一中間宿主
first maxilla(=maxillula)	第一小颚	第一小顎
fish	鱼	魚
fishery	渔业	漁業
fishery conservation zone	渔业资源保育区	漁業資源保育區
fitness	适合度	適合度
fitness of environment	环境适合度	環境適合度
fixed action pattern（FAP）	固定动作模式	固定動作模式
fixed finger	不动指	不動指
flabellum	扇叶	扇葉
flagellar base-kinetoplast complex	鞭毛动基体复合体	鞭毛動基體複合體
flagellar pocket	鞭毛袋	鞭毛袋
flagellar pore	鞭毛孔	鞭毛孔
flagellar rootlet	鞭毛根丝	鞭毛根絲
flagellar row	鞭毛列	鞭毛列
flagellar swelling	鞭毛膨大区	鞭毛膨大區
flagellar transition region	鞭毛过渡区	鞭毛過渡區
flagellate chamber	鞭毛室	鞭毛室
flagelliform gland	鞭状腺	鞭狀腺
flagellipodium	鞭毛足	鞭毛足
flagellum	①鞭毛 ②振鞭	鞭毛
flame bulb	焰基球	焰基球
flame cell	焰细胞	焰細胞
flank	胁	脥
flatworm(=platyhelminth)	扁形动物	扁形動物
fledgling	离巢雏	離巢雛
fleshy horn	肉角	肉角
flexor caudi muscle	尾鳍屈肌	尾鰭屈肌
flexor digitorum longus muscle	①指长屈肌 ②趾长屈肌	①屈指長肌 ②屈趾長肌
flexor digitorum profundus muscle	①指深屈肌 ②趾深屈肌	①屈指深肌 ②屈趾深肌
flexor digitorum superficialis muscle	①指浅屈肌 ②趾浅屈肌	①屈指淺肌 ②屈趾淺肌

英　文　名	祖国大陆名	台湾地区名
flight feather	飞羽	飛羽
flimmer	鞭毛侧丝	鞭茸
flipper	鳍肢	鳍肢
floater	游荡者	遊蕩者
floatoblast	漂浮性休芽	漂浮性休芽
float ring	浮环	浮環
floricome	花丝骨针	花絲骨針
floscelle	花形口缘	花形口緣
flower-spray ending	花枝末梢	花枝末梢
fluke（＝trematode）	吸虫	吸蟲
fluting（腕足动物）（＝groove）	沟	溝,槽
fly way	迁飞路线	遷徙途徑
foliate spheroid	叶球形骨针	葉球形骨針
folivore（＝defoliater）	食叶动物	食葉動物
follicle	滤泡	濾泡
follicle associated epithelium（FAE）	连滤泡上皮	連濾泡上皮
follicular cavity	卵泡腔	卵泡腔
follicular theca	卵泡膜	卵泡膜
fontanelle	囟［门］	囟門
food chain	食物链	食物鏈
food habit	食性	食性
food vacuole	食物泡	食物泡
food web	食物网	食物網
foramen	壳顶孔	殼頂孔
foramen magnum	枕［骨］大孔	枕骨大孔
forcep	钳状骨针	鉗狀骨針
forcipiform pedicellaria	钳形叉棘	鉗形叉棘
forearm	前臂	前臂
forebrain（＝prosencephalon）	前脑	前腦
foregut	前肠	前腸
fore head	前头部	前頭部
forficiform pedicellaria	剪形叉棘	剪形叉棘
form（＝forma）	型	種型
forma	型	種型
fossa	窝	窩
fossil species	化石种	化石種
fouling organism	污着生物	污損生物
founder cell	生成细胞	生成細胞

英 文 名	祖国大陆名	台湾地区名
founder effect	建立者效应,奠基者效应	創始者效應
founder polyp	原生珊瑚体,原生螅体	原生螅體
fourth ventricle	第四脑室	第四腦室
fragility	脆弱性	脆弱性
free end	游离端	游離端
free nerve ending	游离神经末梢	游離神經末梢
frequency	频度	频度
freshwater	淡水	淡水
freshwater plankton(=limnoplankton)	淡水浮游生物	淡水浮游生物
fringe(脊椎动物)(=velum)	缘膜	緣膜
fringing reef	裙礁,缘礁	裙礁
front(甲壳类)	额[部]	額
frontal	前面的	前面的
frontal aperture	前门区	前門區
frontal appendage(=frontal process)	额突起	額突起
frontal area	前区	前區
frontal bone	额骨	額骨
frontal cilium	前纤毛	前纖毛
frontal furrow	额沟线	額溝線
frontal gland	额腺	額腺
frontal keel	前脊	前脊
frontal lobe	额叶	額葉
frontal membrane	前膜	前膜
frontal organ	额器	額器
frontal plate	额板	額板
frontal process	额突起	額突起
frontal region	额区	額區
frontal shield	前盔	前盔
frontal wall	前壁	前壁
fronto-squamosal arch	额鳞弓	額鱗弓
frugivore	食果动物	食果動物
fruiting body	①子实体 ②(=sporangium)孢子果	①子實體 ②孢子果
fugitive species(=opportunistic species)	机会种,漂泊种	漂泊種
fulcrum	顶柱	頂柱
fully webbed	满蹼	满蹼
fundamental niche	基础生态位	基礎生態區位

英 文 名	祖国大陆名	台湾地区名
fundic gland	胃底腺	胃底腺
fundus	①胃底 ②容精球	①胃底部 ②容精球
funiculus	胃绪	胃緒
funnel base	漏斗基	漏斗基
funnel excavation	漏斗陷	漏斗凹
funnel organ	漏斗器	漏斗器
funnel siphon	漏斗管	漏斗管
furcillia	磷虾类溞状幼体,叉状幼体	叉狀幼體
furcula	叉骨	叉骨
furocercous cercaria	叉尾尾蚴	叉尾尾蚴
furrow(=groove)	沟	溝,槽
fusiform	纺锤骨针	紡錘骨針
fusion	融合	融合
fusule	吐丝	吐絲

G

英 文 名	祖国大陆名	台湾地区名
gall bladder	胆囊	膽囊
GALT(=gut associated lymphatic tissue)	肠道淋巴组织	腸道淋巴組織
galvanotaxis	趋电性	趨電性
gamete	配子	配子
gametid [cell]	配子细胞	配子細胞
gametocyst	配子囊	配子囊
gametocyst residuum	配子囊残体	配子囊殘體
gametocyte	配子母细胞	配子母細胞
gametogamy	配子融合	配子融合
gametogenesis	配子发生,配子形成	配子形成
gametogeny(=gametogenesis)	配子发生,配子形成	配子形成
gametogonium	配原细胞	配原細胞
gametogony	配子生殖	配子生殖
gamone	[交]配素	交配素
gamont	配子母体	配子母細胞
gamontogamy	配子母体配合	配子母細胞配合
ganglion	神经节	神經節
ganglion cell layer	节细胞层	節細胞層
ganoid scale	硬鳞	硬鱗

英 文 名	祖国大陆名	台湾地区名
ganoin	硬鳞质	硬鱗質
gape	嘴裂	嘴裂
gap junction	缝隙连接	縫隙連接
gaseous cycle	气态物循环,气体型循环	氣態物循環
gas gland	气腺	氣體腺
gasterostome cercaria	腹口尾蚴	腹口尾蚴
gastral cavity	胃腔	胃腔
gastral epithelium	胃层	胃層
gastral filament	胃丝	胃絲
gastralia	胃须	腹膜肋
gastralia rib(=abdominal rib)	腹皮肋,腹壁肋	腹壁肋骨,腹皮肋骨
gastric artery	胃动脉	胃動脈
gastric groove	胃沟	胃溝
gastric mill	胃磨	胃磨
gastric pit	胃小凹	胃小凹
gastric region	胃区	胃區
gastric shield	胃盾	胃盾
gastrin	胃泌素	胃泌激素
gastriole	胃泡	胃泡
gastrocnemius muscle	腓肠肌	腓腸肌
gastrocoel	原肠	原腸
gastro-frontal carina	额胃脊	額胃脊
gastro-frontal groove	额胃沟	額胃溝
gastrolith	胃石	胃石
gastro-orbital carina	眼胃脊	眼胃脊
gastroparietal band	胃体壁隔膜	胃體壁隔膜
gastropod	腹足类	腹足類
gastrotrich	腹毛动物	腹毛動物
Gastrotricha(拉)(=gastrotrich)	腹毛动物	腹毛動物
gastrovascular cavity	消化[循环]腔	消化循環腔
gastrozooid	营养个虫	營養個蟲,營養體
gastrula	原肠胚	原腸胚
gastrulation	原肠胚形成,原肠作用	原腸胚形成
Gause principle	高斯原理	高斯原理
gelatinous envelope	胶被膜	膠被膜
gemellus muscle	孖肌	孖肌
gemmation	芽生	出芽

英 文 名	祖 国 大 陆 名	台 湾 地 区 名
gemmulation	芽球生殖	芽球生殖
gemmule	①芽球 ②（＝dendritic spine）树突棘	①芽球 ②樹突棘
gemmulostasin	抑制芽球	抑制芽球
genealogy	系谱学	譜系學
gene bank	基因库	基因庫
gene drift	基因漂变,基因漂移	基因漂移
gene flow	基因流	基因流
generalist	广适应者	廣適應者
generalization	泛化	泛化
general zoology	普通动物学	普通動物學
generation	［世］代	世代
generative nucleus	生殖核	生殖核
genetic disorder	遗传紊乱	遺傳紊亂
genetic diversity	遗传多样性	遺傳多樣性
genetic drift	遗传漂变	遺傳漂變
genetic isolation	遗传隔离	遺傳隔離
genetic resources	遗传资源	遺傳資源
geniculate bristle	有折刺毛	有折刺毛
genital atrium	生殖腔	生殖腔
［genital］bulb	生殖球	生殖球
genital cone	生殖锥	生殖錐
genital cord	生殖索	生殖索
genital coxa	生殖基节	生殖基節
genital gland（＝gonad）	生殖腺	生殖腺
genitalia	外生殖器	外生殖器
genital junction	生殖联合	生殖聯結
genital lobe	生殖叶	生殖葉
genital organ	生殖器官	生殖器官
genital papilla	生殖乳突	生殖乳突
genital pinnule	生殖羽枝	生殖羽枝
genital plate	生殖板	生殖板
genital pore	生殖孔	生殖孔
genital orifice（＝genital pore）	生殖孔	生殖孔
genital ridge	生殖嵴	生殖嵴
genital segment	生殖节	生殖節
genital sinus	生殖窦	生殖竇
genital sucker	生殖吸盘	生殖吸盤

英　文　名	祖国大陆名	台湾地区名
genital system(=reproductive system)	生殖系统	生殖系統
genito-intestinal duct	生殖消化管	殖腸管
gen. nov. (=new genus)	新属	新屬
genus	属	屬
genus group	属组	屬群
geobiont	土壤生物	土棲生物
geocole	半栖土壤生物	半土棲生物
geodyte	地上生物	地上生物
geographical barrier	地理障碍	地理障礙,地理界限
geographical distribution	地理分布	地理分佈
geographical isolation	地理隔离	地理隔離
geographical race	地理宗	地理族
geographical relic species	地理子遗种,地理残遗种	地理子遺種
geographical replacement	地理替代	地理替代
geographical subspecies	地理亚种	地理亞種
geographic ecology	地理生态学	地理生態學
geographic isolation	地理隔离	地理隔離
geohelminth	土源性蠕虫	土源性蠕蟲
geohelminthiasis	土源性蠕虫病	土源性蠕蟲病
geophage	食土动物	食土動物
geophile	适土性,嗜土性	嗜土性
geotaxis	趋地性	趨地性
geotype	地理型	地理型
geoxene	偶栖土壤生物	偶土棲生物
Gephyra（拉）(=bridge worm)	桥虫	橋蟲
germ	胚原基,胚芽	胚芽
germ cell(=germocyte)	生殖细胞	生殖細胞
germinal cell	生发细胞	生發細胞
germinal center	生发中心	生發中心
germinal epithelium	生殖上皮	生殖上皮
germinal layer	生发层	生發層
germinal localization	胚区定位	胚區定位
germinal mass	胚块	胚塊
germinal vesicle	核泡,生发泡	生發泡
germination	发芽	發芽
germ layer(=embryonic layer)	胚层	胚層
germ line	生殖株,生殖系	生殖株

英　文　名	祖国大陆名	台湾地区名
germocyte	生殖细胞	生殖細胞
germplasm	种质,生殖质	生殖質
germ ring	胚环	胚環
gestation(=pregnancy)	妊娠	懷孕
giant cell	巨大细胞	巨大細胞
gill	鳃	鰓
gill filament	鳃丝	鰓絲
gill lamella	鳃瓣	鰓瓣
gill opening	鳃孔	鰓孔
gill pouch	鳃囊	鰓囊
gill raker	鳃耙	鰓耙
gill slit	鳃裂	鰓裂
girdle of hooked granule	钩刺环	鈎刺環
gizzard	①砂囊 ②咀嚼器(苔藓动物)	①砂囊 ②咀嚼器(苔蘚動物)
gladius	羽状壳	羽狀殼
gland	腺	腺體
glandular epithelium	腺上皮	腺體上皮
glandular lamella	腺质片	腺體瓣
glandular stomach	腺胃	腺胃
glans penis	阴茎头	陰莖頭
glassy membrane	玻璃膜	玻璃膜
glaucothoe	闪光幼体	閃光幼體
glenohumeral joint	肩关节	肩關節
glenoid cavity	肩臼	肩臼窩
glenoid fossa(=glenoid cavity)	肩臼	肩臼窩
gleocystic stage	胶囊期	膠囊期
glial limiting membrane	神经胶质界膜	神經膠質界膜
global change	全球变化	全球變遷
global ecology	全球生态学	全球生態學
global stability	全球稳定性	全球穩定性
global warming	全球变暖	全球暖化
globiferous pedicellaria	球形叉棘	球形叉棘
globoferous cell	球状细胞	球狀細胞
globule	小球骨针	小球骨針
glochidium	钩介幼体	鈎介幼體
Gloger's rule	格洛格尔律	格洛格定律
glomerulus	①血管小球 ②(=renal	①血管小球 ②肾小球

英　文　名	祖国大陆名	台湾地区名
glomerulus）肾小球		
glossopharyngeal nerve	舌咽神经	舌咽神經
glottis	声门	聲門
glucagon	高血糖素	昇糖素
glucocorticoid	糖皮质激素	糖皮質激素
glucocorticosteroid(=glucocorticoid)	糖皮质激素	糖皮質激素
gluteus maximus muscle	臀大肌	臀大肌
gluteus medius muscle	臀中肌	臀中肌
glutinant	黏[性刺]丝囊	黏絲胞
glyptocidaroid type	海刺猬型	海刺蝟型
gnathobase	颚基	顎基
gnathocephalon	颚头	顎頭
gnathochilarium	颚唇	顎唇
gnathopod	腮足	腮足
gnathostomata	颌口类	有頜類
gnathostomulid	颚咽动物	顎咽動物
Gnathostomulida（拉）(=gnathostomulid)	颚咽动物	顎咽動物
goblet cell	杯形细胞	杯狀細胞
Golgi apparatus	高尔基体	高爾基體
Golgi tendon organ(=neurotendinal spindle)	神经腱梭	神經腱梭
Golgi type Ⅰ neuron	高尔基Ⅰ型神经元	高爾基Ⅰ型神經元
Golgi type Ⅱ neuron	高尔基Ⅱ型神经元	高爾基Ⅱ型神經元
gomphosis	嵌合	嵌合
gonad	生殖腺	生殖腺
gonadotrop[h]	促性腺激素细胞	促性腺激素細胞
gonadotrop[h]ic cell(=gonadotrop[h])	促性腺激素细胞	促性腺激素細胞
gonochorism(=dioecism)	雌雄异体	雌雄異體
gonophore	生殖体	生殖體
gonopod	生殖肢	生殖肢
gonopore(=genital pore)	生殖孔	生殖孔
gonotheca	生殖鞘	生殖鞘
gonotyl	生殖盘	生殖盤
gonozooid	生殖个虫	生殖個蟲
gonys	嘴底	嘴底
Graafian follicle(=mature follicle)	成熟卵泡	成熟卵泡
grade	级	级,進化群

英 文 名	祖 国 大 陆 名	台 湾 地 区 名
graded signal	分级信号	分級訊號
gradient	梯度	梯度
gramnicole(=caespiticole)	草栖生物	草棲生物
granivore	食谷动物	食穀動物
granivorous food chain	食谷食物链	食種子食物鏈
granular cell layer	颗粒细胞层	顆粒細胞層
granular layer(=granular cell layer)	颗粒细胞层	顆粒細胞層
granular lutein cell	颗粒黄体细胞	顆粒黃體細胞
granule	痣粒	顆粒
granulocyte	粒细胞	粒細胞
granulocytopoiesis	粒细胞发生	粒細胞發生
granulosa cell	颗粒细胞	顆粒細胞
grape ending	葡萄样末梢	葡萄狀末梢
graphiohexaster	线丝六星骨针	線絲六星骨針
grasping arm	攫腕	攫腕
gravid proglottid(=gravid segment)	孕卵节片,孕节	懷卵節片
gravid segment	孕卵节片,孕节	懷卵節片
gray cell	灰细胞	灰細胞
gray commissure	灰质联合	灰質聯合
gray crescent	灰新月	灰新月
gray matter	灰质	灰質
grazing	①食草 ②食植	①食草 ②食植
great alveolar cell(=type Ⅱ alveolar cell)	Ⅱ型肺泡细胞	Ⅱ型肺泡細胞
greater lip of pudendum(=labium majus [pudendi])	大阴唇	大陰唇
greater omentum	大网膜	大網膜
green belt	绿带	綠帶
green gland	绿腺	綠腺
greenhouse effect	温室效应	溫室效應
gregaloid colony	暂聚群体	暫聚群體
gregariousness(=sociability)	集群性	群集性
grooming	梳理	梳理
groove	沟	溝,槽
gross primary productivity	总初级生产力	總初級生產力
ground substance	基质	基質
group	类群	群,群體
group predation	群体猎食	群體捕食

英　文　名	祖国大陆名	台湾地区名
group selection	类群选择	群體選擇
growing end	生长端	生長端
growing follicle	生长卵泡	生長卵泡
growing margin	生长缘	生長緣
growth	生长	生長
growth line	生长线	生長線
gubernaculum	引带	引帶
guide	导杆	導桿
guild	共位群,同资源种团, 生态同功群	生態同功群,同资源種 團
gular fold	喉褶	喉褶
gular plica(=gular fold)	喉褶	喉褶
gular pouch	喉囊	喉囊
gular sac(=gular pouch)	喉囊	喉囊
gulp	吞咽	吞咽
gum	齿龈	齒齦
gustatory organ	味器	味器
gut associated lymphatic tissue（GALT）	肠道淋巴组织	腸道淋巴組織
gymnocephalus cercaria	裸头尾蚴	裸頭尾蚴
gymnocyst	裸壁	裸壁
gymnocystidean	裸[囊]壁的	裸囊壁的
gymnospore	裸孢子	裸孢子
gynander(=sexual mosaic)	雌雄嵌合体	雌雄鑲嵌合體
gynandromorph(=sexual mosaic)	雌雄嵌合体	雌雄鑲嵌合體
gynecophoric canal	抱雌沟	抱雌溝
gynetype	雌模标本	雌模式
gynogenesis	雌核发育	雌核發育
gynozooid	雌个虫	雌個蟲
gyrus	脑回	腦回

H

英　文　名	祖国大陆名	台湾地区名
habit	习性	習性
habitat	栖息地,生境	棲息地
habitat availability	栖息地状况	棲地狀況
habitat capability	栖息地承载力	棲地承載力
habitat factor	栖息地因子	棲息地因子

英　文　名	祖 国 大 陆 名	台 湾 地 区 名
habitat form	栖息地型	棲息地型
habitat quality	栖息地质量	棲地質量
habitat selection	栖息地选择,生境选择	棲地選擇
habitat structure	栖息地结构	棲地結構
habitat suitability	栖息地适宜度	棲地適宜度
habitat type	栖息地类型	棲所類型
habituation	习惯化	習慣化
Haeckel's law	黑克尔律	黑克爾定律
haemal arch	脉弓	脈弓
haemal spine	脉棘	脈棘
haematodocha	血囊	血囊
haematozoic parasite	血液寄生虫	血寄生蟲
haematozoon（＝haematozoic parasite）	血液寄生虫	血寄生蟲
haemochorial placenta	血绒膜胎盘	血絨膜胎盤
haemocoel	血腔	血腔
haemoendothelial placenta	血内皮胎盘	血内皮胎盤
haemozoin	疟[原虫]色素	瘧原蟲色素
hair	毛	毛
hair bulb	毛球	毛球
hair cell	毛细胞	毛細胞
hair cortex	毛皮质	毛皮質
hair cuticle	毛角质	毛角質
hair follicle	毛囊	毛囊
hair matrix	毛母质	毛基質
hair medulla	毛髓质	毛髓質
hair papilla	毛乳头	毛乳頭
hair root	毛根	毛根
hair shaft	毛干	毛幹
half webbed	半蹼	半蹼
half webbed foot（＝semipalmate foot）	半蹼足	半蹼足
halinecline	盐跃层	鹽躍層
haliplankton	咸水浮游生物	鹹水浮游生物
hallux	拇趾	拇趾
halobios	盐生生物	鹽生動物
halophile	适盐性,嗜盐性	嗜鹽性
halophobe	厌盐性	厭鹽性
halosere	盐生演替系列	鹽生階段演替
hamulus（＝anchor）	锚钩	錨鈎

英 文 名	祖 国 大 陆 名	台 湾 地 区 名
hand(=palm)	掌部	掌部
haplomonad	单鞭体	單鞭體
haploparasitism	单寄生	單寄生
haplosporosome	单孢体	單孢體
haptocyst	系丝泡	繫絲泡
haptor	固吸器	固吸器
hardiness(=tolerance)	耐性	耐性
hard palate	硬腭	硬腭
harem	眷群	眷群
harpoon seta	矛状刚毛	矛狀剛毛
hastate	戟形骨针	戟形骨針
hatching	孵化	孵化
hatching period	孵化期	孵化期
hatching rate	孵化率	孵化率
Haversian canal(=central canal)	中央管,哈氏管	中央管,哈氏管
Haversian system(=osteon)	骨单位,哈氏系统	骨單位,哈氏系統
H band	H 带	H 帶
head	头[部]	頭部
head capsule	头鞘	頭鞘
head collar	头领	頭領
head crown	头冠	頭冠
head kidney	头肾	頭腎
head lobe	头叶	頭葉
head organ	头器	頭器
head pore	头孔	頭孔
head process	头突	頭突
heart	心[脏]	心臟
heart sac(=heart vesicle)	心囊	心囊
heart vesicle	心囊	心囊
heat	发情	發情
heat budget	热量收支	熱量收支
heat hardiness	耐热性	耐熱性
heautotype	仿模标本	仿模式
hectocotylization	茎化	莖化
hectocotylized arm	茎化腕	莖化腕
heleoplankton	沼泽浮游生物	沼澤浮游生物
helicin	蜗牛素	蝸牛素
helicotrema	蜗孔	蝸孔

英 文 名	祖 国 大 陆 名	台 湾 地 区 名
heliophobe	厌阳性	厭日性
helminth（=vermes）	蠕虫	蠕蟲
helminthiasis	蠕虫病	蠕蟲病
helminthology	蠕虫学	蠕蟲學
helminthosis（=helminthiasis）	蠕虫病	蠕蟲病
helotism	役生	役生
helper T cell	辅助性 T 细胞	輔助性 T 細胞
hematophage（=sauginnivore）	食血动物	食血動物
heme	血红素	血紅素
hemi-anamorphosis	半变态	半變態
hemiazygos vein	半奇静脉	半奇靜脈
hemibranch	半鳃	半鰓
Hemichordata（拉）（=hemichordate）	半索动物	半索動物
hemichordate	半索动物	半索動物
hemidesmosome	半桥粒	半橋粒
hemigomph articulation	半齿关节	半齒關節
hemioxyhexaster	半针六星骨针	半針六星骨針
hemipenis	半阴茎	半陰莖
hemiplankton（=meroplankton）	阶段浮游生物,半浮游生物	半浮游生物
hemitroglobiont	半洞居生物	半洞居生物
hemocyanin	血青素,血管素	血青素
hemocytopoiesis	血细胞发生	血細胞發生
hemoglobin	血红蛋白	血紅素
hemopoietic stem cell	造血干细胞	造血幹細胞
hemopoietic tissue	造血组织	造血組織
Henle's loop（=medullary loop）	髓攀,亨勒攀	亨氏彎
Hensen's node（=primitive knot）	原结,亨森结	原结
hepatic artery	肝动脉	肝動脈
hepatic caecum	肝盲囊	肝盲囊
hepatic carina	肝脊	肝脊
hepatic duct	肝管	肝管
hepatic groove	肝沟	肝溝
hepatic ligament	肝韧带	肝韌帶
hepatic plate	肝板	肝板
hepatic portal vein	肝门静脉	肝門靜脈
hepatic region	肝区	肝區
hepatic spine	肝刺	肝刺

英 文 名	祖国大陆名	台湾地区名
hepatic vein	肝静脉	肝靜脈
hepatocyte	肝细胞	肝細胞
hepatogastric ligament	肝胃韧带	肝胃韌帶
hepatopancreas	肝胰脏	肝胰臟
hepatopancreatic duct	肝胰管	肝胰管
herbivore	①食草动物 ②(=phy-tophage)食植动物	①草食動物 ②植食動物
Hering canal	肝闰管	肝閏管
hermaphrodite(=monoecism)	雌雄同体	雌雄同體
hermaphroditic duct	两性管	兩性管
hermaphroditic pouch	两性囊	兩性囊
hermaphroditic vesicle(=hermaphroditic pouch)	两性囊	兩性囊
hermatypic coral	造礁珊瑚	造礁珊瑚
herpetology	两栖爬行类学	兩棲爬蟲類學
herpetomonas	匐滴虫	匐滴蟲
heterocercal tail	歪型尾	歪型尾
heterocoelous centrum	异凹椎体	異凹椎體
heterodactylous foot	异趾足	異趾足
heterodont	异型齿	異型齒
heteroecism	异主寄生	異寄生
heterogeneity	异质性	異質性
heterogeny	异型世代交替	異型世代交替
heterogomph articulation	异齿关节	異齒關節
heterogomph falcigerous seta	异齿镰刀状刚毛	異齒鐮刀狀剛毛
heterogomph spinigerous seta	异齿刺状刚毛	異齒刺狀剛毛
heterogonic life cycle	异型生活史	異型生命週期
heterokaryotic	异形核的	異形核的
heteromembranelle	异小膜	異小膜
heteromerous macronucleus	异部大核	異部大核
heteromyarian	异柱的	異柱的
heteronereis	异沙蚕体	異沙蠶體
heteronomous metamerism	异律分节	異律分節
heterophilic granulocyte	嗜异性粒细胞	嗜異性粒細胞
heterophragma	异形隔	異形隔板
heterosis	杂种优势	雜種優勢
heterothermy	异温性	異溫性
heterotroph	异养生物	異營性生物

英　文　名	祖国大陆名	台湾地区名
heterotrophic organism（＝heterotroph）	异养生物	異營性生物
heterotrophy	异养性	異營性
heteroxenous form	异宿主型	異宿主型
heterozone organism	异境生物	異境生物
heterozooid	异个虫	異個蟲
heterozygote	杂合子	雜合子
hexacanth（＝oncosphere）	六钩蚴	六鈎蚴
hexact（＝hexactine）	六辐骨针	六輻骨針
hexactine	六辐骨针	六輻骨針
hexapod	六足动物	六足動物
Hexapoda（拉）（＝hexapod）	六足动物	六足動物
hexaster	六星骨针	六星骨針
hibernaculum	越冬场所	越冬處
hibernation	冬眠	冬眠
hierarchy	①等级[系统] ②序位	①階層 ②階級
high endothelial venule（＝postcapillary venule）	毛细血管后微静脉	微血管後微靜脈
hilum	门	門
hilum of lung	肺门	肺門
hilus（＝hilum）	门	門
hilus cell	门细胞	門細胞
hind brain（＝metencephalon）	后脑	後腦
hindgut	后肠	後腸
hind head	后头部	後頭部
hinge	铰合部	鉸合部
hinge ligament	铰合韧带	鉸合韌帶
hinge line	铰合线	鉸合線
hinge margin	铰合缘	鉸合緣
hinge plate	铰合板	鉸合板
hinge tooth	铰合齿	鉸合齒
hip bone	髋骨	髖骨
hip joint	髋关节	髖關節
hirudin	蛭素	蛭素
histogenesis	组织发生	組織發生
histological differentiation	组织分化	組織分化
histology	组织学	組織學
histolytic gland	溶组织腺	溶組織腺
histoteliosis	细胞最后分化	細胞最後分化

英 文 名	祖 国 大 陆 名	台 湾 地 区 名
histozoic	组织内寄生虫	組織內寄生蟲
Holarctic realm	全北界	全北界
holdfast	附着器	附著器
holoblastic cleavage	全裂	全卵裂
holobranch	全鳃	全鰓
holocephalan	全头类	全頭類
holocrine gland	全质分泌腺	全分泌腺
holological approach	整体[研究]法	整體研究法
holometabolous development	全变态发育	完全變態發育
holomyarian type	同肌型	同肌型
holon	亚系统,整体元	亞系統,整體元
holoparasite	全寄生物	全寄生物
holoperipheral growth	全缘生长	全緣生長
holophytic nutrition	全植型营养	全植型營養
holoplankton	终生浮游生物,全浮游生物	全浮游生物,終生浮游生物
holorhinal	全鼻型	全鼻型
holostyly	全联型	全接型
holotype	正模标本	正模式
holoxyhexaster	全针六星骨针	全針六星骨針
homeostasis	内环境稳定	內環境穩定
homeotherm	恒温动物	恆溫動物
homeotype	等模标本	等模式
home range	巢域,活动范围	活動範圍
homocercal tail	正型尾	正型尾
homodont	同型齿	同型齒
homogeneity	同质性	同質性
homogomph articulation	同齿关节	同齒關節
homogomph falcigerous seta	等齿镰刀状刚毛	等齒鐮刀狀剛毛
homogomph spinigerous seta	等齿刺状刚毛	等齒刺狀剛毛
homogonic life cycle	同型生活史	同型生命週期
homoiothermal animal(=homeotherm)	恒温动物	恆溫動物
homoiothermy	恒温性	恆溫性
homokaryotic	同型核的	同型核的
homologous	同源的	同源的
homology	同源	同源
homomerous macronucleus	同部大核	同部大核
homonomous metamerism	同律分节	同律分節

英 文 名	祖 国 大 陆 名	台 湾 地 区 名
homonym	[异物]同名	[異物]同名
homoplasy	同征	同徵
homoplasy character	同形特征	同塑特徵
homopolar doublet	同极双体	同極雙體
homoquadrant cleavage	四等分卵裂	四等分卵裂
homothetogenic fission	同侧对称分裂	同側對稱分裂
homozygote	纯合子	純合子
hood	垂兜	垂兜
hooded seta	具巾刚毛	具巾剛毛
hoof	蹄	蹄
hoofed animal	有蹄类	有蹄類
hook	钩	鈎
hooked arm spine	钩腕棘	鈎腕棘
hooked spine	钩刺	鈎刺
hooklet	小钩	小鈎
horizontal budding	水平出芽	水平出芽
horizontal budding colony	水平出芽群体	水平出芽群體
horizontal cell	水平细胞	水平細胞
horizontal cephali coslits	水平头裂	水平頭裂
horizontal distribution	水平分布	水平分佈
horizontal skeletogenous septum	水平骨[质]隔	水平骨質隔
horn	洞角	洞角
horn of uterus	子宫角	子宮角
horny cell	角质细胞	角質細胞
horny jaw	角质颌	角質頜
horny spine	角质刺	角質刺
horsehair worm(=nematomorph)	线形动物	線形動物
host	宿主	宿主
host resistance	宿主抗性	宿主抗性
host specificity	宿主特异性,宿主专一性	宿主專一性
human parasitology	人体寄生虫学	人類寄生蟲學
humeral gland	肱腺	肱腺
humerus	肱骨	肱骨
humics	腐殖质	腐殖質
humidity factor	湿度因子	濕度因子
hyaline cap	透明帽	透明帽
hyaline cartilage	透明软骨	透明軟骨

英 文 名	祖 国 大 陆 名	台 湾 地 区 名
hyalocyte	玻璃体细胞	玻璃體細胞
hyaloid canal	玻璃体管	玻璃體管
hyalosome	透明体	透明體
hybrid	杂种	雜種
hybrid vigor（＝heterosis）	杂种优势	雜種活力
hydatid fluid	囊液	囊液
hydatid sand	棘球蚴沙,囊沙	棘球蚴沙
hydradephage	水生食肉动物	水生食肉動物
hydranth（＝polyp）	水螅体	水螅體
hydrarch sere（＝hydrosere）	水生演替系列	水生階段演替
hydrarch succession	水生演替	水生演替,水生消長
hydric（＝aquatic）	水生	水生
hydrobiology	水生生物学	水生生物學
hydrobiont	水生生物	水生生物
hydrobios（＝hydrobiont）	水生生物	水生生物
hydrocaulus	[水]螅茎	螅茎
hydrocladium	[水]螅枝	螅枝
hydroclimate	水面气候	水面氣候
hydrocoel	水腔	水腔
hydrocole [animal]	水生动物	水生動物
hydrophile	适水性,嗜水性	嗜水性
hydrophobe	厌水性	厭水性
hydrophyllium	叶状体	葉狀體
hydroplankton	水生浮游生物	水生浮游生物
hydrorhiza	[水]螅根	螅根
hydrosere	水生演替系列	水生階段演替
hydrosphere	水圈	水圈
hydrotaxis	趋水性	趨水性
hydrotheca	[水]螅鞘	螅鞘
hydrothermal vent	海底热泉	海底熱泉
hydrotherm graph（＝thermo-hygrogram）	温湿图	溫濕圖
hydrula	螅状幼体	原芽體
hygrocole	湿生动物	濕生動物
hygromorphism	湿生型	濕生性
hygropetrobios	湿岩生物	濕岩生物
hylacole（＝arboreal animal）	林栖动物	樹棲性動物
hylophage	食木动物	食木動物
hylophile	适林性,嗜林性	嗜林性

英 文 名	祖国大陆名	台湾地区名
hyoid apparatus	舌骨器	舌器
hyoid arch	舌弓	舌弧
hyomandibular bone	舌颌骨	舌頜骨
hyoplastron	舌板	舌腹板
hyostyly	舌联型	舌接型
hypaxial muscle	轴下肌	轴下肌
hyperchimaera	镶嵌合体	鑲嵌合體
hyperparasitism	重寄生	重寄生
hyperplasia	增生	增生
hyperspace	超维空间	超維空間
hyperstomial ovicell	口上卵胞	口上卵胞
hyper volume	超体积	超體積
hypervolume niche	多维生态位	多維生態區位
hypnozoite(=dormozoite)	休眠子	休眠子
hypnozygote	休眠合子	休眠合子
hypoblast	下胚层	下胚層
hypobranchial bone	下鳃骨	下鰓骨
hypobranchial muscle	下鳃肌	下鰓肌
hypocentrum	下椎体	下椎體
hypocone	①下锥 ②次尖	下錐
hypoconid	下次尖	下下錐
hypoconule	次小尖	下鋒
hypoconulid	下次小尖	下下鋒
hypocoxa	下基板	下基板
hypodermalia	下向皮层骨针	下向皮層骨針
hypodermis	①下皮 ②皮下组织	①下皮 ②皮下組織
hypogastralia	下向胃层骨针	下向胃層骨針
hypoglossal nerve	舌下神经	舌下神經
hypohyal bone	下舌骨	下舌骨
hypomere	中胚层下段	中胚層下段
hyponeural system	下神经系	下神經系
hypophyseal sac	脑垂体囊	腦垂體囊
hypophysis(=pituitary gland)	脑垂体	腦下垂體
hypoplankton	下层浮游生物	下層浮游生物
hypoplastron	下板	下腹板
hypoplax	腹板	下板,腹板
hypostegal cavity	膜下腔	膜下腔
hypostome	①垂唇 ②口下片	①垂唇 ②口下片

英 文 名	祖国大陆名	台湾地区名
hypostracum	底层,壳下层	殼下層
hypothalamus	丘脑下部	下視丘
hypothermophile	适低温性,嗜低温性	嗜低溫性
hypozygal	下不动关节	下不動關節
hypsodont	高冠齿	高冠齒
hypural bone	尾下骨	尾下骨
hystrichosphere	腰鞭毛虫孢囊	腰鞭毛蟲孢囊

I

英 文 名	祖国大陆名	台湾地区名
I band(=light band)	明带,I带	明帶,I帶
ichnotaxon	遗迹单元	生跡分類單元
ichthyology	鱼类学	魚類學
identification	鉴定	鑑定
ideotype	异模标本	異模式
idiotrophy	特殊营养	特殊營養
IFE(=interfollicular epithelium)	滤泡间上皮	濾泡間上皮
ileum	回肠	回腸
iliac artery	髂动脉	髂動脈
iliac bone(=ilium)	髂骨	髂骨
iliac vein	髂静脉	髂靜脈
iliocostalis muscle	髂肋肌	髂肋肌
ilioischiatic foramen	髂坐孔	髂坐孔
ilium	髂骨	髂骨
imaginal disc	器官芽	器官芽
imaginal organogenesis	成体器官发生	成體器官發生
imitation	模仿	模仿
immature proglottid(=immature segment)	未熟节片,幼节	未熟節片,幼節
immature segment	未熟节片,幼节	未熟節片,幼節
immigration	迁入	遷入
immovable finger(=fixed finger)	不动指	不動指
immovable joint(脊椎动物)(=syzygy)	不动关节	不動關節
immune system	免疫系统	免疫系統
immunoglobulin	免疫球蛋白	免疫球蛋白
immunoparasitology	免疫寄生虫学	免疫寄生蟲學
implantation	植入	植入
imprinting	印记	印痕

英　文　名	祖国大陆名	台湾地区名
impunctate shell	无疹壳	無疹殻
inbreeding	近交	雜交
incertae sedis	位置未[确]定,地位未定	地位未定
incidental host(=accidental host)	偶见宿主	機遇宿主
incidental species	偶见种	偶見種
incised palmate foot	凹蹼足	凹蹼足
incisor process	切齿突	切齒突
incisor tooth	门齿	門齒
incisure of myelin	髓鞘切迹	髓鞘切痕
inclinator analis muscle	臀鳍倾肌	臀鰭傾肌
inclinator dorsalis muscle	背鳍倾肌	背鰭傾肌
inclusive fitness	总体适合度	總體適合度
incomplete cleavage(=meroblastic cleavage)	不全裂	不全卵裂
incomplete metamorphosis	不完全变态	不完全變態
incrusting type	被覆型[群体]	被覆型
incurrent canal(多孔动物)	入水管	入水管
incurrent pore	入水孔	入水孔
incus	砧骨	砧骨
independent avicularium	独立鸟头体	獨立鳥頭體
independent differentiation	非依赖性分化	非依賴性分化
indeterminate cleavage	不定型卵裂	不定形卵裂
index	索引	索引
indicator	指示物	指標
indicator community	指示群落	指標群聚
indicator species	指示种	指標種
individual distance	个体间距	個體間距
individual variation	个体变异	個體變異
individuality	个体性	個體性
inductor	诱导者	誘導者
inequilateralis	不等侧的	不等側的
inertia	惯性	慣性
infanticide	杀婴现象	殺嬰現象
inferior antenna	下触角	下觸角
inferior colliculus	下丘	下視丘
inferior concha	下鼻甲	下鼻甲
inferior oblique muscle	下斜肌	下斜肌

英　文　名	祖国大陆名	台湾地区名
inferior rectus muscle	下直肌	下直肌
inferior umbilicus	下脐	下脐孔
infertility	不育	不育
infrabasal plate(棘皮动物)(=hypo-coxa)	下基板	下基板
infraciliary lattice	表膜下纤毛网格	表膜下纖毛網格
infraciliature	表膜下纤毛系	表膜下纖毛系
infra-class	下纲	下綱
infradental papilla	齿下口棘	齒下口棘
infra-family	下科	下科
infrahyoid muscle	舌骨下肌	舌骨下肌
inframarginal plate	下缘板	下緣板
infra-notoligule	下背舌叶	下背舌葉
infraorbital bone	眶下骨	下眶骨
infra-order	下目	下目
infraspecific	种下的	種下的
infraspinatus muscle	冈下肌	棘下肌
infraspinous fossa	冈下窝	棘下窩
infrasubspecific	亚种下的	亞種下的
infundibulum	漏斗	漏斗
infusoriform larva	滴虫形幼虫	滴蟲形幼蟲
ingalant branchial canal	入鳃水沟	入鳃水溝
ingestion	摄食	攝食
ingression	内移	内移
ingroup	内群	内群
inguinal gland	鼠蹊腺	鼠蹊腺
inguinal pore	鼠蹊孔	鼠蹊孔
inhalant siphon(软体动物)(=incurrent canal)	入水管	入水管
inhibition	抑制作用	抑制作用
inhibitive factor	抑制因子	抑制因子
inhibitory neuron	抑制神经元	抑制神經元
initial chamber (软体动物)(=prolo-culum)	初室	初室
initiative community(=pioneer comm-unity)	先锋群落	先鋒群聚
ink gland	墨腺	墨腺
ink sac	墨囊	墨囊

英　文　名	祖国大陆名	台湾地区名
in litt. (= in litteris)	据通信	據通信
in litteris	据通信	據通信
innate releasing mechanism	本能释放机制	本能釋放機制
inner arm comb	内腕栉	内腕櫛
inner cell mass	内细胞团	内細胞團
inner coelom	内体腔	内體腔
inner cone	内锥体	内錐體
inner flagellum	内鞭	内鞭
inner hinge plate	内铰合板	内鉸合板
inner ligament	内韧带	内韌帶
inner limiting membrane	内界膜	内界膜
inner lip	内唇	内唇
inner nuclear layer	内核层	内核層
inner orbital lobe	内眼眶叶	内眼眶葉
inner plexiform layer	内网层	内網層
inner root	内突	内突
inner sac	内袋	内袋
inner tunnel	内隧道	内隧道
inner vesicle	内囊	内囊
inner web	内蹼	内蹼
innominate artery	无名动脉	無名動脈
innominate vein	无名静脉	無名靜脈
in op. cit. (= in opere citato)	据引证文献	據引用文獻
in opere citato	据引证文献	據引用文獻
input environment	输入环境	輸入環境
inquilinism(= brood parasitism)	巢寄生	巢寄生
insect	昆虫	昆蟲
Insecta(拉)(= insect)	昆虫	昆蟲
insectivore	食虫动物	食蟲動物
[insect] pest	害虫	害蟲
insemination	授精	授精
insert	内眼板	内眼板
insertional lamina	嵌入片	嵌入片
in situ conservation	就地保护,就地保育	就地保育
instinct	本能	本能
instinctive behavior	本能行为	本能行為
insular lobe	岛叶	島葉
insulin	胰岛素	胰島素

英　文　名	祖国大陆名	台湾地区名
insunk epithelium	下沉上皮	下沈上皮
integrated pest management	有害生物综合治理	整合性有害動物管理
integument	体被	體被
intention movement	预向动作	預期動作
interalveolar septum	肺泡隔	肺泡隔
interambulacral area	间步带	間步帶
interambulacrum（＝interambulacral area）	间步带	間步帶
interbrachial	腕间的	腕間的
interbrachial membrane	腕间膜	腕間膜
interbrachial septum	腕间隔	腕間隔
interbranchialis muscle	鳃弓连肌	鰓弧連肌
interbranchial septum	鳃隔	鰓間隔
intercalarium	间插骨	插入骨
intercalary cartilage	间介软骨	間介軟骨
intercalary segment	间插体节	間插體節
intercalated disk	闰盘	閏盤
intercalated duct	闰管	閏管
intercellular substance	细胞间质	細胞間質
intercentrum	间椎体	間椎體
interchondral joint	软骨间关节	軟骨間關節
intercirral tubercle	卷枝间疣	卷枝間疣
intercostal artery	肋间动脉	肋間動脈
intercostal muscle	肋间肌	肋間肌
interdemic selection	群间选择	群間選擇
interdigital gland	趾间腺	趾間腺
interdigitating cell	交错突细胞	交錯突細胞
interfilamental junction	丝间联系	絲間聯繫
interfollicular epithelium（IFE）	滤泡间上皮	濾泡間上皮
interhyal bone	间舌骨	間舌骨
interkinetal	毛基索间生型	毛基索間生型
interlabium	间唇	間唇
interlamellar junction	瓣间联系	瓣間聯繫
interleukin	白介素	介白素
interlocking mechanism	互锁机制	互鎖機制
intermandibular muscle	下颌间肌	下頜間肌
inter-marginal plate	间缘板	間緣板
intermedia	居间骨针	居間骨針
intermedian denticle	间小齿	間小齒

英 文 名	祖国大陆名	台湾地区名
intermedian tooth	间齿	間齒
intermediate carina	间脊	間脊
intermediate character	中间性状	中間特徵
intermediate fiber	中间型纤维	中間型纖維
intermediate host	中间宿主	中間宿主
intermediate junction	中间连接,黏着小带	中間連接,黏著小帶
intermediate mesoderm	中胚层中段	中胚層中段
intermediate plate	中间板	中間板
intermediate species	受胁未定种	受威脅未定種
intermediate tubule	中间小管	中間小管
intermediate type	中间类型	中間[類]型
intermetacarpal joint	掌间关节	掌間關節
intermittent parasite(=temporary para- site)	暂时[性]寄生虫	暫時寄生蟲
intermolt	蜕皮间期	蜕皮間期
internal budding	内出芽	內出芽
internal carotid artery	颈内动脉	內頸動脈
internal constrictor muscle of larynx	喉内缩肌	喉內縮肌
internal ear	内耳	內耳
internal fasciole	内带线	內帶線
internal fertilization	体内受精	體內受精
internal jugular vein	颈内静脉	內頸靜脈
internal mammary artery	内乳动脉	內乳動脈
internal naris	内鼻孔	內鼻孔
internal oblique muscle	内斜肌	內斜肌
internal oblique muscle of abdomen	腹内斜肌	腹內斜肌
internal root sheath	内根鞘	內根鞘
internode	结间	結間
interno-labial papilla	内唇乳突	內唇乳突
interoceptor	内感受器	內感受器
interopercular bone	间鳃盖骨	間鰓蓋骨
interorbital septum	眶间隔	眶間隔
interparapodial pouch	疣足间囊	疣足間囊
interparietal bone	顶间骨	頂間骨
interphalangeal joint	①指间关节 ②趾间关节	①指間關節 ②趾間關節
interproglottidal gland	节间腺	節間腺
interradial piece	间辐片	間輻片
interradial plate	间辐板	間輻板

英　文　名	祖国大陆名	台湾地区名
interradial	间辐的	間輻的
interradius	①间辐 ②(=interradial)间辐的	①間輻 ②間輻的
interrenal tissue	肾间组织	腎間組織
interspecies adaptation	种间适应	種間適應
interspecific competition	种间竞争	種間競爭
interspinous muscle	棘间肌	棘間肌
interstitial cell	间质细胞	間質細胞
interstitial gland	间质腺	間質腺
interstitial growth	间质生长	間質生長
interstitial lamella	间骨板	間骨板
intertarsal joint	跗间关节	跗間關節
intertentacular organ	触手间器官	觸手間器官
intertidal	潮间带	潮間帶
intertidal community	潮间带群落	潮間帶群落,潮間帶群聚
intertransverse muscle	横突间肌	橫突間肌
interventricular foramen	[脑]室间孔	室間孔
interventricular septum	室间隔	室間隔
intervertebral disk	椎间盘	椎間盤
intervertebral foramen	椎间孔	椎間孔
interzooidal avicularium	室间鸟头体	室間鳥頭體
interzooidal communication	个虫间连络	個蟲間連絡
interzooidal pore	室间孔	室間孔
intestinal bifurcation	肠叉	腸叉
intestinal cecum	肠支	腸盲囊
intestinal gland	肠腺	腸腺
intestine	肠	腸
intracytoplasmic pouch	胞质内囊	胞質內囊
intraembryonic coelom	胚内体腔	胚內體腔
intrafusal muscle fiber	梭内肌纤维	梭內肌纖維
intraglomerular mesangial cell	球内系膜细胞	球內繫膜細胞
intraspecific competition	种内竞争	種內競爭
intratentacular budding	内触手芽	內觸手芽
intrauterine developmental period	子宫内发育期	子宮內發育期
intrinsic factor	内因	內因
intrinsic rate of increase	内禀增长率	內在增值率
introduced species	引入种	引進種

英　文　名	祖国大陆名	台湾地区名
introduction	引入	引進
introvert（=introvertere）	翻颈部	翻頸部
introvertere	翻颈部	翻頸部
invagination	内陷	內陷
invasion	侵入	入侵
invertebrate	无脊椎动物	無脊椎動物
invertebrate zoology	无脊椎动物学	無脊椎動物學
in vivo fluorescence technique	活体荧光技术	活體熒光技術
involution	内卷	內卷
iodinophilous vacuole	嗜碘泡	嗜碘泡
iodophilous vacuole（=iodinophilous va-cuole）	嗜碘泡	嗜碘泡
iophocyte	泌胶细胞	泌膠細胞
iridocyte	虹彩细胞	虹彩細胞
iris	虹膜	虹膜
irregular echinoid	非正行海胆,歪形海胆	歪行海膽
irritability	应激性	應激性
ischial callosity	臀胝	臀胝
ischial spine	座节刺	座節刺
ischiopodite	座节	座節
ischium（=ischiopodite）	座节	座節
island biogeography	岛屿生物地理学	島嶼生物地理學
island endiemic species	岛屿特有种	島嶼特有種
island relict species	岛屿孑遗种	島嶼殘存種
islet of Langerhans（=pancreatic islet）	胰岛,朗格汉斯岛	胰島,蘭氏島
isoactinate	等辐骨针	等輻骨針
isoconjugant	同形接合体	同形接合體
isodictyal skeleton	等网状骨骼	等網狀骨骼
isodont	等齿	等齿
isogamete	等配子,同型配子	同型配子
isogamont	等配子母体,同型配子母体	同型配子母體
isogamy	同配生殖	同配生殖
isolated ecosystem	孤立生态系统	孤立生態系
isolating mechanism	隔离机制	隔離機制
isolation	隔离	隔離
isolecithal egg	均黄卵	均黄卵
isomyarian	等柱的	等柱的

英 文 名	祖国大陆名	台湾地区名
isotomy	等分裂	等分裂
isozyme	同工酶	同功酶
isthmus	①峡部 ②鳃峡(鱼)	①峡部 ②鳃峡
itchthyoplankton	浮游鱼类	浮游魚類
ivory	象牙	象牙

J

英 文 名	祖国大陆名	台湾地区名
jackknifing	折刀法,自减法	自減法
jejunum	空肠	空腸
joint	关节	關節
joint capsule	关节囊	關節囊
joint cavity	关节腔	關節腔
Jordan's rule	乔丹律	喬丹定律
jugal bone	轭骨	軛骨
jugular plica	颈褶	頸褶
junctional complex	连接复合体	連接複合體
junior homonym	次同名	次同名
junior synonym	次异名	次異名
juvenal plumage	稚羽	亞成鳥羽色
juvenile	幼[态]的	幼[態]的
juxtaglomerular apparatus	球旁器	球旁器
juxtaglomerular cell	球旁细胞	球旁細胞

K

英 文 名	祖国大陆名	台湾地区名
Kappa particle	卡巴[颗]粒	卡巴粒
karyogamy	核配	核配
karyokinesis	核分裂	核分裂
karyomastigont	核鞭毛系统	核鞭毛系統
karyomere	核部	核部
karyonide	大核系	大核系
karyophore	悬核网	懸核網
karyorrhexis	脱核	脱核
Keber's organ	凯伯尔器官	凱氏器官
keel	龙骨[突]	龍骨

英　文　名	祖国大陆名	台湾地区名
keeled scale	棱鳞	稜鱗
kenozooid	空个虫	空個蟲
kentrogon larva	新轮幼体	新輪幼體
keratin	角蛋白	角質蛋白
keratinization	角化	角質化
keratinocyte	角质形成细胞	角質形成細胞
keratohyalin granule	透明角质颗粒	透明角質顆粒
keratose	角质骨骼	角質骨骼
K-extinction	K 灭绝	K 滅絕
key	检索［表］	檢索［表］
key factor	关键因子	關鍵因子
key species	关键种	關鍵種
keystone competitor	关键竞争者	關鍵競爭者
keystone herbivore	关键植食者	關鍵植食者
keystone modifier	关键改造者	關鍵改造者
keystone mutualists	关键互惠共生种	關鍵互惠共生種
keystone parasite	关键寄生物	關鍵寄生物
keystone pathogen	关键病原体	關鍵病原體
keystone prey	关键被捕食者	關鍵被捕食者
keystone species（=key species）	关键种	關鍵種
kidney	肾	腎
killer cell	杀伤细胞	殺傷細胞
kinetal segment	毛基索段	毛基索段
kinetal suture system	毛基索缝系统	毛基索縫系統
kinetid	毛基单元	毛基單元
kinetodesma	动纤丝	動纖絲
kinetofragment	毛基索断片	毛基索斷片
kinetofragmon（=kinetofragment）	毛基索断片	毛基索斷片
kinetome	毛基皮层单元系统	毛基皮層單元系統
kinetoplast	动基体	動基體
kinetosome	毛基体	毛基體
kinety	毛基索	毛基索
kingdom	界	界
kinocilium	动纤毛	動纖毛
kinoplasm	动质	動質
kinopsis	招引行为	招引行為
kinorhynch	动吻动物	動吻動物
Kinorhyncha（拉）（=kinorhynch）	动吻动物	動吻動物

英　文　名	祖国大陆名	台湾地区名
kin selection	亲属选择	親屬選擇
kinship	亲缘关系	血緣關係
knee joint	膝关节	膝關節
Kolmer cell(=epiplexus cell)	丛上细胞,科氏细胞	上叢細胞,科爾默氏細胞
Krause end bulb	克劳泽终球	克勞斯氏終球
K-selection	K 选择	K 選擇
K-strategy	K 对策	K 策略
Kupffer cell	肝巨噬细胞,库普弗细胞	肝巨噬細胞
Kuroshio	黑潮	黑潮
kyphorhabd	瘤棒骨针	瘤棒骨針

L

英　文　名	祖国大陆名	台湾地区名
labial bristic	唇刺毛	唇刺毛
labial fold	唇褶	唇褶
labial palp	唇瓣	唇瓣
labial papilla	唇乳突	唇乳突
labial pit	唇窝	唇窝
labial tooth	唇齿	唇齒
labile pool	流动库	流動庫
labium	下唇	下唇
labium majus〔pudendi〕	大阴唇	大陰唇
labium minus〔pudendi〕	小阴唇	小陰唇
labrum	①上唇 ②唇板	①上唇 ②唇板
labyrinthodont	迷齿	迷齒
lachrymal bone	泪骨	淚骨
lacinia mobilis	大颚活动片	大顎活動片
lacis cell(=extraglomerular mesangial cell)	球外系膜细胞	球外繫膜細胞
lacrimal bone(=lachrymal bone)	泪骨	淚骨
lacrimal gland	泪腺	淚腺
lacteal	乳糜管	乳糜管
lactose	乳糖	乳糖
lacuna	①陷窝 ②腔隙	①陷窝 ②腔隙
lacunar system	管道系统,腔隙系统	腔隙系統

英　文　名	祖国大陆名	台湾地区名
ladder-type nervous system	梯状神经系	梯狀神經系
lagena	①听壶 ②瓶状囊	①聽壺 ②瓶狀囊
lamella	①牌板 ②(=velum)缘膜(苔藓动物)	①牌板 ②緣膜
lamellar process	片状突起	片狀突起
lamina corticalis	皮质层	皮質層
lamina muscularis(=muscle layer)	肌[肉]层	肌[肉]層
lamina propria	固有层	固有層
landscape ecology	景观生态学	地景生態學
Langerhans cell	朗格汉斯细胞	蘭氏細胞
La Niño	拉尼娜	反聖嬰現象
lapidicolous animal(=petrocole)	石栖动物	石棲動物
lappet	①垂突 ②肉裾,肉裙	①垂突 ②肉裙
lapsus calami	学名笔误	筆誤
large intestine	大肠	大腸
large young strategy	大仔对策	大仔對策
larva	幼体	幼體
larval ecology	幼体生态学	幼體生態學
larval release	幼体释放	幼體釋放
larval tentacle	幼虫触手	幼蟲觸手
larviparous	幼生的	幼生的
laryngeal cartilage	喉软骨	喉頭軟骨
laryngeal cavity	喉腔	喉腔
laryngeal gland	喉腺	喉腺
larynx	喉	喉
last loculus	终室	終室
lateral	侧面的	側面的
lateral abdominal vein	侧腹静脉	腹側靜脈
lateral ala	侧翼膜	側翼膜
lateral anastomose	侧气管网结	側氣管網結
lateral arm	侧腕	側腕
lateral arm plate	侧腕板	側腕板
lateral carina	侧脊	側脊
lateral cilium	侧纤毛	側纖毛
lateral compartment(=lateral plate)	侧板	側板
lateral condyle	侧结节	外踝
lateral cricoarytenoid muscle	环杓侧肌	側環杓肌
lateral denticle	侧小齿	側小齒

英　文　名	祖国大陆名	台湾地区名
lateral eye(= stemmate)	侧眼	侧眼
lateral fasciole	侧带线	側帶線
lateral flap	颈侧囊	頸側囊
lateral groove	侧沟	側溝
lateral line	侧线	側線
lateral line canal	侧线管	側線管
lateral line organ	侧线器官	側線器官
lateral lobe	侧叶	側葉
lateral membrane	侧膜	側膜
lateral mesentery	侧肠隔膜	側腸隔膜
lateral mesoderm	侧中胚层	側中胚層
lateral organ	侧生器管	側器官
lateral peristomial wing	侧围口翼	側圍口翼
lateral plate	侧板	側板
lateral porechamber	侧孔室	側孔室
lateral process	侧突起	側突起
lateral prostomial horn	侧口前角	側口前角
lateral sense organ	侧感觉器	側感覺器
lateral stylet	侧针	側針
lateral subterminal apophysis	侧亚顶突	側面把持器
lateral suctorial cup	侧吸吮杯	側吸吮杯
lateral tooth	侧齿	側齒
lateral tract of cilia	侧纤毛束	側纖毛束
lateral vagina	侧阴道	側陰道
lateral ventricle	侧脑室	側腦室
lateral wall	侧壁	側壁
lateral wing	侧翼	側翼
laterigrade	横行性	橫行性
latissimus dorsi muscle	背阔肌	闊背肌
latitudinal cleavage	纬裂	橫向卵裂
latus carinale(= carino-lateral compartment)	峰侧板	峰側板
latus inframedium	中侧板	中側板
latus rostrale(= rostro-lateral compartment)	吻侧板	吻側板
latus superius	上侧板	上側板
Laurer's canal	劳氏管	勞氏管
law of priority	优先律	優先律

英　文　名	祖国大陆名	台湾地区名
layer of rods and cones	视杆视锥层	視桿視錐層
leadership	领头	領導
leaf club	叶棒形骨针	葉棒形骨針
leaf spindle	叶纺锤形骨针	葉紡錘形骨針
lecithal egg	有黄卵	有黄卵
lecithocoel	卵黄腔	卵黄腔
lectotype	选模标本	選模式
left atrium	左心房	左心房
left ventricle	左心室	左心室
leg formula	足式	足式
leimocole	草地生物	草地生物
leishmanial stage	利什曼期	利什曼期
lek	择偶场	求偶場所
lemniscus	垂棒	丘系
lens	晶状体	晶狀體
lens placode	晶状体板	晶狀體板
lens vesicle	晶状体泡	晶狀體泡
lentic community	静水群落	静水群落,静水群聚
lentic ecosystem	静水生态系统	止水生態系
lepidotrichia(拉)	鳞质鳍条	鱗狀鰭條
leptoclados-type club	茄形骨针	茄形骨針
leptomonad stage	细滴虫期	細滴蟲期
lesser lip of pudendum(=labium minus〔pudendi〕)	小阴唇	小陰唇
lesser omentum	小网膜	小網膜
leucocyte(=leukocyte)	白细胞	白血球
leucon type(=rhagon)	复沟型	複溝型
leucoplast	白色体	白色體
leukocyte	白细胞	白血球
levator arcus branchial muscle	鳃弓提肌	鰓弧舉肌
levator arcus palatine muscle	腭弓提肌	腭弓舉肌
levator opercular muscle	鳃盖提肌	鰓蓋舉肌
levator scapulae muscle	肩胛提肌	肩胛舉肌
levator ventralis muscle	腹鳍提肌	腹鰭舉肌
lichenophage	食地衣动物	食地衣動物
Liebig's law of the minimum	利比希最低量法则	李比西最低因子定律
life curve	生命曲线	生命曲線
life cycle	生活周期	生活週期

英　文　名	祖国大陆名	台湾地区名
life expectancy	生命期望[值]	生命期望值
life form	生活型	生活型
life history	生活史	生活史
life intensity	生命强度	生命強度
life support system	生命保障系统	維生系統
life table	生命表	生命表
life zone	生命带	生命帶
ligament	韧带	韌帶
ligament groove	韧带沟	韌帶溝
ligament pit	韧带窝	韌帶窩
ligament ridge	韧带脊	韌帶脊
ligament sac	韧带囊	韌帶囊
light and dark bottle technique	黑白瓶法	明暗瓶法
light band	明带, I 带	明帶, I 帶
light-dark cycle	昼夜周期	口夜週期
lignicole	栖木生物	木棲生物
ligula	舌叶	舌葉
limb	肢	肢
limbate seta	具缘刚毛	具緣剛毛
limbus	缘	緣
limiting factor	限制因子	限制因子
limnicole	湖沼动物	湖沼動物
limnium	湖泊群落	湖泊群落,湖泊群聚
limnodium	沼泽群落	沼澤群落,沼澤群聚
limnology	淡水生物学	淡水生物學
limnophage	食泥动物	食泥動物
limnoplankton	淡水浮游生物	淡水浮游生物
linea anomurica(歪尾类)(=linea homo-lica)	鳃甲缝	鰓甲縫
lineage group	同系群	同系群
linea homolica(人面蟹类)	鳃甲缝	鰓甲縫
linea masculina(拉)	雄性线	雄性線
linear migration	直线迁徙	直線遷徙
linea thalassinica(海蛄虾类)(=linea homolica)	鳃甲缝	鰓甲縫
line transect	样带法	穿越線法
lingua(=tongue)	舌	舌
lingual frenulum	舌系带	舌系帶

英　文　名	祖国大陆名	台湾地区名
lingual papilla	舌乳头	舌乳頭
lining epithelium(=covering epithelium)	被覆上皮	被覆上皮
lining tissue	保护组织	內襯組織
lip	唇	唇
lip of pudendum	阴唇	陰唇
lipofuscin	脂褐素	脂褐素
lipolysis	脂肪水解	脂肪水解
lipostomous	闭合孔	閉合孔
lithic community	石生群落	石生群落
lithodesma	壳带	殼帶
lithosome	石质小体	石質體
litter layer	落叶层	落葉層
litter size	胎仔数	胎仔數
littoral community	沿岸群落	沿岸群落,沿岸群聚
littoral zone	沿岸带	沿岸帶
liver	肝	肝
liver cell(=hepatocyte)	肝细胞	肝細胞
liver plate(=hepatic plate)	肝板	肝板
liver sinusoid	肝血窦	肝血竇
living organism	生物体	生物有機體
lobe	①叶 ②裂片	①葉 ②裂片
lobed foot	瓣蹼足	瓣足
lobed gland	叶状腺	葉狀腺
lobopodium	叶足	葉足
lobule	①小叶 ②小裂片	①小葉 ②小裂片
lobulus testis(=testicular lobule)	睾丸小叶	睾丸小葉
loc. cit. (=loco laudato)	已引证	已引用
loco laudato	已引证	已引用
loculus	小室	小室
logistic equation	逻辑斯谛方程	邏輯方程式
longevity	寿命	壽命
long-handled seta	长柄齿刚毛	長柄齒剛毛
longissimus capitis muscle	头最长肌	頭長肌
longissimus cervicis muscle	颈最长肌	頸長肌
longissimus dorsi muscle	背最长肌	背長肌
longissimus muscle	最长肌	最長肌
longitudinal anastomose	纵气管网结	縱氣管網結
longitudinal muscle	纵肌	縱肌

英 文 名	祖国大陆名	台湾地区名
loop	腕环	腕環
loose connective tissue	疏松结缔组织	疏鬆結締組織
loose lymphoid tissue	疏松淋巴组织	疏鬆淋巴組織
lophocercaria	脊性尾蚴	脊性尾蚴
lophodont	脊型齿	脊型齒
lophophoral arm	触手冠腕	觸手冠腕
lophophoral coelom	触手冠腔	觸手冠腔
lophophoral disc	触手冠基盘	觸手冠基盤
lophophoral lobe	触手冠叶	觸手冠葉
lophophoral lumen(=lophophoral coe-lom)	触手冠腔	觸手冠腔
lophophoral nerve ring	触手冠神经环	觸手冠神經環
lophophoral organ	触手冠器官	觸手冠器官
lophophoral retractor	触手冠缩肌	觸手冠縮肌
Lophophorata（拉）（ -lophophorate)	触手冠动物	冠觸手動物
lophophorate	触手冠动物	冠觸手動物
lophophore	触手冠	觸手冠
lore	眼先(鸟)	眼先(鳥)
loricastome（原生动物）	壳口	殼口
Loricifera（拉）(=loriciferan)	铠甲动物	鎧甲動物
loriciferan	铠甲动物	鎧甲動物
loricula	顶鞭毛束	頂鞭毛束
lorum	背桥	背橋
lotic community	激流群落	激流群落,激流群聚
Loven's law	洛文[定]律	洛文定律
lower flagellum	下鞭	下鞭
lumbar nerve	腰神经	腰神經
lumbar vertebra	腰椎	腰椎
lumbosacral joint	腰荐关节	腰薦關節
lumbosacral plexus	腰荐丛	腰薦神經叢
lumbricine	对生	對生
luminous organ	发光器	發光器
luminous organism	发光生物	發光生物
lumpers	主合派	主合派
lunar bone	月骨	月骨
lunate plate	新月板	新月板
lung	肺	肺
lunule	①小月面 ②透孔	①小月面 ②透孔

英　文　名	祖国大陆名	台湾地区名
luteolysis	黄体解体	黄體解體
lycophora	十钩蚴	十鈎蚴
lymph	淋巴	淋巴
lymph heart	淋巴心	淋巴心臟
lymph node	淋巴结	淋巴結
lymphatic capillary	毛细淋巴管	淋巴微血管
lymphatic nodule	淋巴小结	淋巴小結
lymphatic sinus	淋巴窦	淋巴竇
lymphatic vessel	淋巴管	淋巴管
lymphoblast	原淋巴细胞	淋巴母細胞
lymphocyte	淋巴细胞	淋巴細胞
lympho-epithelial follicle	淋巴上皮滤泡	淋巴上皮濾泡
lymphokine	淋巴因子	淋巴因子
lyrifissure	琴形裂	琴形裂
lyriform organ	琴形器	琴形器

M

英　文　名	祖国大陆名	台湾地区名
macrobenthos	大型底栖生物	大型底棲生物
macroconjugant	大接合体	大接合體
macroconsumer	大型消费者	大型消費者
macroevolution	宏[观]进化	巨演化
macrogamete	大配子	大配子
macrogametocyte	大配子母细胞	大配子母細胞
macrogamont	大配子母体	大配子母體
macromere	大分裂球	大分裂球
macromutation	大突变,巨突变	巨突變
macronucleus	大核	大核
macronutrient	常量营养物	高量營養物
macrophage	巨噬细胞	巨噬細胞
macroplankton	大型浮游生物	大型浮游生物
macrospore	大孢子	大孢子
macrotaxonomy	大分类学,宏分类学	巨分類學,宏分類學
macula	斑	斑
macula adherens(=desmosome)	桥粒,黏着斑	胞橋小體
macula densa	致密斑	緻密斑
macula lutea	黄斑	黄斑

英　文　名	祖 国 大 陆 名	台 湾 地 区 名
macula statica(拉)	平衡斑	平衡斑
madreporic canal	筛管	篩管
madreporic plate	筛板	篩板
madreporic pore	筛孔	篩孔
main bud	主芽	主芽
maintenance behavior	维持行为	維持行為
main tergite	主背板	主背板
main tooth(多毛类)(=cardinal tooth)	主齿	主齒
majority consensus tree	多数合意树	多數共同樹
malacology	软体动物学	軟體動物學
malaise trap	帐幕截捕器	馬氏網,馬萊誘捕器
malar bone	颧骨	軛骨
malar stripe(=cheek stripe)	颊纹	頰線
male gamete(=androgamete)	雄配子	雄配子
male pronucleus	雄原核	雄原核
male zooid(=androzooid)	雄个虫	雄個蟲
malleus	锤骨	槌骨
malnutrition	营养不良症	營養不良症
maltha	软胶质	軟膠質
mamelon	乳头突	乳頭突
mammal	哺乳动物	哺乳類動物
mammalogy	哺乳动物学,兽类学	哺乳動物學
mammary gland	乳腺	乳腺
mammotrop[h]	促乳激素细胞	促乳激素細胞
mammotrop[h]ic cell(=mammo-trop[h])	促乳激素细胞	促乳激素細胞
manchette	微管轴	圍軸質膜
mandible	①颚骨(苔藓动物) ②下颌骨 ③(=mandi-bula)大颚	①顎骨(苔蘚動物) ②下頜骨 ③大顎
mandibula	大颚	大顎
mandibular arch	颌弓	頜弧
mandibular depressor	降颚肌	降顎肌
mandibular divarigator	开颚肌	開顎肌
mandibular occlusor	闭颚肌	閉顎肌
mandibular segment	大颚体节	大顎體節
mane	鬣毛(哺乳动物)	鬣毛(哺乳動物)
mangrove	红树林	紅樹林

英 文 名	祖 国 大 陆 名	台 湾 地 区 名
mangrove community	红树林群落	紅樹林群落
mangrove ecology	红树林生态学	紅樹林生態學
mantle	①外套膜 ②上背(鸟), 翕	①外套膜 ②翕
mantle cavity	外套腔	外套腔
mantle edge	外套缘	外套緣
mantle fold	外套褶	外套褶
mantle groove	外套沟	外套溝
mantle lobe	外套叶	外套葉
mantle papillae	外套乳头	外套乳頭
mantle reversal	外套反转	外套反轉
manubrium	①垂管 ②(=pedicel) 柄	①垂管 ②柄
manuscript name	未刊学名,待刊名	待刊名
marginal carina	缘脊	緣脊
marginal fasciole	缘带线	緣帶線
marginal hook	缘钩	緣鈎
marginalia	缘须	緣骨針
marginal lappet	缘瓣	緣瓣
marginal layer	边缘层	邊緣層
marginal pore	边缘孔	邊緣孔
marginal sinus	缘窦	緣竇
marginal slit	缘裂	緣裂
marginal spine	边缘刺	邊緣刺
marginal sucker	边缘吸盘	邊緣吸盤
marginal tooth	缘齿	緣齒
marginal vesicle	边缘囊	邊緣囊
marginal zone	边缘区	邊緣區
marginal zooid	边缘个虫	邊緣個蟲
marine bottom community	海底群落	海底群落,海底群聚
marine ecology	海洋生态学	海洋生態學
marine plankton	海洋浮游生物	海洋浮游生物
marine pollution	海洋污染	海洋污染
marking	标记,标志	標記
marking-recapture method	标记重捕法,标志重捕法	標記重捕法
marsupial bone	袋骨	袋骨
marsupium	①育[仔]袋 ②(=bro-	①育兒袋 ②育囊

英 文 名	祖国大陆名	台湾地区名
	od pouch)育囊	
mass communication	群体通讯	群體通訊
masseter muscle	咬肌	嚼肌
massive nucleus	致密核	緻密核
mast cell	肥大细胞	肥大細胞
masticatory lobe	咀嚼叶	咀嚼葉
masticatory stomach	磨碎胃	磨碎胃
mastigobranchia	肢鳃	肢鰓
mastigoneme	鞭毛丝	鞭毛絲
mastigont system	鞭毛[基体]系统,毛基体系统	鞭毛系統
mastigopus	樱虾类仔虾	櫻蝦類仔蝦
materilineal	母系群	母系群
mathematical ecology	数学生态学	數學生態學
mathematical model	数学模型	數學模式
mating pattern(=mating type)	交配型	交配型
mating pool	交配库	交配庫
mating system	交配系统,配偶制	交配系統
mating type	交配型	交配型
matrix(=ground substance)	基质	基質
maturation	成熟	成熟
mature follicle	成熟卵泡	成熟卵泡
mature segment	成熟节片	成熟節片
mature proglottid(=mature segment)	成熟节片	成熟節片
maxilla	第二小颚	第二小顎
maxillary bone	上颌骨	上頜骨
maxillary gland	①小颚腺 ②颌腺	①小顎腺 ②上頜腺
maxillary hook	小颚钩	小顎鈎
maxillary ring	颚环	顎環
maxillary tooth	上颌齿	上頜齒
maxilliped	颚足	顎足
maxillula	第一小颚	第一小顎
maximum-likelihood tree	最大似然树	最大概似樹
maximum natality	最大出生率	最大出生率
maximum-parsimony tree	最大简约树	最大簡約樹
maximum sustained yield	最大持续产量	最大持續產量
mean generation time	世代平均长度	世代平均長度
Meckel's cartilage	麦克尔软骨	美凱爾氏軟骨

英　文　名	祖国大陆名	台湾地区名
medial vagina	中阴道	中陰道
median apophysis	中突	中部把持器
median arm	中腕	中腕
median carina	中［央］脊	中脊
median eminence	正中隆起	正中隆起,中突隆起
median eye	中央眼,无节幼体眼	中央眼
median fin	奇鳍	奇鰭
median groove	中［央］沟	中溝
median guide	中隔	中隔
median lobe	中叶	中葉
median plate	中［央］板	中板
median septum	中［央］隔［壁］	中隔
median tentacle	中央触手	中央觸手
median tooth	中齿	中齒
mediastinum	纵隔	縱隔
medium coronary stripe	冠纹	頭中央線
medium pore	中央孔	中央孔
medulla	髓质	髓質
medullary cord	髓索	髓索
medullary loop	髓攀,亨勒攀	亨氏彎
medullary ray	髓放线	髓放線
medullary shell	髓壳	髓殼
medusa	水母［体］	水母［體］
megaclad	大枝骨片	大枝骨片
megaclone	大柱骨片	大柱骨片
megakaryoblast	原巨核细胞	巨核母細胞
megakaryocyte	巨核细胞	巨核細胞
megalecithal egg(=polylecithal egg)	多黄卵	多黄卵
megalopa larva	大眼幼体	大眼幼體
megaloplankton	巨型浮游生物	巨型浮游生物
megalospheric form	巨球型	巨球型
meganephridium	大管肾	大腎管
megasclere	大骨针	大骨針
Mehlis's gland	梅氏腺,梅利斯腺	梅氏腺
Meibomian gland(=tarsal gland)	睑板腺,迈博姆腺	瞼板腺
meiobenthos	中型底栖生物	中型底棲生物
meiosis	减数分裂	減數分裂
Meissner's corpuscle	迈斯纳小体,触觉小体	邁斯納氏小體,觸覺小

英 文 名	祖国大陆名	台湾地区名
		體
melanin	黑[色]素	黑色素
melanin granule	黑色素颗粒	黑色素顆粒
melanism	黑化[型]	黑化[型]
melanocyte	黑色素细胞	黑色素細胞
melanophore(=melanocyte)	黑色素细胞	黑色素細胞
melanosome	黑色素体	黑色素體
melanotrop[h]	促黑色素激素细胞	促黑色素激素細胞
melanotrop[h]ic cell(=melanotrop[h])	促黑色素激素细胞	促黑色素激素細胞
melatonin	褪黑激素	褪黑激素
membranelle	小膜	小膜
membraneous process	膜质突起	膜質突起
membranoid	小膜区	小膜區
membranous bone	膜成骨	膜性硬骨
membranous cochlea	膜蜗管	膜耳蝸
membranous disc	膜盘	膜盤
membranous labyrinth	膜迷路	膜迷路
membranous sac	膜囊	膜囊
membranous spiral lamina	膜螺旋板	膜螺旋板
memory cell	记忆细胞	記憶細胞
meninges	脑脊膜	腦脊膜
mental barbel(鱼)(=chin barbel)	颏须	頦鬚
mental groove	颏沟	頦溝
mental stripe	颏纹	喉線
mentum	唇基节	唇基節
meridional cleavage	经裂	縱向卵裂
meridosternous	单腹板[的](海胆)	單腹板[的](海膽)
Merkel's cell	梅克尔细胞	梅克爾氏細胞
Merkel's tactile disk	梅克尔触盘	梅克爾氏觸盤
meroblastic cleavage	不全裂	不全卵裂
merocrine gland	局质分泌腺	局部分泌腺
merocrine sweat gland	局泌汗腺	局泌汗腺
merocyst(=cytomere)	裂殖子胚	裂殖子胚
merogony	卵块发育	卵片發育
merological approach	分部[研究]法	分部研究法
meromyarian type	少肌型	少肌型
meront(=segmenta)	分裂体	分裂體
meroplankton	阶段浮游生物,半浮游	半浮游生物

英　文　名	祖国大陆名	台湾地区名
	生物	
merozoite	裂殖子	裂殖子
mesal subterminal apophysis	中亚顶突	中亞把持器
mesectoderm	中外胚层	中外胚層
mesencephalon	中脑	中腦
mesenchyme	间充质	間質
mesendoderm	中内胚层	中内胚層
mesenterial filament	隔膜丝	隔膜絲
mesentery	①肠系膜 ②（＝diaph-ragm）隔［膜］	①腸繫膜 ②隔［膜］
mesethmoid bone	中筛骨	中篩骨
mesoblast（＝mesoderm）	中胚层	中胚層
mesobronchus（＝secondary bronchus）	次级支气管	次級支氣管
mesocercaria	中尾蚴	中尾蚴
mesocoel	中体腔	中體腔
mesocole	中湿动物	中濕性動物
mesocolon	结肠系膜	結腸繫膜
mesocoracoid	中喙骨	中喙骨
mesocuneiform bone	中楔骨	中楔骨
mesocuticle	中角皮, 中表皮	中角皮
mesoderm	中胚层	中胚層
mesodermic band	中胚层带	中胚層帶
mesodermic teloblast	中胚层端细胞	中胚層端細胞
mesoglea	中胶层	中膠層
mesohaline	中盐性	中鹽性
mesohalobion	中盐性生物	中鹽性生物
mesohyl	中质	中層
mesolecithal egg	中黄卵	中黄卵
mesomere	中分裂球	中分裂球
mesomitosis	核内有丝分裂	核内有絲分裂
mesonephric duct（＝Wolffian duct）	沃尔夫管, 中肾管	中腎管
mesonephros	中［期］肾	中腎
mesooecium	间室	間室
mesopelagic plankton	大洋中层浮游生物	大洋中層浮游生物
mesoplankton	中型浮游生物	中型浮游生物
mesoplax	中板	中板
mesopterygoid bone	中翼骨	中翼骨
mesorectum	直肠系膜	直腸繫膜

英 文 名	祖 国 大 陆 名	台 湾 地 区 名
mesosoma	①中体 ②前腹部(螯肢动物)	①中體 ②前腹部
mesothelium	间皮	中皮
mesotriaene(=centrotriaene)	中三叉骨针	中三叉骨針
mesotroph	中养生物	中營性生物
Mesozoa(拉)(=mesozoan)	中生动物	中生動物
mesozoan	中生动物	中生動物
metabolism	代谢	代謝
metacarpal bone	掌骨	掌骨
metacarpal tubercle	掌突	掌突
metacarpophalangeal joint	掌指关节	掌指關節
metacercaria	囊蚴	囊蚴
metacestode	续绦蚴	後條蚴
metachromasia	异染性	異染性
metachronal wave	节奏波	節奏波
metaclypeus	后额板	後額板
metacoel	后体腔	後體腔
metacommunication	后示通讯	後示通訊
metacone	后尖	後錐
metaconid	下后尖	下後錐
metaconule	后小尖	後鋒
metacoxa	后基板	後基板
metacryptozoite	次[潜]隐体	次隱體
metacyclic form	后循环型	後循環型
metagastrula	后原肠胚	後原腸胚
metagenesis(=alternation of generations)	世代交替	世代交替
metamere(=somite)	体节	體節
metamerism	分节	分節
metamorphosis	变态	變態
metamyelocyte	晚幼粒细胞	後原粒細胞
metanauplius larva	后[期]无节幼体	後無節幼體
metanephridium	后管肾	後腎管
metanephros	后[期]肾	後腎
metaplax	后板	後板
metapleural fold	腹褶	腹褶
metapopulation	集合种群,复合种群	集合族群,複合族群
metapterygoid bone	后翼骨	後翼骨
metarubricyte(=acidophilic erythroblast)	晚幼红细胞	晚紅母血球

英　文　名	祖国大陆名	台湾地区名
metasoma(螯肢动物)	后腹部	後腹部
metasomite	后环节	後環節
metaster	后星骨针	後星骨針
metastomium	①口后部 ②(=trunk)躯干[部],胴部(环节动物) ③口后叶	①口後部 ②軀幹部
metatarsal bone	蹠骨	蹠骨
metatarsal gland	蹠腺	蹠腺
metatarsal tubercle	蹠突	蹠突
metatarsus	后跗节	蹠節
metathalamus	丘脑后部	後視丘
metatroch	后纤毛环	後纖毛環
metatrochophore	后担轮幼虫	後擔輪幼體
metatype	后模标本	後模式
Metazoa（拉）(=metazoan)	后生动物	後生動物
metazoan	后生动物	後生動物
metazonite	后背侧板	後背側板
meta-zoonosis	媒介人兽互通病	媒介人獸互通病
metecdysis(=postmolt)	蜕皮后期	蜕皮後期
metencephalon	后脑	後腦
metraterm	子宫末段	子宮末段
metrocyte	母细胞	母細胞
microaesthete	小微眼	小微眼
microbenthos	小型底栖生物	小型底棲生物
microbivore	食微生物动物	食微生物動物
microcalthrops	小荆骨针	小荊骨針
microcercous cercaria	微尾尾蚴	微尾尾蚴
microcirculation	微循环	微循環
microclimate	微气候	微氣候
microconjugant	小接合体	小接合體
microconsumer	小型消费者	小型消費者
microcosm	实验生态系[统],微宇宙	實驗生態系統
microecosystem	微生态系[统]	微生態系
microevolution	微[观]进化	微演化
microfilament(=microneme)	微丝	微絲
microfilaria	微丝蚴	微絲蚴
microfold cell	微褶细胞	微褶細胞

英 文 名	祖 国 大 陆 名	台 湾 地 区 名
microgamete	小配子	小配子
microgametocyte	小配子母细胞	小配子母細胞
microgamont	小配子母体	小配子母體
microglia	小胶质细胞	微膠質細胞
microhabitat	小栖息地	微棲地
microlecithal egg(=oligolecithal egg)	少黄卵	少黄卵
micromere	小分裂球	小分裂球
micromutation	微突变	微突變
micronekton	微型游泳生物	微型游泳生物
microneme	微丝	微絲
micronephridium	小管肾	微腎管
micronucleus	小核	小核
micronutrient	微量营养物	微量營養物
microplankton	小型浮游生物	小型浮游生物
micropore	微孔	微孔
micropyle	卵孔	卵孔
micropyle cap	卵孔盖	卵孔蓋
microrabd(=microrabdus)	小杆骨针	小桿骨針
microrabdus	小杆骨针	小桿骨針
microsclere	小骨针	小骨針
microsere	小演替系列	小演替階段
microsphere	小球体	微球體
microspore	小孢子	小孢子
microstrongyle	小棒骨针	小棒骨針
microsymbiont	小共生体	小共生體
microtaxonomy	小分类学,微分类学	微分類學
microtubule	微管	微管
microvillus	微绒毛	微絨毛
microxea	小二尖骨针	小二尖骨針
mictic female	混交雌体	混交雌體
midbrain(=mesencephalon)	中脑	中腦
middle concha	中鼻甲	中鼻甲
middle ear	中耳	中耳
middle haematodocha	中血囊	中血囊
middle piece	中段	中段
middorsal septum	背中隔[壁]	背中隔
midget bipolar cell	侏儒双极细胞	侏儒雙極細胞
midget ganglion cell	侏儒节细胞	侏儒節細胞

英　文　名	祖国大陆名	台湾地区名
midgut	中肠	中腸
migrant	迁徙动物	遷徙動物
migrant［bird］	候鸟	候鳥
migrant selection	迁徙选择	遷徙選擇
migration	①迁徙 ②迁移,迁飞 ③洄游 ④移行	①遷徙 ②遷移 ③迴游 ④移行
migration mechanism	迁徙机制	遷徙機制
migratory fish	洄游性鱼类	迴游性魚類
miliary spine	小棘	小棘
miliary tubercle	小疣	小疣
milled ring	磨齿环	磨齒環
mimic coloration	拟色	擬色
mimic death(＝death-feigning)	装死	裝死
mimicry	拟态	擬態
mineralocorticoid	盐皮质激素	鹽皮質激素
mineralosteroid(＝mineralocorticoid)	盐皮质激素	鹽皮質激素
minimum viable population（MVP）	最小可生存种群	最小可生存族群
miracidium	毛蚴	毛蚴
misopore	间孔	間孔
mitochondrial DNA	线粒体 DNA	粒線體 DNA
mitochondrion	线粒体	粒線體
mitosis	有丝分裂	有絲分裂
mitral valve(＝bicuspid valve)	二尖瓣	二尖瓣
mixed growth	混合生长	混合生長
mixed nest(＝compound nest)	多种混居巢	多種混居巢
mixed species flock	多种合群	多種群集
mixed tide	混合潮	混合潮
M line	M 线,M 膜	M 線,M 膜
M membrane(＝M line)	M 线,M 膜	M 線,M 膜
modiolus	蜗轴	蝸軸
molar process	臼齿突	臼齒突
molar tooth	臼齿	臼齒
molecular clock	分子钟	分子時鐘
molecular dating	分子定年	分子定年
molecular embryology	分子胚胎学	分子胚胎學
molecular evolution	分子进化	分子演化
molecular genetics	分子遗传学	分子遺傳學
molecular layer	分子层	分子層

英 文 名	祖国大陆名	台湾地区名
molecular systematics	分子系统学	分子系統分類學
Mollusca（拉）(=mollusk)	软体动物	軟體動物
molluscoid	拟软体动物	似軟體動物
Molluscoidea（拉）(=molluscoid)	拟软体动物	似軟體動物
mollusk	软体动物	軟體動物
mollusk size rule	软体动物大小律	軟體動物大小定律
molt	换羽	換羽
monact（=monactine）	单辐骨针	單輻骨針
monactine	单辐骨针	單輻骨針
monad	单分体	單分體
monaene	单叉骨针	單叉骨針
monaxon	单轴骨针	單軸骨針
moniliform antenna	珠状触手	珠狀觸手
monobasal	单基板	單基板
monoblast	原单核细胞	單核母細胞
monocrepid	单轴原骨片	單軸原骨片
monocyclic calyx	单环萼	單環萼
monocystid gregarine	单房簇虫	單房簇蟲
monocyte	单核细胞	單核細胞
monodelphic type	单宫型	單宮型
monoecism	雌雄同体	雌雄同體
monogamy	单配性	單配偶制
monogemmic	单芽生殖的	單芽生殖的
monogynopaedium	母子集群	母子群集
monolophous microcalthrops	单冠骨针	單冠骨針
monomorphism	单态	單態
monomyarian	单柱的	單柱的
mononuclear phygocyte system（MPS）	单核吞噬细胞系统	單核吞噬細胞系統
monoparasitism（=haploparasitism）	单寄生	單寄生
monophagy	单食性	單食性
monophasic allometry	单相异速生长	單相異速生長
monophyletic	单系的	單系的
monophyly	单系	單系
monospermy	单精入卵	單精入卵
monosporous	单孢子的	單孢子的
monostome cercaria	单口尾蚴	單口尾蚴
mono-stomodeal budding	单口道芽	單口道芽
monostomy	单口	單口

英　文　名	祖国大陆名	台湾地区名
monothalamic（=unilocular）	单室的	單室的
monotomic	单分裂的	單分裂的
monotype	独模标本	單模式
monotypic genus	单型属	單模式屬
monotypic species	单型种	單模式種
monoxenous form	单宿主型	單宿主型
monoxyhexaster	单针六星骨针	單針六星骨針
monozygote	单精合子	單精合子
monsoon forest	季风林	季風林
monthly rhythm	月节律	月節律
monticule	小丘	小丘
moonlight cycle	月光周期	月光週期
morphocline	形态梯度	形態梯度
morphodifferentiation	形态分化	形態分化
morphogenesis	形态发生	形態發生
morphospecies	形态种	形態種
morphotype	态模标本	態模式
mortality	死亡率	死亡率
mortality curve	死亡率曲线	死亡率曲線
morula	桑椹胚	桑椹胚
mosaic	嵌合体	嵌合體
mosaic cleavage	镶嵌型卵裂	鑲嵌型卵裂
mosaic development	镶嵌式发育	鑲嵌式發育
mosaic distribution	镶嵌分布	鑲嵌分佈
mosaic egg	镶嵌卵	鑲嵌卵
mosaicism	镶嵌性	鑲嵌性
moss animal	苔藓动物,外肛动物	苔蘚動物
mossy fiber	苔藓纤维	苔蘚纖維
mother cell of mesoderm	中胚层母细胞	中胚層母細胞
mother redia	母雷蚴	母雷蚴
mother sporocyst	母胞蚴	母胞蚴
motility of sperm	精子活力	精子活力
motor end-plate	运动终板	運動終板
motor nerve ending	运动神经末梢	運動神經末梢
motorium	运动中心	運動中心
mouth	口	口
mouth cavity	口腔	口腔
mouth papilla	口棘	口棘

英 文 名	祖国大陆名	台湾地区名
mouth part	口[部]	口部,口器
mouth shield	口盾	口盾
movable finger	活动指,可动指	可動指
movable joint	动关节	可動關節
MPS(= mononuclear phygocyte system)	单核吞噬细胞系统	單核吞噬細胞系統
mucco	锐突	銳突
mucocyst	黏液胞	黏液胞
mucosa(= mucous layer)	黏膜层	黏膜層
mucous acinus	黏液腺泡	黏液腺泡
mucous cell	黏液细胞	黏液細胞
mucous gland	黏液腺	黏液腺
mucous layer	黏膜层	黏膜層
mucous pad	黏液足	黏液足
mucous trichocyst	黏液刺丝胞	黏液刺絲胞
mucron	端节	端節
mudflat	泥滩	泥灘,泥灘地
Müller cell(= radial neuroglia cell)	放射状胶质细胞,米勒细胞	放射狀膠質細胞,繆勒細胞
Müllerian duct	米勒管	繆勒氏管
Müller's larva	米勒幼虫	繆勒氏幼蟲
Müller's vesicle	米勒泡	繆勒泡
multibrachiate	多腕的	多腕的
multidimensional niche(= hypervolume niche)	多维生态位	多維生態區位
multifidus muscle	多裂肌	多裂肌
multiform layer	多形[细胞]层	多形[細胞]層
multilaminar	多层的	多層的
multilocular fat(= brown fat)	棕脂肪,多泡脂肪	棕脂肪,多泡脂肪
multiparasitism	多寄生	多寄生
multiple fission	复分裂	複分裂
multiplier effect	延增效应	延增效應
multipolar neuron	多极神经元	多極神經元
multiporous	多孔的	多孔
multiporous rosette plate	多孔型玫瑰板	多孔型玫瑰板
multipotential stem cell	多能干细胞	多能幹細胞
multiserial	多列的	多列的
mural porechamber	壁孔室	壁孔室
mural rim	墙缘(苔藓动物)	牆緣(苔蘚動物)

英 文 名	祖国大陆名	台湾地区名
muscle	肌肉	肌肉
muscle banner	肌旗	肌旗
muscle fiber	肌纤维	肌纖維
muscle layer	肌[肉]层	肌[肉]層
muscle of anterior limb	前肢肌	前肢肌
muscle of larynx	喉肌	喉肌
muscle of posterior limb	后肢肌	後肢肌
muscle ridge	肌脊	肌脊
muscle satellite cell	肌卫星细胞	肌衛星細胞
muscle scar	肌痕	肌痕
muscles of mastication	咀嚼肌	咀嚼肌
muscles of neck	颈肌	頸肌
muscles of tongue	舌肌	舌肌
muscle spindle(=neuromuscular spindle)	神经肌梭,肌梭	神經肌梭,肌梭
muscle strand	肌带	肌帶
muscle tissue	肌肉组织	肌肉組織
muscularis mucosae	黏膜肌层	黏膜肌層
muscular socket	肌槽	肌槽
muscular stomach	肌胃	肌胃
musk gland	麝香腺	麝香腺
mutation	突变	突變
mutual antagonism	互抗	互抗
mutualism	互利共生	互利共生
mutualistic symbiosis(=mutualism)	互利共生	互利共生
MVP(=minimum viable population)	最小可生存种群	最小可生存族群
myelencephalon	①末脑 ②延髓	①末腦 ②延髓
myelinated nerve fiber	有髓神经纤维	有髓神經纖維
myelin sheath	髓鞘	髓鞘
myeloblast	原粒细胞	粒母細胞
myelocyte	中幼粒细胞	原粒細胞
myoblast	成肌细胞	肌母細胞
myocardium	心肌膜	心肌膜
myocoel	肌节腔	肌節腔
myocomma	肌隔	肌隔
myoepithelial cell	肌上皮细胞	肌上皮細胞
myofibril	肌原纤维	肌原纖維
myofilament	肌丝	肌絲
myoid cell	肌样细胞	肌樣細胞

英　文　名	祖国大陆名	台湾地区名
myometrium	子宫肌膜	子宮肌膜
myoneme(= myofilament)	肌丝	肌絲
myophrisk	肌皱丝	肌皺絲
myosin	肌球蛋白	肌凝蛋白
myosin filament	肌球蛋白丝	肌球蛋白絲
myotome	生肌节	生肌節
myriapod	多足动物	多足動物
Myriapoda(拉)(= myriapod)	多足动物	多足動物
myrmecophile	适蚁动物,嗜蚁动物	嗜蟻動物
mysis larva	糠虾[期]幼体	糠蝦幼體
myxamoeba	胶丝变形体	黏菌變形體
myxoflagellate	胶丝鞭毛体	黏菌鞭毛體
myxopodium	黏足	黏足

N

英　文　名	祖国大陆名	台湾地区名
nail	①指甲 ②趾甲 ③嘴甲	①指甲 ②趾甲 ③嘴甲
nail bed	甲床	指甲床
nail matrix	甲母质,指甲基质	指甲基質
nail plate	甲板	指甲板
nail root	甲根	指甲根
naked name	虚名	虚名
naked ovum	裸卵	裸卵
nannoplankton	微型浮游生物	微型浮游生物
nanozooid	微个虫	微個蟲
nape	[后]颈	後頸
nasal bone	鼻骨	鼻骨
nasal bristle	鼻须(鸟)	鼻部剛毛
nasal capsule	鼻囊	鼻囊
nasal cavity	鼻腔	鼻腔
nasal gland	鼻腺	鼻腺
nasal pit	嗅窝,鼻窝	鼻窩,嗅窩
nasal plug	鼻栓	鼻栓
nasopharyngeal sphincter muscle	鼻咽括约肌	鼻咽括約肌
nasse	篮咽管	籃咽管
natal down	雏绒羽	雛鳥絨羽
natality	出生率	出生率

英　文　名	祖国大陆名	台湾地区名
native species	本地种	本土種
natural focus	自然疫源地	自然疫源地
natural history	自然史	自然史
naturalization	自然化	自然化
natural resources	自然资源	自然資源
natural selection	自然选择	天擇
natural system	自然系统	自然系統
nature conservation	自然保护, 自然保育	自然保育
nature control	自然控制	自然控制
nature killer cell	自然杀伤细胞	自然殺傷細胞
nature management	自然管理	自然經營管理
nature reserve	自然保护区	自然保留區
nature sanctuary（=nature reserve）	自然保护区	自然保留區
naupliar eye（=median eye）	中央眼, 无节幼体眼	中央眼
nauplius larva	无节幼体	無節幼體
navicular bone	足舟骨	舟骨
navigation	导航	導航
neap tide	小潮	小潮
Nearctic realm	新北界	新北界
neck retractor	颈[牵]缩肌	頸縮肌
necrophage	食尸动物	食屍動物
nectar food chain	食花蜜食物链	食花蜜食物鏈
nectocalyx	泳钟	泳鐘
nectochaeta	疣足幼虫	疣足幼體
nectomonad	游动鞭毛单分体	游動鞭毛單分體
needle	针形骨针	針形骨針
nekton	游泳生物	游泳生物
nematocyst	刺丝囊	刺絲胞
Nematoda（拉）（=nematode）	线虫[动物]	線蟲動物
nematode	线虫[动物]	線蟲動物
nematodesma	咽微纤丝	咽微纖絲
nematodiasis	线虫病	線蟲病
nematology	线虫学	線蟲學
nematomorph	线形动物	線形動物
Nematomorpha（拉）（=nematomorph）	线形动物	線形動物
nematophore	刺丝体	刺絲體
nematopore	丝孔	絲孔
nematotheca	刺丝鞘	刺絲鞘

英　文　名	祖国大陆名	台湾地区名
Nemertinea(拉)(=nemertinean)	纽形动物	紐形動物
nemertinean	纽形动物	紐形動物
neopallium	新皮层	新腦皮層
neoteny	幼态延续	幼體延續
Neotropical realm	新热带界	新熱帶界
neotype	新模标本	新模式
nephridial papilla	肾乳突	腎乳突
nephridial pit	肾窝	腎窩
nephridial pocket	肾管囊	腎管囊
nephridioduct	肾导管	腎導管
nephridioplasm	肾质	腎質
nephridiopore	肾孔	腎孔
nephridium	①管肾 ②肾管	腎管
nephrogenic tissue	生肾组织	生腎組織
nephromere(=nephrotome)	生肾节	生腎節
nephron	肾单位,肾元	腎元,單位腎
nephrostome	肾口	腎口
nephrotome	生肾节	生腎節
neritic	沿岸的,近海的	近海的
neritic plankton	浅海浮游生物	淺海浮游生物
nerve	神经	神經
nerve cord	神经索	神經索
nerve ending	神经末梢	神經末梢
nerve fiber	神经纤维	神經纖維
nerve fiber layer	神经纤维层	神經纖維層
nerve impulse	神经冲动	神經衝動
nerve plexus	神经丛	神經叢
nerve tissue(=nervous tissue)	神经组织	神經組織
nerve tract	神经束	神經束
nervous system	神经系统	神經系統
nervous tissue	神经组织	神經組織
nested hierarchy	巢式等级	巢式階級
nestling	留巢雏	留巢幼雛
nest odor	巢气味	巢氣味
net community productivity	净群落生产力	淨群落生產力
net primary productivity	净初级生产力	淨初級生產力
net reproductive rate	净生殖率	淨增值率
nettle ring	刺丝环	刺絲環

英 文 名	祖 国 大 陆 名	台 湾 地 区 名
neural arch (= vertebral arch)	椎弓	椎弧
neural crest	神经嵴	神經嵴
neural fold	神经褶	神經褶
neural groove	神经沟	神經溝
neural network	神经网络	神經網絡
neural plate	神经板	神經板
neural ridge (= neural fold)	神经褶	神經褶
neural spine (= vertebral spine)	椎棘	髓棘
neural tube	神经管	神經管
neurenteric canal	神经原肠管	神經原腸管
neurenteric pore	神经肠孔	神經腸孔
neurite	神经突	神經突
neuroblast	成神经细胞	神經母細胞
neurocranium	脑颅	腦顱
neuroepithelial cell	神经上皮细胞	神經上皮細胞
neurofibril	神经原纤维	神經原纖維
neurofilament	神经丝	神經絲
neuroglia	神经胶质	神經膠質
neurohormone	神经激素	神經激素
neurohypophysis	神经垂体	神經垂體
neurokeratin	神经角蛋白	神經角蛋白
neurolemmal cell	神经膜细胞,施万细胞	神經膜細胞,施万細胞
neuromast	神经丘	神經丘
neuromuscular band	神经肌肉带	神經肌肉帶
neuromuscular spindle	神经肌梭,肌梭	神經肌梭,肌梭
neuron	神经元	神經元
neuropodium	腹肢	腹肢
neurosecretory cell	神经分泌细胞	神經分泌細胞
neuroseta	腹刚毛	腹剛毛
neurotendinal spindle	神经腱梭	神經腱梭
neurotubule	神经微管	神經微管
neurula	神经胚	神經胚
neurulation	神经胚形成	神經胚形成
neuston	水表层漂浮生物	表層漂浮生物
neutralism	中性共生	中性共生
neutral mutation random drift hypothesis (= neutral theory)	中性学说,中性突变漂变假说	中性理論
neutral theory	中性学说,中性突变漂	中性理論

英　文　名	祖国大陆名	台湾地区名
	变假说	
neutrophil（=neutrophilic granulocyte）	嗜中性粒细胞	嗜中性粒細胞
neutrophilic granulocyte	嗜中性粒细胞	嗜中性粒細胞
new family	新科	新科
new genus	新属	新屬
new name	新[订学]名	新名
new species	新种	新種
new subspecies	新亚种	新亞種
newtype	新模	新模式
niche differentiation	生态位分化	生態區位分化
niche overlap	生态位重叠	生態區位重疊
niche space	生态位空间	生態區位空間
niche width	生态位宽度	生態區位寬度
nictitating fold	瞬褶	瞬褶
nictitating membrane	瞬膜	瞬膜
nidamental chamber	缠卵腔	纏卵腔
nidamental gland	①缠卵腺 ②卵壳腺	①纏卵腺 ②卵殼腺
nidation	着床	着床
nidicolocity	留巢性	留巢性
nidifugity	离巢性	離巢性
nidus（=natural focus）	自然疫源地	自然疫源地
nipple	乳头	乳頭
Nissl body	尼氏体	尼氏體
nitrogen cycle	氮循环	氮循環
nocturnal	夜行,夜出	夜行性
nocturnal eye	夜眼	夜眼
nocturnal migration	夜间迁徙	夜間遷徙
node of nerve fiber	神经纤维结	神經纖維結
node of Ranvier（=node of nerve fiber）	神经纤维结	神經纖維結
nodulus	毛节	毛節
nom. dub.（=nomen dubium）	疑难[学]名	可疑名
nomenclature	命名	命名[法]
nomen conservandum	保留[学]名	保留名
nomen dubium	疑难[学]名	可疑名
nomen inquirendum	待考[学]名	待考名
nomen oblitum	遗忘[学]名	遺忘名
nomen triviale	本名	本名
nominate subspecies	指名亚种	指名亞種

英　文　名	祖国大陆名	台湾地区名
nom. nov. (= new name)	新[订学]名	新名
nonciliferous	无纤毛的	無纖毛的
nondeciduous placenta	非蜕膜胎盘	非蜕膜胎盤
nondegradation	非降解性	非降解性
non-identical twin	异卵双胎	異卵雙胎
nonnested hierarchy	非巢式等级	非巢式階級
non-reef-building coral (= ahermatypic coral)	非造礁珊瑚	非造礁珊瑚
nonrenewable resources	非再生资源	不可再生资源
non-sterilizing immunity	非消除性免疫	非消除性免疫
noradrenalin	去甲肾上腺素	去甲腎上腺素
normoblast (= acidophilic erythroblast)	晚幼红细胞	晚紅母血球
nose	鼻	鼻
nostril	鼻孔	鼻孔
notoacicular ligule	背足刺舌叶	背足刺舌葉
notochord	脊索	脊索
notopodium	背肢	背肢
notoseta	背刚毛	背剛毛
notosetal lobe	背刚叶	背剛葉
notothyrium	背三角孔	背三角孔
notum(昆虫)(= tergum)	背板	背板
nuchal gland	颈腺	頸腺
nuchal organ	颈器	頸器
nuclear bag fiber	核袋纤维	核袋纖維
nuclear chain fiber	核链纤维	核鏈纖維
nuclear dimorphism	核双型现象	核雙型現象
nuclear dualism	核二型性	核二型性
nuclear transplantation	核移植	核移植
nucleated oral primordium	带核的口原基	帶核的口原基
nucleo-cytoplasmic hybrid cell	核质杂种细胞	核質雜種細胞
nucleo-cytoplasmic interaction	核质相互作用	核質相互作用
null cell	裸细胞	裸細胞
numerical taxonomy	数值分类学	數值分類學
nummulite	货币虫	貨幣蟲
nuptial dance	婚舞,求偶舞	求偶舞
nuptial pad	婚垫	婚姻墊
nuptial plumage	婚羽	飾羽,婚羽
nuptial spine	婚刺	婚姻刺

英 文 名	祖国大陆名	台湾地区名
nurse cell	抚育细胞	營養細胞
nutrient cycle	营养物循环	營養物循環
nutrient vessel	血管滋养管,营养血管	營養血管
nyctipelagic plankton	夜浮游生物	夜浮游生物
nymphal stage	若虫期	若蟲期

O

英 文 名	祖国大陆名	台湾地区名
objective synonym	客观异名	客觀異名
obligate symbiont	专性共生物	專性共生物
obligatory aerobic organism	专性需氧生物	專性需氧生物
obligatory anaerobic organism	专性厌氧生物	專性厭氧生物
obligatory parasite	专性寄生虫	專性寄生蟲
obligatory parasitism	专性寄生	專性寄生
obliquely striated muscle	斜纹肌	斜紋肌
oblique muscle	斜肌	斜肌
obliquus capitis muscle	头斜肌	頭斜肌
observation learning(=empathic lear- ning)	观摩学习	觀摩學習
obturator foramen	闭孔	閉孔
occasional parasite(=accidental parasite)	偶然寄生虫	機遇寄生蟲
occasional parasitism	偶然寄生	偶發寄生
occipital area	后头域	後頭域
occipital bone	枕骨	枕骨
occipital cirrus	后头触须	後頭觸鬚
occipital condyle	枕髁	枕骨髁
occipital crest	枕冠(鸟)	枕冠
occipital lobe	枕叶	枕葉
occipital region	枕区	枕骨區
occiput	枕部(鸟)	枕部
occlusal surface	咬合面	咬合面
oceanic	远洋的	遠洋的
oceanic plankton(=eupelagic plankton)	远洋浮游生物	遠洋浮游生物
Oceanic realm	大洋界	大洋界
oceanium	海洋群落	海洋群落,海洋群聚
oceanophile	适洋性,嗜洋性	嗜洋性
ocellus	①感光小器 ②单眼 ③	①感光小器 ②單眼 ③

英 文 名	祖 国 大 陆 名	台 湾 地 区 名
	(=eye spot)眼点 (腔肠动物)	眼點
ochthium	泥滩群落	泥灘群落,泥灘群聚
octact	八辐骨针	八輻骨針
octactine(=octact)	八辐骨针	八輻骨針
octhophile	适泥滩性,嗜泥滩性	嗜泥灘性
ocular peduncle(=eye stalk)	眼柄	眼柄
oculiferous lobe	眼叶	眼葉
oculomotor nerve	动眼神经	動眼神經
odontoid process	齿突	齒突
odontophore	舌突起	舌突起
odoriferous gland(=scent gland)	气味腺	氣味腺
odor trail	嗅迹	嗅跡
oesophageal bulb	食道球	食道球
oesophago-intestinal valve	食道肠瓣	食道腸瓣
oestrous cycle	动情周期	動情週期
oestrus(=estrus)	动情期	動情期
olfactory bulb	嗅球	嗅球
olfactory cell	嗅细胞	嗅細胞
olfactory cone	嗅觉锥	嗅覺錐
olfactory epithelium	嗅上皮	嗅上皮
olfactory gland	嗅腺,鲍曼腺	嗅腺,鮑曼氏腺
olfactory hair	嗅毛	嗅毛
olfactory nerve	嗅神经	嗅神經
olfactory organ	嗅觉器官	嗅覺器官
olfactory pit(=nasal pit)	嗅窝,鼻窝	鼻窩,嗅窩
olfactory placode	嗅板	嗅板
olfactory pore	嗅觉孔	嗅覺孔
olfactory region	嗅区	嗅覺區
olfactory vesicle	嗅泡	嗅泡
oligodendrocyte	少突胶质细胞	寡突膠質細胞
oligohaline	寡盐性	寡鹽性
oligolecithal egg	少黄卵	少黃卵
oligophagy	寡食性	寡食性
oligoporous plate	少孔板	少孔板
oligostenohaline	低狭盐性	低狹鹽性
olynthus	雏海绵	雛海綿
omasum	瓣胃	重瓣胃

英　文　名	祖国大陆名	台湾地区名
ommatidium	小眼	小眼
omnivore	杂食动物	雜食動物
omnivory	杂食性	雜食性
oncomiracidium	囊毛蚴	囊毛蚴
oncosphere	六钩蚴	六鈎蚴
one cell stage	单细胞期	單細胞期
one-way digestive tract	单向消化管	單向消化管
ontogenesis（＝ontogeny）	个体发生，个体发育	個體發育
ontogeny	个体发生，个体发育	個體發育
Onychophora（拉）（＝onychophoran）	有爪动物	有爪動物
onychophoran	有爪动物	有爪動物
ooblast	成卵细胞	成卵細胞
oocyst	①卵囊(原生动物) ②(＝zygocyst)合子囊	①卵囊 ②卵母細胞
oocyst residuum	卵囊残体	卵囊殘體
oocyte	卵母细胞	卵母細胞
oocytin	促受精膜生成素	促受精膜生成素
ooduct	卵囊管	卵囊管
ooecial operculum	卵室口盖	卵室口蓋
ooecial orifice	卵室口	卵室口
ooecial vesicle	卵室囊	卵室囊
ooecium	卵室	卵室
ooepore（苔藓动物）（＝cytostome）	胞口	胞口
oogamete	雌配子	雌配子
oogenesis	卵子发生	卵子發生
oogenotop	卵形成器	卵形成器
oogonium	卵原细胞	卵原細胞
ookinete	动合子	動合子
ooplasm（＝ovoplasm）	卵质	卵質
oostegite	抱卵片	抱卵片
oostegopod	抱卵肢	抱卵肢
ootheca	卵鞘	卵鞘
ootid（＝egg）	卵细胞	卵
ootype	卵模	卵模
oozooid	①卵生体 ②卵生珊瑚虫	①卵生體 ②卵生個蟲
opediular indentation	隐壁缺口	隱壁缺口
open vascular system	开管循环系[统]	開放循環系統

英　文　名	祖国大陆名	台湾地区名
opercular aperture	鳃盖孔(硬骨鱼)	鰓蓋孔
opercular bone	鳃盖骨	鰓蓋骨
opercular muscle	口盖肌	口蓋肌
opercular valve	盖板	蓋板
operculum	①口盖 ②卵盖 ③厣 ④壳盖 ⑤鳃盖 ⑥ (=opercular bone) 鳃盖骨	①口蓋 ②卵蓋 ③口蓋 ④殼蓋 ⑤鰓蓋 ⑥鰓蓋骨
opesiule	隐壁孔	隱壁孔
opesium	膜下孔	膜下孔
ophiocephalous pedicellaria	蛇首叉棘	蛇首叉棘
ophiopluteus	蛇尾幼体	蛇尾幼體
ophirhabd	蛇杆骨针	蛇桿骨針
ophthalmic somite	眼节	眼節
opisthaptor	后吸器	後吸器
opisthe	后仔虫	後仔蟲
opisthocoelous centrum	后凹椎体	後凹椎體
opisthodelphic type	后宫型	後宮型
opisthoglyphic tooth	后沟牙	後溝牙
opisthomastigote	后鞭毛体	後鞭毛體
opisthonephros	后位肾	晚腎
opisthosoma	后体	後體
opisthotica(=opisthotic bone)	后耳骨	後耳骨
opisthotic bone	后耳骨	後耳骨
opium	寄生群落	寄生群落,寄生群聚
opportunistic species	机会种,漂泊种	機會物種
opposing spine	峙棘	峙棘
optic capsule	眼囊	眼囊
optic chiasma	视交叉	視神經交叉
optic cup	视杯	視杯
optic disc	视盘,视神经乳头	視盤
optic ganglion	视神经节	視神經節
optic lobe(=oculiferous lobe)	眼叶	眼葉
optic nerve	视神经	視神經
optic placode	视板	視板
optic plate(=optic placode)	视板	視板
optic vesicle	视泡	視泡
optimal climate	最适气候	最適氣候

英 文 名	祖国大陆名	台湾地区名
optimal population	最适种群密度	最適族群密度
optimal temperature	适宜温度	適溫
optimal yield	最适产量	最適產量
optimum	最适度	最適度
oral area	口区	口區
oral atrium	口前腔	口前腔
oral disc	口盘	口盤
oral gland	口腔腺	口腔腺
oral groove	口沟	口溝
oral hood	口笠	口笠
oral infraciliature	口表膜下纤毛系	口下纖列
oral interradial area	口面间辐区	口面間輻區
oral-lateral	口侧的	口側的
oral neural system	口神经系	口神經系
oral osphradium	前嗅检器	前嗅檢器
oral papilla	①口乳突 ②(=mouth papilla)口棘	①口乳突 ②口棘
oral part(=mouth part)	口[部]	口部,口器
oral pinnule	口羽枝	口羽枝
oral replacement	口更新	口更換
oral rib	口肋	口肋
oral ring	口环	口環
oral shield(=mouth shield)	口盾	口盾
oral sucker	口吸盘	口吸盤
oral surface(=actinal surface)	口面	口面
oral vestibule	口前庭	口前庭
orbit	眼窝	眼窩
orbital fascia	眶筋膜	眶筋膜
orbital region	眶区	眶區
orbito-antennal groove	眼眶触角沟	眼眶觸角溝
orbitosphenoid bone	眶蝶骨	眶蝶骨
order	目	目
ordinary zooid	普通个虫	普通個蟲
organelle	细胞器	細胞器
organism	有机体	有機體
organizer	组织者	組織者
organ of Bojanus	博氏器,博亚努斯器	博氏器
organ of Corti	螺旋器,科尔蒂器	科爾蒂氏器

英　文　名	祖国大陆名	台湾地区名
organ of Tomosvery	侧头器	側頭器
organogenesis	器官发生	器官發生
organum nuchale	项器	項器
Oriental realm	东洋界	東亞區
orientating function	定向功能	定向功能
orientation	定向	定向
orientation reaction	定向反应	定向反應
orifice	室口	室口
original description	原始描记	原始描述
ornithology	鸟类学	鳥類學
orthodragma	直束骨针	直束骨針
orthogamy	正常配偶	正常配偶
orthomere	正部	正部
orthotriaene	正三叉骨针	正三叉骨針
osculum	出水口	出水孔
osmoconformer	等渗生物	等渗生物
osmotrophy	渗透营养	滲透性營養
osphradium	嗅检器	嗅檢器
osseous hydatid	骨棘球蚴	骨棘球蚴
osseous labyrinth	骨迷路	骨迷路
osseous spiral lamina	骨螺旋板	骨螺旋板
ossification	骨化	骨化
ossified spine	硬刺,骨质刺	骨刺
osteoblast	成骨细胞	骨母細胞
osteoclast	破骨细胞	碎骨細胞
osteocyte	骨细胞	骨細胞
osteogenesis	骨发生	骨發生
osteoid	类骨质	類骨質
osteon	骨单位,哈氏系统	骨單位,哈氏系統
ostium	孔	孔
ostracum	壳层	稜柱層
otic capsule	耳囊	聽囊
otic region	耳区	耳區
otic vesicle (= auditory vesicle)	听泡	聽泡
otoconium	耳砂,耳石	耳石
otoconium membrane	耳砂膜,耳石膜	耳石膜
otocyst	平衡器	平衡器
otolith (= otoconium)	耳砂,耳石	耳石

英　文　名	祖 国 大 陆 名	台 湾 地 区 名
outbreak	[种群]暴发,大发生	大發生
outer coelom	外体腔	外體腔
outer cone	外锥体	外錐體
outer flagellum	外鞭	外鞭
outer ligament	外韧带	外韌帶
outer limiting membrane	外界膜	外界膜
outer lip	外唇	外唇
outer nuclear layer	外核层	外核層
outer plexiform layer	外网层	外網層
outer root	外突	外突
outer tunnel	外隧道	外隧道
outer web	外翈	外蹼
outgroup	外[类]群	外群
output environment	输出环境	輸出環境
ovarian ball	卵巢球	卵巢球
ovarian follicle	卵泡	卵泡
ovarian hypoplasia	卵巢发育不全	卵巢發育不全
ovarium mound	卵丘	卵丘
ovary	卵巢	卵巢
overdifferentiation	过度分化	過度分化
over exploitation	过度利用	過度利用
overfishing	过度捕获	過度捕獲
overgrazing	过度放牧	過度放牧
overpopulation	过高种群密度	過高族群密度
overshoot	暴发	爆發
[over]wintering	越冬	越冬
ovicell	卵胞	卵胞
oviducal channel	输卵沟(鱼类)	輸卵溝(魚類)
oviduct	输卵管	輸卵管
ovification	卵形成	卵形成
ovigerous	携卵	抱卵
ovijector	①排卵器 ②排卵管,导卵管	排卵器
oviparity	卵生	卵生
oviparous animal	卵生动物	卵生動物
oviposition	产卵	產卵
ovoplasm	卵质	卵質
ovoviviparity	卵胎生	卵胎生

英　文　名	祖　国　大　陆　名	台　湾　地　区　名
ovoviviparous animal	卵胎生动物	卵胎生動物
ovulation	排卵	排卵
ovum（＝egg）	卵细胞	卵
oxea	二尖骨针	二尖骨針
oxyaster	针星骨针	針星骨針
oxyclad	针枝骨针	針枝骨針
oxygen-consumption	耗氧量	耗氧量
oxyhexact	针六辐骨针	針六輻骨針
oxyhexactine（＝oxyhexact）	针六辐骨针	針六輻骨針
oxyhexaster	针六星骨针	針六星骨針
oxyntic cell（＝parietal cell）	壁细胞	壁細胞
oxyphil cell（＝acidophilic cell）	嗜酸性细胞	嗜酸性細胞
oxyphile	适氧性,嗜氧性	嗜養性
oxyphobe	厌氧性	厭氧性
oxystrongyle	尖棒骨针	尖棒骨針
oxytocin	催产素	催產素
oxytylote	尖头骨针	尖頭骨針

P

英　文　名	祖　国　大　陆　名	台　湾　地　区　名
pacemaker cell	起搏细胞	節律點細胞
Pacinian corpuscle	环层小体,帕奇尼小体	環層小體,帕奇尼小體
pad	腕趾	腕趾
paddle seta	桨状刚毛	槳狀剛毛
paedogenesis	幼体生殖	幼體生殖
paedoparthenogenesis	幼体孤雌生殖	幼體孤雌生殖
pair bonding	配偶键	配偶連結
paired fins	偶鳍	偶鰭
Palaearctic realm	古北界	古北界
palatal tooth	腭骨齿	腭骨齒
palate	颚区	顎區
palatine bone	腭骨	腭骨
palatopharyngeus muscle	腭咽肌	腭咽肌
palatoquadrate cartilage	腭方软骨	腭方軟骨
palea	秆毛	秆毛
paleobiogeography	古生物地理	古生物地理
paleoecological event	古生态事件	古生態事件

英 文 名	祖 国 大 陆 名	台 湾 地 区 名
paleoecology	古生态学	古生態學
paleopallium	古皮层	古腦皮層
pali	围栅	籬片
paliform lobe	围栅瓣	籬片瓣
palingenesis	重演发育	重演性發生
palintrope	后转板	後轉板
pallet	铠	鎧
pallial eye	外套眼	外套眼
pallial ganglion	外套神经节	外套神經節
pallial line	外套线	外套線
pallial retractor muscle	外套收缩肌	外套收縮肌
pallial sinus	外套窦,外套湾	外套寶
pallial siphuncle	索状物	索狀物
palm	掌部	掌部
palma	掌板	掌板
palmate(=palmate chela)	掌形爪状骨针	掌形爪狀骨針
palmate chaeta	掌状刚毛	掌狀剛毛
palmate chela	掌形爪状骨针	掌形爪狀骨針
palmate foot	蹼足	蹼足
palmella stage	胶群体期	膠群體期
palm [of hand]	掌	掌
palpal organ	触肢器	觸肢器
PALS(=periarterial lymphatic sheath)	围动脉淋巴鞘	圍動脈淋巴鞘
paludine	沼生	沼生
pamprodactylous foot	前趾足	前趾足
panbiogeography	泛生物地理学	泛生物地理學
pancreas	胰	胰
pancreatic islet	胰岛,朗格汉斯岛	胰岛,蘭氏島
Paneth cell	帕内特细胞	帕內特氏細胞
Panizza's pore	帕尼扎孔	潘氏孔
panniculus carnosus muscle	脂膜肌	脂膜肌
pansporoblast	泛孢[子]母细胞	泛孢子母細胞
papilla	乳突	乳突
papilla of optic nerve(=optic disc)	视盘,视神经乳头	視盤
papillary layer	乳头层	乳頭層
papillary muscle	乳头肌	乳頭肌
papillate podium(棘皮动物)(=parapo- dium)	疣足	疣足

英 文 名	祖 国 大 陆 名	台 湾 地 区 名
papula	皮鳃	皮鳃
papularium	皮鳃区	皮鳃區
parabasal apparatus	副基器	副基器
parabasal body	副基体	副基體
parabasal filament	副基丝	副基絲
parabronchus(=tertiary bronchus)	三级支气管	三級支氣管
parachorium	体内共生	體內共生
paracone	前尖	前錐
paraconid	下前尖	下前錐
paracortex	副皮质	副皮質
paracostal granule	副肋粒	副肋粒
paracrine	旁分泌	旁分泌
paracymbium	副跗舟	①副跗舟 ②小杯葉
paraflagellar body	副鞭毛体	副鞭毛體
paraflagellar rod	副鞭毛杆	副鞭毛桿
parafollicular cell	滤泡旁细胞	濾泡旁細胞
paragastric	侧胃的	側胃的
paragnatha	颚齿	顎齒
parakinetal	毛基索侧生型	毛基索側生型
paralectotype	副选模	副選模式
parallelism	平行进化	平行演化
paramembranelle	副小膜	副小膜
paramere	副部	半側體
paramylon	副淀粉	裸藻澱粉,類澱粉
paranal sinus	肛周窦	肛週竇
paranasal sinus	鼻旁窦	鼻副竇
paranucleus(=amphosome)	副核	副核
parapatry	邻域分布	鄰域分佈
paraphyle（原生动物）(=additional papilla)	副突	副突
paraphyletic	并系的	側系的,併系的
paraphyly	并系	側系,併系
parapodium（多毛类）	疣足	疣足
parapophysis	椎体横突	椎體橫突
parasite	寄生物	寄生物,寄生蟲
parasitic castration	寄生去势	寄生去勢
parasitic disease	寄生虫病	寄生蟲病
parasitic infection	寄生虫感染	寄生蟲感染

英　文　名	祖国大陆名	台湾地区名
parasitic zoonosis	寄生性人兽互通病	寄生性人獸互通病
parasitism	寄生	寄生
parasitoid	拟寄生物	擬寄生物
parasitoidism	拟寄生	擬寄生
parasitology	寄生虫学	寄生蟲學
parasitophorous vacuole	寄生泡	寄生泡
parasomal sac	侧体囊	側體囊
parasphenoid bone	副蝶骨	副蝶骨
parasympathetic nervous system	副交感神经系统	副交感神經系統
paratenic host	转续宿主,输送宿主	轉續宿主
parateny	横行毛基单元	橫行毛基單元
paratheca	副鞘	副鞘
parathyroid gland	甲状旁腺	副甲狀腺
parathyroid hormone	甲状旁腺素	副甲狀腺素
paratype	副模标本	副模式
paraventricular nucleus	室旁核	室旁核
paraxial rod	副轴杆	側軸桿
Parazoa(拉)(=parazoan)	侧生动物	側生動物
parazoan	侧生动物	側生動物
parenchyma	主质	實質
parenchymalia	主质骨针	主質骨針
parenchymal vesicle	实质泡	實質泡
parenchymula	实[囊]胚	中實幼體
parental care	亲代抚育	親代撫育
parental form	亲代型	親代型
parental imprinting	父母印记	父母印記
paries	壁板	壁板
parietal bone	顶骨	頂骨
parietal cell	壁细胞	壁細胞
parietal decidua	壁蜕膜	壁蛻膜
parietal layer	①体壁层 ②壁层	①體壁層 ②壁層
parietal lobe	顶叶	頂葉
parietal mesoderm	体壁中胚层	體壁中胚層
parietal ovicell	壁卵胞	壁卵胞
parietal peritoneum	壁体腔膜	壁體腔膜
paroral membrane	口侧膜	口側膜
parotid gland	腮腺,耳后腺	腮腺
pars astringins(拉)	膜部	膜部

英 文 名	祖 国 大 陆 名	台 湾 地 区 名
pars distalis	远侧部	遠側部
parsimony	简约性	簡約性
pars intermedia	中间部	中間部
pars nervosa	神经部	神經部
pars nonglandularis	无腺区	無腺體區
pars tuberalis	结节部	結節部
parthenogenesis	孤雌生殖	孤雌生殖
paruterine organ	副子宫器,子宫周器官	副子宮器,副宮器
passing bird	旅鸟	旅鳥
patch	斑块	塊斑
patella	①髌骨 ②膝节	①膝蓋骨 ②膝節
patobiont	林底层生物	林地生物
patocole	常栖林底层生物	林地常棲生物
patoxene	偶栖林底层生物	林地偶棲生物
patrogynopaedium	亲子集群	親子群集
paturon	螯基	螯基
paxillae	小柱体	小柱體
PBB-complex(=polar basal body-complex)	极性基体复合体	極性基體複合體
PCA(=preoral ciliary apparatus)	口前纤毛器	口前纖毛器
pecilokont	梗动体	梗動體
pecten	①栉 ②栉状膜	①櫛 ②櫛狀膜
pectinate pedicellaria	栉状叉棘	櫛狀叉棘
pectinate tooth	栉齿	櫛齒
pectinate uncinus	梳状齿钩毛	梳狀齒鉤毛
pectinelle	梗突	梗突
pectoral fin	胸鳍	胸鰭
pectoral girdle	肩带	肩帶
pectoral muscle	胸肌	胸肌
pedal aperture	足孔	足孔
pedal disc	足盘	足盤
pedal elevator muscle	举足肌	舉足肌
pedal ganglion	足神经节	足神經節
pedal gland	足腺	足腺
pedal protractor muscle	伸足肌	伸足肌
pedal retractor muscle	收足肌	收足肌
pedicel	①柄 ②腹柄	①柄 ②腹柄
pedicellaria	叉棘	叉棘

英　文　名	祖国大陆名	台湾地区名
pedicle	肉茎	肉莖
pedicle valve	茎瓣	莖瓣
pedicular muscle	柄肌	柄肌
pediferous segment	有足体节	有足體節
pedoshpere	土壤圈	土壤圈
peduncle	①小柄 ②(=pedicle) 肉茎	①小柄 ②肉莖
peduncular muscle	茎肌	莖肌
pedunculated acetabulum	有柄腹吸盘	有柄腹吸盤
pedunculated papilla	有柄乳突	有柄乳突
pelage	毛被	皮毛
pelagic	开放水域的,水层中的	開放水域的,水層中的
pelagic polychaetes	浮游多毛类	浮游多毛類
pelagium	大洋群落	大洋群落,大洋群聚
pelagophila	适大洋性,嗜大洋性	嗜大洋性
pellagra	糙皮症	粗皮症
pellet	吐弃块	吐育塊
pellicle	表膜	表膜
pellicular alveolus	表膜泡	表膜泡
pellicular crest	表膜嵴	表膜嵴
pellicular pore	表膜孔	表膜孔
pellicular stria	表膜条纹	表膜條紋
pelochthium(=ochthium)	泥滩群落	泥灘群落,泥灘群聚
PELS(=periellipsoidal lymphatic sheath)	围椭球淋巴鞘	圍橢圓球淋巴鞘
pelta	盾	盾
peltate tentacle	盾状触手	盾狀觸手
pelvic fin(=ventral fin)	腹鳍	腹鰭
pelvic girdle	腰带	腰帶
pelvic kidney	腰肾	腰腎
pelvic rudiment bone	腰痕骨	腰痕骨
pelvis	骨盆	骨盆
pendicular avicularium	有柄鸟头体	有柄鳥頭體
penetrant	穿刺刺丝囊	穿絲胞
penetration gland	穿刺腺	穿刺腺
penicillar artery	笔毛动脉	筆毛動脈
penicillate seta	刷状刚毛	刷狀剛毛
peniculus	咽膜	咽膜
penis	①阴茎 ②(=petasma)	①陰莖 ②雄性交接器

英 文 名	祖 国 大 陆 名	台 湾 地 区 名
	雄性交接器	
pentacrinoid stage	五腕海百合期	五腕海百合期
pentactula	五触手幼体	五觸手幼體
pentastomid	五口动物	五口動物
Pentastomida（拉）（=pentastomid）	五口动物	五口動物
pereiopod	步足	步足
perforated plate	穿孔板	穿孔板
perforating canal	穿通管,福尔克曼管	穿通管,福尔克曼管
perforating fiber	穿通纤维,沙比纤维	穿通纖維,沙比纖維
perianal cilia	围肛纤毛	圍肛纖毛
periarterial lymphatic sheath（PALS）	围动脉淋巴鞘	圍動脈淋巴鞘
periblast	胚周区	胚週區
pericardial cavity	围心腔	圍心腔
pericardium	心包膜	心包膜
perichaetine	环生	環生
perichondrium	软骨膜	軟骨膜
pericoxa	围基节	圍基節
pericyte	周细胞	週圍細胞
periellipsoidal lymphatic sheath（PELS）	围椭球淋巴鞘	圍椭圓球淋巴鞘
periesophageal space	围咽腔	圍咽腔
periflagellar membrane	围鞭毛膜	圍鞭毛膜
perignathic girdle	围颚环	圍顎環
perikaryon	核周质	核週質
perilemma	表膜上膜	表膜上膜
perilymph	外淋巴	外淋巴
perilymphytic space	外淋巴间隙	外淋巴間隙
perimetrium	子宫外膜	子宮外膜
perimysium	肌束膜	肌束膜
perineal gland	会阴腺	會陰腺
perineal pattern	会阴花纹	會陰類型
perineum	会阴	會陰
perineurium	神经束膜	神經束膜
periodicity	周期性	週期性
periodic outbreak	周期性[种群]暴发	週期性族群大發生
periodic parasite	周期性寄生虫	週期性寄生蟲
periodic plankton	周期性浮游生物	週期性浮游生物
periodism（=periodicity）	周期性	週期性
period of yolk formation	卵黄形成期	卵黄形成期

英 文 名	祖 国 大 陆 名	台 湾 地 区 名
perioral spine	围口刺	圍口刺
periosteum	骨外膜	骨外膜
periostracum	壳皮层	殼皮層
periotic bone	围耳骨	圍耳骨
periparasitic vacuole(=parasitophorous vacuole)	寄生泡	寄生泡
peripetalous fasciole	周花带线	週花帶線
peripheral cleavage	表裂	表裂
peripheral lobe	口前叶	口前葉
peripheral nervous system	周围神经系统	週圍神經系統
peripodium	围足部	圍足部
periproct	围肛部	圍肛部
periproct plate	围肛板	圍肛板
perisare	围鞘	圍鞘
perisinusoidal space of Disse	窦周间隙	竇週間隙
perispicular spongin	围骨针海绵质	圍骨針海綿質
peristalsis	蠕动	蠕動
peristome	①口围 ②围口部	圍口部
peristomial ovicell	口围卵胞	圍口卵胞
peristomial plate	围口板	圍口板
peristomium	围口节	圍口節
peristomium cirrus	围口触须	圍口觸鬚
peritoneal cavity	腹膜腔	腹膜腔
peritoneal cell	腹膜细胞	圍腔膜細胞
peritoneal chord	腹膜索	圍腔膜索
peritoneal fold	腹膜褶	圍腔膜褶
peritoneal sheath	围脏鞘	圍臟鞘
peritoneum	腹膜	腹膜
perivitelline fluid	卵周液	卵週液
perivitelline membrane	卵周膜	卵週膜
perivitelline space	卵周隙	卵週間隙
perkinetal	毛基索横生型	毛基索橫生型
permanent dentition	恒齿齿系	恒齒齒列
permanent parasite	长久性寄生虫,终生寄生虫	終生寄生蟲
permanent plankton(=holoplankton)	终生浮游生物,全浮游生物	全浮游生物,終生浮游生物
permanent tooth	恒齿	恒齒

英　文　名	祖国大陆名	台湾地区名
permeability	渗透性	滲透性
pernicious anemia	恶性贫血	惡性貧血
peroneus muscle	腓骨肌	腓肌
perradius	主辐	主輻
persistence	持久性	持久性
perturbation	干扰	干擾
pessimum	最劣度	最劣度
pessulus	鸣骨	鳴骨
pest	有害生物	有害生物
petaloid ambulacrum	瓣状步带	瓣狀步帶
petaloid area	瓣区	瓣區
petasma	雄性交接器	雄性交接器
petiole (=pedicel)	柄	柄
petrocole	石栖动物	石棲動物
petrodophile	适石性, 嗜石性	嗜石性
petrotympanic bone	岩鼓骨	岩鼓骨
pexicyst	固着胞	固着胞
phaeodium	暗块	暗塊
phagocitella	吞噬虫	吞噬蟲
phagocytic vacuole	吞噬泡	吞噬泡
phagocytosis	吞噬[作用]	吞噬作用
phagoplasm	吞噬质	吞噬質
phagotrophy	吞噬[营养]	吞噬生物
phalangeal cell	指细胞	指細胞
phanerozoite	显隐子	顯隱子
phanerozonate	显带海星	顯帶海星
pharopodium	透明足	透明足
pharyngeal armature	咽甲	咽甲
pharyngeal basket	咽篮	咽籃
pharyngeal bone	咽骨	咽骨
pharyngeal cavity	咽腔	咽腔
pharyngeal gland	咽腺	咽腺
pharyngeal pouch	咽囊	咽囊
pharyngeal tonsil	咽扁桃体	咽扁桃體
pharyngeal tooth	咽齿	咽齒
pharyngobranchial bone	咽鳃骨	咽鰓骨
pharyngotympanic tube	咽鼓管, 欧氏管	耳咽管
pharynx	咽	咽

英 文 名	祖国大陆名	台湾地区名
phasic development	阶段发育	階段發育
phasmid	尾感器	幻器
phellophile	适岩性,嗜岩性	嗜岩性
phenetics	表型系统学,表型分类学	表型分類學
phenological isolation	物候隔离	物候隔離
pheromone	信息素	費洛蒙
phialocyst	碗状胞	碗狀胞
phobic reaction	厌性反应	厭性反應
phoresy	携播	攜播
phoronid	帚形动物	箒形動物
Phoronida（拉）（=phoronid）	帚形动物	箒形動物
phoront	帚体	箒體
phosphatic deposit	有色骨片	有色骨片
phosphatic type	磷酸型［外壳］（腕足动物）	磷酸型外殼（腕足動物）
phosphorus cycle	磷循环	磷循環
photoautotroph	光能自养生物	光能自營生物
photokinesis	趋光运动	趨光運動
photoperiod	光周期	光週期
photoperiodicity	光周期性	光週期性
photoperiodism	光周期现象	光週期現象
photophile	适光性,嗜光性	嗜光性
photophobe	厌光性	厭光性
phototaxis	趋光性	趨光性
phototaxy（=phototaxis）	趋光性	趨光性
phragmocone	闭锥	閉錐
phrenic nerve	膈神经	膈神經
phylacobiosis	守护共生,共巢共生	共巢共生
phyletic analysis	世系分析	親緣分析
phyletic gradualism	种系渐变论	親緣漸進論
phyllobranchiate	叶状鳃	葉鰓
phyllode	叶鳃	葉鰓
phyllopod appendage	叶枝型附肢	葉枝型附肢
phyllosoma larva	叶状幼体	葉狀幼體
phyllotriaene	片叉骨针	片叉骨針
phylogenesis（=phylogeny）	系统发生,系统发育	種系發生,系統發育
phylogenetic differentiation	系统分异,系统分化	親緣分化

英 文 名	祖国大陆名	台湾地区名
phylogenetics	系统发生学	親緣關係學
phylogenetic tree	[进化]系统树	親緣樹
phylogeny	系统发生,系统发育	種系發生,系統發育
phylogeography	系统地理学	親緣地理學
phylum(分类学)	门	門
physical environment	物理环境	物理環境
physical resistance	物理抗性	物理抗性
physiographic factor	自然地理因子	自然地理因子
physiological adaptation	生理适应	生理適應
physiological ecology	生理生态学	生理生態學
phytophage	食植动物	植食動物
pia mater	软膜	軟膜
picoplankton	超微型浮游生物	超微型浮游生物
piercing-sucking type	刺吸式	刺吸式
pigment cell	色素细胞	色素細胞
pigment epithelial cell	色素上皮细胞	色素上皮細胞
pigment epithelial layer	色素上皮层	色素上皮層
pilidium	帽状幼体	帽狀幼體
pillar	立柱	立柱
pillar cell	柱细胞	柱細胞
pinacocyte	扁平细胞	扁平細胞
pineal body	松果体,松果腺	松果體
pineal eye	松果眼	松果眼
pineal gland(=pineal body)	松果体,松果腺	松果體
pinealocyte	松果体细胞	松果體細胞
pin-feather(=filoplume)	纤羽,毛羽	針羽
pinna(=auricle)	耳郭	耳殼
pinnate gill	羽状鳃	羽狀鰓
pinnate tentacle	羽状触手	羽狀觸手
pinnular	羽枝节	羽枝節
pinnule	①羽状体(腔肠动物) ②叶状腹叶 ③羽枝	①羽狀體(腔腸動物) ②葉狀腹葉 ③羽枝
pinocytosis	胞饮[作用]	胞飲作用
pinocytotic vesicle	胞饮泡	胞飲泡
pinule	羽辐骨针	羽輻骨針,五輻骨針
pioneer(=pioneer species)	先锋[物]种	先鋒[物]種,先驅種
pioneer community	先锋群落	先鋒群聚
pioneer species	先锋[物]种	先鋒[物]種,先驅種

英 文 名	祖 国 大 陆 名	台 湾 地 区 名
piptoblast	游走性休芽	游走性休芽
piriformis muscle	梨状肌	梨狀肌
pisiform bone	豌豆骨	豌豆骨
pit organ	陷器	凹陷器
pituicyte	垂体细胞	垂體細胞
pituitary	垂体	垂體
pituitary gland	脑垂体	腦下垂體
placenta	胎盘	胎盤
placentalia	胎盘动物	胎盤動物
placoid scale	盾鳞	盾鱗
Placozoa(拉)(=placozoan)	扁盘动物	扁盤動物
placozoan	扁盘动物	扁盤動物
plagiotriaene	侧三叉骨针	側三叉骨針
plagula	腹桥	腹橋
plankton	浮游生物	浮游生物
planktonic crustacean	浮游甲壳动物	浮游甲殼動物
planozygote	游动合子	游動合子
plantaris muscle	蹠肌	蹠肌
plantigrade	蹠行	蹠行
plant nematology	植物线虫学	植物線蟲學
planula	浮浪幼体	浮浪幼體
plasma cell	浆细胞	漿細胞
plasmagel(原生动物)	原生质凝胶	原生質凝膠
plasmalemma	质膜	質膜
plasma membrane(=plasmalemma)	质膜	質膜
plasmasol(原生动物)	原生质溶胶	原生質溶膠
plasmodesma	胞间连丝	胞間連絲
plasmodium	①原质团 ②(=amoe-bula)变形体	①原質團 ②變形體
plasmogamy(=cytogamy)	质配	細胞接合,細胞質接合
plasmotomy	原质团分割	原生質分裂
plasticity	可塑性	可塑性
plastid	质体	質體
plastotype	塑模标本	塑模式
plastron	①(=sternite)腹甲(脊椎动物) ②(=scutum)盾板(棘皮动物)	①腹甲 ②盾板

英　文　名	祖国大陆名	台湾地区名
plate(龟鳖类)(=bone lamella)	骨板	骨板
plateau phase	稳定期	穩定期
platelet	①血小板 ②小板形骨针	①血小板 ②小板形骨針
platybasic type	平底型[颅]	平底型[顱]
platyhelminth	扁形动物	扁形動物
Platyhelminthes(拉)(=platyhelminth)	扁形动物	扁形動物
pleated collar	褶襟	褶襟
pleioxeny	多主寄生	多重寄生
pleopod（甲壳动物）(=neuropodium)	腹肢	腹肢
plerocercoid	实尾蚴,全尾蚴	全尾蚴
plesiaster	近星骨针	近星骨針
plesiomorphy	祖征	祖徵
plesiotype	近模标本	近模式
pleura	胸膜	胸膜
pleural cavity	胸膜腔	胸膜腔
pleural ganglion	侧神经节	側神經節
pleuralia(=prostalia)	表须	突出骨針
pleural nerve cord	侧神经索	側神經索
pleurite(=pleurum)	侧甲	側甲,側片
pleurobranchia	侧鳃	側鰓
pleurocentrum	侧椎体	側椎體
pleurocercoid larva	裂头蚴	裂頭蚴
pleurodont	侧生齿	側生齒
pleuron(=pleurum)	侧甲	側甲,側片
pleuro-pedal connective	侧足神经连索	側足神經連索
pleurotergite	背侧板	背側板
pleuro-visceral connective	侧脏神经连索	側臟神經連索
pleurum	①侧甲 ②(=lateral plate)侧板	①侧甲,側片 ②側板
pleuston	水面漂浮生物	水面漂浮生物
plica	①皱襞 ②褶	①皺襞 ②褶
plica circularis	环状皱襞	環狀皺襞
plicated shell	具褶壳	褶狀殼
plumage	羽衣	羽衣
plumicome	羽丝骨针	羽絲骨針
plumoreticulate skeleton	羽网状骨骼	羽網狀骨骼
plumous seta	毛状刚毛	毛狀剛毛

英 文 名	祖国大陆名	台湾地区名
pluripotency	多能性	多能性
pluteus	长腕幼体	長腕幼體
pneumatic ring	气环	氣環
pneumatophore	浮囊	浮囊
podite	足状突	肢體節
podium	管足	管足
podobranchia	足鳃	足鰓
podocyst	足囊	足囊
podocyte	足细胞	足細胞
poecilogony	幼体多型现象	幼體多型現象
Pogonophora（拉）（=pogonophoran）	须腕动物	鬚腕動物
pogonophoran	须腕动物	鬚腕動物
poikilotherm	变温动物	變溫動物
poikilothermal animal（=poikilotherm）	变温动物	變溫動物
poikilothcrmy	变温性	變溫性
point	翎骨针	翎骨針
pointed wing	尖翼	尖翼
point of entrance	［精子］穿入点	［精子］穿入點
poison claw	毒爪	毒爪
poison gland	毒腺	毒腺
poisonous spine	毒刺	毒刺
polar basal body-complex	极性基体复合体	極性基體複合體
polar body	极体	極體
polar cap	极帽	極帽
polar capsule	极囊	極囊
polar filament	极丝	極絲
polar granule	极粒	極粒
polarity	极性	極性
polar lobe	极叶	極葉
polar ring	极环	極環
polar tube	极管	極管
Polian vesicle	波利囊	波利囊
pollination	传粉	授粉
pollution	污染	污染
polyact	多辐骨针	多輻骨針
polyactine（=polyact）	多辐骨针	多輻骨針
polyandry	一雌多雄	一妻多夫制，單雌多雄
polychromatophilic erythroblast	中幼红细胞	中紅母血球

英　文　名	祖国大陆名	台湾地区名
polyclimax	多顶极[群落]	多峯群聚
polycystid gregarine	多房簇虫	多房簇蟲
polydelphic type	多宫型	多宫型
polydemic	多域性	多域性
polydome	多巢	多巢
polyembryogeny	多胚发生	多胚發生
polyembryony	多胚	多胚
polyenergid	多倍性活质体,多核质细胞	多核質細胞
polygamy	多配性	多配偶制
polygemmic	多芽生殖的	多芽生殖的
polygenesis	多元发生	多元發生
polygynandry(＝polygyny)	一雄多雌	一夫多妻制,單雄多雌
polygyny	一雄多雌	一夫多妻制,單雄多雌
polyhymenium	多膜现象	多膜現象
polylecithal egg	多黄卵	多黄卵
polymerization	聚合作用	聚合作用
polymorphic colony	多态群体	多態群落
polymorphism	多态	多態
polymorphonuclear granulocyte	多形核粒细胞	多形核粒細胞
polymyarian type	多肌型	多肌型
polyp	水螅体	水螅體
polyparasitism(＝multiparasitism)	多寄生	多寄生
polyphagy	多食性	多食性
polyphyletic	复系的	多系的
polyphyly	复系	多系
polypide	虫体	蟲體
polypidian pore	虫体外孔	蟲體外孔
polypidian primordium	虫体原基	蟲體原基
polyporous plate	多孔板	多孔板
polyspermy	多精入卵	多精入卵
polyspire	多旋骨针	多旋骨針
polysporous	多孢子的	多孢子的
polystenohaline	高狭盐性	高狭鹽性
polystichomonad	多列单型膜	多列單型膜
polystomodeal budding	多口道芽	多口道芽
polystomy	多口	多口
polythalamic	多室的	多室的

英 文 名	祖国大陆名	台湾地区名
polytocous	一胎多子的	一胎多子的
polytomic	多分裂的	多分裂的
polytrochal larva	多毛轮幼体	多毛擔輪幼體
polytypic genus	多型属	多形屬
polytypic species	多型种	多形種
polyxeny (= pleioxeny)	多主寄生	多重寄生
pons	脑桥	橋腦
pontium	深海群落	深海群落,深海群聚
pontophile	适深海性,嗜深海性	嗜深海性
population	种群,居群,繁群	族群
population analysis	种群分析	族群分析
population crash	种群崩溃	族群崩潰
population density	种群密度	族群密度
population depression	种群衰退	族群衰退
population dynamics	种群动态	族群動態
population ecology	种群生态学	族群生態學
population equilibrium	种群平衡	族群平衡
population fluctuation	种群波动	族群波動
population genetics	群体遗传学	族群遺傳學
population growth	种群增长	族群增長
population regulation	种群调节	族群調節
population turnover	种群周转	族群轉換
population viability analysis (PVA)	种群生存力分析	族群生存力分析
porcellana larva	瓷蟹幼体	瓷蟹幼體
porcellaneous	似瓷的	似瓷的
pore area	孔带	孔帶
pore chamber	孔室	孔室
pore pair	孔对	孔對
pore plate	孔板	孔板
Porifera(拉)(= sponge)	多孔动物,海绵动物	海綿動物,有孔動物
porocalyx	萼管	萼管
porocyte	孔细胞	孔細胞
portal canal	门管	門管
portal vein	门静脉	門靜脈
postabdomen(枝角类)	后腹部	後腹部
postacetabular flap	后腹吸盘瓣	腹吸盤後瓣
postbacillar eye	视杆后眼	視桿後眼
postcapillary venule	毛细血管后微静脉	微血管後微靜脈

英　文　名	祖国大陆名	台湾地区名
postcaval vein	后腔静脉	後大靜脈
postciliary fiber	纤毛后纤维	纖毛後纖維
postciliary microtubule	纤毛后微管	纖毛後微管
postciliodesma	纤毛后微纤维	纖毛後微纖維
post embryonic development	胚后期发育	胚後期發育
poster(苔藓动物)(=posterior lobe)	后叶	後葉
posterior adductor muscle	后闭壳肌	後閉殼肌
posterior arm	后腕	後腕
posterior articular process	后关节突	後關節突
posterior canal	后沟	後水管
posterior cardinal vein	后主静脉	後主靜脈
posterior chamber	后房	後房
posterior chamber of the eye	眼后房	眼球後房
posterior commissure	后连合	後連合
posterior intestinal portal	后肠门	後腸門
posterior lateral eye	后侧眼	後側眼
posterior lateral tooth	后侧齿	後側齒
posterior lobe	后叶	後葉
posterior median eye	后中眼	後中眼
posterior mesenteric artery	后肠系膜动脉	後腸繫膜動脈
posterior microtubule	后微管	後微管
posterior rectus muscle	后直肌	後直肌
posterior row of eyes	后眼列	後眼列
posterior spinneret	后纺器	後絲疣
posterior sucker	后吸盘	後吸盤
postero-dorsal arm	后背腕	後背腕
postero-lateral arm	后侧腕	後側腕
postfemur	后股节	後股節
postformation theory	后成论,渐成论	漸成論
post-frontal ridge	额后脊	額後脊
postganglionic〔nerve〕fiber	节后神经纤维	節後神經纖維
post-juvenal molt	稚后换羽	稚後換羽
post-larva	后期幼体	幼後期
postmentum	后唇基节	後唇基節
postmolt	蜕皮后期	蜕皮後期
postnatal	出生后	出生後
postnatal molt	雏后换羽	雛後換羽
post-nuptial molt	婚后换羽	繁殖期後換羽

英 文 名	祖国大陆名	台湾地区名
postoral appendage	口后附肢	口後附肢
postoral meridian	口后子午线	口後子午線
postoral ring	口后环	口後環
postoral rod	口后杆	口後桿
postoral suture	口后缝	口後縫
postorbital bone	眶后骨	後眶骨
postorbital groove	眼后沟	眼後溝
postorbital spine	眼后刺	眼後刺
post-rostral carina	额角后脊	額角後脊
postsetal lobe	后刚叶	後剛葉
postsynaptic membrane	突触后膜	突觸後膜
potamium	河流群落	河流群落,河流群聚
potamophile	适河流性,嗜河流性	嗜河流性
potamoplankton	河流浮游生物	河流浮游生物
potentiality of development	发育潜能	發育潛能
powder down	粉绒羽,粉翖	粉絨羽
prairie community	草原群落	草原群落,草原群聚
preacanthella	前棘头体	前棘頭體
preacetabular pit	腹吸盘前窝	腹吸盤前窩
preadaptation	前适应	前適應
preanal pore	肛前孔	肛前孔
preanal sucker	肛前吸盘	肛前吸盤
preantenna	前触角	前觸角
preantennal ganglion	前触角神经节	前觸角神經節
preantennal segment	前触角体节	前觸角體節
prebacillar eye	视杆前眼	視桿前眼
prebuccal area	口前区	口前區
precaval vein	前腔静脉	前大靜脈
preceeding zooid	前位个虫	前位個蟲
precocialism	早成性	早熟性
precocies	早成雏	早熟體
precocious development	早熟发育	早熟發育
precocious insemination	早期授精	早期授精
predation	捕食	捕食
predation theory	捕食理论	捕食理論
predator	捕食者	捕食者
preening(=grooming)	梳理	梳理
preepipodite	前上肢	前上肢

英　文　名	祖 国 大 陆 名	台 湾 地 区 名
preethmoid bone	前筛骨	前篩骨
prefemur	前股节	前股節
prefemuro-femur	前股股节	前股股節
preformation theory	先成论	先成論
preganglionic [nerve] fiber	节前神经纤维	節前神經纖維
pregastrulation	原肠形成前期	原腸形成前期
pregenital segment	前生殖节	前生殖節
pregenital sternite	前生殖节胸板	前生殖節胸板
pregermlayer stage	胚层前期	胚層前期
pregnancy	妊娠	懷孕
prehensile organ	执握器	執握器
prehensile tentacle	捕捉触手	捕捉觸手
pre-induction	前诱导	前誘導
prelateral lobe	侧前叶	側前葉
premaxillary bone	前颌骨	前頜骨
premaxillary gland	前颌腺	前頦腺
premaxillary tooth	前颌齿	前頜齒
premolar tooth	前臼齿	前臼齒
premolt	蜕皮前期	蜕皮前期
premunition	带虫免疫	帶蟲免疫
prenatal	出生前	出生前
pre-nuptial molt	婚前换羽	繁殖期前換羽
preopercular bone	前鳃盖骨	前鰓蓋骨
preoral cavity（节肢动物）（＝oral atrium）	口前腔	口前腔
preoral ciliary apparatus（PCA）	口前纤毛器	口前纖毛器
preoral lobe（＝peripheral lobe）	口前叶	口前葉
preoral loop	前口环	前口環
preoral nervous field	口前神经区	口前神經區
preoral rod	口前杆	口前桿
preoral septum	口前隔[壁]	口前隔
preoral sting	口前刺	口前刺
preoral suture	口前缝	口前縫
preorbital bone	眶前骨	前眶骨
preorbital spine	眼眶前刺	眼眶前刺
preovulation	排卵前	排卵前
prepharynx	前咽	前咽
prepterygoid bone	前翼骨	前翼骨
prepuce	包皮	包皮

英　文　名	祖国大陆名	台湾地区名
presacral vertebra	荐前椎	薦前椎
presetal lobe	前刚叶	前剛葉
presomite embryo	体节前期胚	體節前期胚
presphenoid bone	前蝶骨	前蝶骨
presternite	前胸板	前胸板
presynaptic membrane	突触前膜	突觸前膜
pretergite	前背板	前背板
previllous embryo	绒毛前期胚	絨毛前期胚
prey	猎物	被捕食者,獵物
priapulid	曳鳃动物	曳鰓動物
Priapulida（拉）（=priapulid）	曳鳃动物	曳鰓動物
primary bronchus	初级支气管	初級支氣管
primary coelom	原体腔,初级体腔,假体腔	初級體腔
primary colony	原生群休	原始群落
primary community	原生群落	原生群落
primary disc（=protoecium disc）	初盘	初盤
primary egg envelope	初级卵膜	初級卵膜
primary endoblast（=primary endoderm）	原内胚层	原內胚層
primary endoderm	原内胚层	原內胚層
primary feather	初级飞羽	初級飛羽
primary homonym	原同名	原同名
primary hood	初巾膜	初巾膜
primary mesoderm	原中胚层	原中胚層
primary oocyte	初级卵母细胞	初級卵母細胞
primary orifice	初生室口	初生室口
primary plate	初级板	初級板
primary production	初级生产[量]	初級生產量
primary productivity	初级生产力	初級生產力
primary radial	原辐板	原輻板
primary ribbed wall	原肋壁	原肋壁
primary septum	初级隔片	初級隔片
primary spermatocyte	初级精母细胞	初級精母細胞
primary tubercle	大疣	大疣
primary zooid（=ancestrula）	初虫	初蟲
primate	灵长类	靈長類
primatology	灵长类学	靈長類學
primaxil	原分歧腕板	原分歧腕板

英　文　名	祖国大陆名	台湾地区名
primer pheromone	引发信息素	引導性費洛蒙
primibrach	原腕板	原腕板
primite	原簇虫	原簇蟲
primitiva(原生动物)(=protoplax)	原板	原板
primitive groove	原沟	原溝
primitive knot	原结,亨森结	原结
primitive pit	原窝	原窝
primitive streak	原条	原條
primodium	原基	原基
primordial germ cell	原生殖细胞	原生殖細胞
primordium	原基器官	原基器官
principal cell	主细胞	主要細胞
principalia	主骨针	主骨針
principal piece	主段(精子)	主段(精子)
priority	优先权	優先權
prisere	原生演替系列	原生階段演替
proamnion	前羊膜	前羊膜
proancestrula	原初虫	原初蟲
proboscis	①吻突 ②(=beak)吻	吻
proboscis receptacle	吻鞘	吻鞘
procephalon	原头	原頭
procercoid	原尾蚴	原尾蚴
processus masculinus(拉)	雄性突起	雄性突起
procoelous centrum	前凹椎体	前凹椎體
procreation	生育	生育
proctodeal gland	肛道腺	直腸腺
proctodeum	肛道	肛道
procyclic form	前循环型	前循環型
prodelphic type	前宫型	前宮型
producer	生产者	生產者
product	生成物	生成物
production	①生产 ②生产量	①生產 ②生產量
productivity theory	生产力理论	生產力理論
proecdysis(=premolt)	蜕皮前期	蜕皮前期
proembryonal cell	原胚细胞	原胚細胞
proerythroblast	原红细胞	原红母血球
proestrus	动情前期	動情前期
progesterone	孕酮,黄体酮	助孕酮,黄體酮

英　文　名	祖国大陆名	台湾地区名
proglottid（ = segment ）	节片	節片
prograde	前行性	前行性
progression rule	递进法则	漸進法則
progressive succession	进展演替	進展型演替
prohaptor	前吸器	前吸器
prolateral spine	前侧刺	前側刺
proloculum	初室	初室
prolymphoblast	前原淋巴细胞	原淋巴母細胞
prolymphocyte	幼淋巴细胞	原淋巴細胞
promargin	前齿堤	前牙堤
promastigote	前鞭毛体	前鞭毛體
promegakaryocyte	幼巨核细胞	幼巨核細胞
promentum	前唇基节	前唇基節
promonocyte	幼单核细胞	原單核細胞
promyelocyte	早幼粒细胞	早原粒細胞
pronephros	前［期］肾	原腎
pronghorn	叉洞角	叉洞角
pronucleus	原核	原核
prootica（ = prootic bone ）	前耳骨	前耳骨
prootic bone	前耳骨	前耳骨
propodite	掌节	掌節
propodus（ = propodite ）	掌节	掌節
proprioceptor	本体感受器	本體感受器
prorubricyte（ = basophilic erythroblast ）	早幼红细胞	早紅血球
prosencephalon	前脑	前腦
prosoma	前体	前體
prosomite	前环节	前環節
prosopyle	前幽门孔	前幽門孔
prostalia	表须	突出骨針
prostate ［gland］	前列腺	前列腺
prostatic bulb	前列腺球	前列腺球
prostatic cell	前列腺细胞	前列腺細胞
prostomial palp	口前触须	口前觸鬚
prostomial tentacle	口前触手	口前觸手
prostomium	①口前部 ②（ = periph-eral lobe）口前叶（环节动物）	①口前部 ②口前葉
protandrous hermaphrodite	雄性先熟雌雄同体	雄性先熟雌雄同體

英　文　名	祖国大陆名	台湾地区名
protandry	雄性先熟	雄性先熟
protaxis	反应本能	本能反應
protective adaptation	保护性适应	保護性適應
protective coloration	保护色	保護色
protective membrane	保护膜	保護膜
protective potential	自卫力	保護潛能
protective species	保护种	保護種
protegalum	胚壳	胚殼
proteolysis	蛋白水解	蛋白水解
proter	前仔虫	前仔蟲
proteroglyphic tooth	前沟牙	前溝牙
protetraene	前四叉骨针	前四叉骨針
prothoracic gland	前胸腺	前胸腺
protocephalon	原头部	原頭部
protocercal tail	原型尾	原型尾
Protochordata（拉）（=protochordate）	原索动物	原索動物
protochordate	原索动物	原索動物
protocoel	前体腔	原體腔
protoconch	原壳	胚殼
protocone	原尖	原錐
protoconid	下原尖	下原錐
protoconule	原小尖	原鋒
protocooperation	初级合作	初級合作
protoecium	原虫室	原蟲室
protoecium disc	初盘	初盤
protogynous hermaphrodite	雌性先熟雌雄同体	雌性先熟雌雄同體
protogyny	雌性先熟	雌性先熟
protomerite	前节	前節
protomite	原仔体	原仔體
protomonomyaria stage	原单柱期	原單柱期
protomont	原分裂前体	原分裂前體
protonephridium	原管肾	原腎
protoplasmic astrocyte	原浆星状细胞	原漿星狀細胞
protoplax	原板	原板
protopod	原肢	原肢
protopodite（=protopod）	原肢	原肢
protoscolex	原头节	原頭節
protostome	原口动物	原口動物

英　文　名	祖国大陆名	台湾地区名
Protostomia（拉）（＝protostome）	原口动物	原口動物
protostyle	原晶杆	原桿晶體
prototroch	前纤毛环	前纖毛環
Protozoa（拉）（＝protozoan）	原生动物	原生動物
protozoan	原生动物	原生動物
protozoea larva	原溞状幼体	原溞狀幼體
protozoology	原生动物学	原生動物學
protractor	牵引肌	牽引肌
protractor dorsalis muscle	背鳍引肌	背鰭牽引肌
protractor ventralis muscle	腹鳍引肌	腹鰭牽引肌
protriaene	前三叉骨针	前三叉骨針
protrichocyst	原刺泡	原刺胞
provagina	前阴道	前陰道
proventriculus	前胃	前胃
proximal	近端的	近端的
proximal convoluted tubule	近曲小管	近曲小管
proximal process	基部突起	基部突起
proximal wall	底壁	底壁
proximate causation（＝proximate cause）	近因,引信导因	近因
proximate cause	近因,引信导因	近因
prozonite	前背侧板	前背側板
pseudepipodite	假上肢	假上肢
pseudexopodite	假外肢	假外肢
pseudoacidophilic granulocyte	假嗜酸性粒细胞	假嗜酸性粒細胞
pseudobranch	假鳃	假鰓
pseudocardinal tooth	拟主齿	擬主齒
pseudocoel（＝primary coelom）	原体腔,初级体腔,假体腔	初級體腔
pseudocoelomate	假体腔动物	假體腔動物
pseudocompound eye	伪复眼	偽複眼
pseudocompound seta	伪复型刚毛	偽複型剛毛
pseudoconjugant	抱合体	抱合體
pseudoconjugation	伪接合	偽接合
pseudocyst	伪包囊	偽胞
pseudoepipodite（＝pseudepipodite）	假上肢	假上肢
pseudoexopodite（＝pseudexopodite）	假外肢	假外肢
pseudohibernation	假冬眠	假冬眠
pseudolabium	假唇	假唇

英　文　名	祖国大陆名	台湾地区名
pseudomembranelle	伪小膜	偽小膜
pseudonasse	假篮咽管	假籃咽管
pseudoparasite	假寄生虫	假寄生蟲
pseudoparasitism	假寄生	假寄生
pseudo-paxillae	伪柱体	偽柱體
pseudoperistome	假口围	假圍口
pseudoplasmodium	伪原质团	偽原質團
pseudopodium	伪足	偽足
pseudopolymorphism	假多形	假多形
pseudopore	假孔	假孔
pseudopregnancy	假孕	假孕
pseudopunctate shell	假疹壳	假疹殼
pseudorostrum	假额剑,假额角	假額角
pseudoscolex	假头节	假頭節
pseudosematic color(＝mimic coloration)	拟色	擬色
pseudosinus	假窦	假竇
pseudostolon	假匍茎	假匍莖
pseudostome	伪口	偽口
pseudostratified epithelium	假复层上皮	假複層上皮
pseudo-tracheae	假气管	假氣管
pseudotroglobiont	假洞居生物	假洞居生物
pseudounipolar neuron	假单极神经元	假單極神經元
pseudozoea larva	假溞状幼体	假溞狀幼體
psoas major muscle	腰大肌	腰大肌
ptectolophorus lophophore	复冠型触手冠	複冠型觸手冠
pterotic bone	翼耳骨	翼耳骨
pterygoid bone	翼骨	翼骨
pterygoid tooth	翼骨齿	翼骨齒
pterygopharyngeus muscle	翼咽肌	翼咽肌
pterygostomian region	颊区	頰區
pterygostomian spine	颊刺	頰刺
pteryla	羽区	羽區
ptycholophorus lophophore	褶冠型触手冠	褶冠型觸手冠
puberty wall	性隆脊	性隆脊
puerulus larva	龙虾幼体	透明幼體
pulmo-cutaneous artery	肺皮动脉	肺皮動脈
pulmonary arch	肺动脉弓	肺動脈弧
pulmonary artery	肺动脉	肺動脈

英　文　名	祖国大陆名	台湾地区名
pulmonary circulation	肺循环	肺循環
pulmonary lobule	肺小叶	肺小葉
pulmonary trunk	肺动脉干	肺動脈幹
pulmonary vein	肺静脉	肺靜脈
pulp cavity	[齿]髓腔	[齒]髓腔
pulse pressure	脉搏压	脈搏壓
pulvinus	垫	墊
punctate shell	有疹壳	有疹殼
punctuated equilibrium	点断平衡说	點斷平衡說
pupa	蛹	蛹
pupil	瞳孔	瞳孔
Purkinje cell	浦肯野细胞	浦肯野氏細胞
Purkinje cell layer	浦肯野细胞层	浦肯野氏細胞層
Purkinje system(=conducting system)	传导系统	傳導系統
pustule	小疣突	小疣突
pusule	液泡	中泡
PVA(=population viability analysis)	种群生存力分析	族群生存力分析
pycnaster	密星骨针	密星骨針
pygidium	①(=telson)尾节 ②(=tail)尾[部] (环节动物)	①尾節 ②尾部
pygostyle	尾综骨	尾綜骨
pyloric caecum	幽门盲囊	幽門盲囊
pyloric gland	幽门腺	幽門腺
pyloric region	幽门部	幽門部
pylorus	幽门	幽門
pyramid	锥骨	錐骨
pyramidal cell	锥体细胞	錐體細胞
pyramidal layer	锥体[细胞]层	錐體[細胞]層
pyramid of biomass	生物量锥体,生物量金 字塔	生物量金字塔
pyramid of energy	能量锥体,能量金字塔	能量金字塔
pyramid of number	数量锥体,数量金字塔	數量金字塔
pyriform apparatus(绦虫)	梨形器	梨狀器
pyriform organ(苔藓动物)(=pyriform apparatus)	梨形器	梨狀器
pyriform gland	梨状腺	梨狀腺
pyriform lobe	梨状叶	梨狀葉

Q

英　文　名	祖国大陆名	台湾地区名
quadrat	样方	樣區
quadrate bone	方骨	方骨
quadratojugal bone	方轭骨,方颧骨	方顴骨,方軛骨
quadrifora	四孔型	四孔型
quadrilobulate lophophore	四叶型触手冠	四葉型觸手冠
quadrulus	四分膜	四分膜
qualitative	定性的	定性的
quantitative	定量的	定量的,量化的
quarternary parasite	四重寄生物	四重寄生物,四重寄生蟲
quasisocial	类社会	類社會
quest constant	搜索常数	搜索常數
quincuncial	五点形的	五點形的

R

英　文　名	祖国大陆名	台湾地区名
race	宗	族
rachis	羽干	羽軸
radial canal	①放射管(多孔动物) ②辐管(刺胞动物)	①輻水管 ②輻管
radial corallite	辐射珊瑚单体	輻珊瑚石
radial furrow	放射沟	放射溝
radialium	辐鳍骨	輻鰭骨
radial line	放射线	放射線
radial neuroglia cell	放射状胶质细胞,米勒细胞	放射狀膠質細胞,繆勒細胞
radial piece	辐片	輻片
radial pin	辐针	輻針
radial rib	放射肋	放射肋
radial symmetrical type cleavage	辐射对称型卵裂	輻射對稱型卵裂
radial symmetry	辐射对称	輻射對稱
radiate	辐射状骨针	輻射狀骨針

英 文 名	祖 国 大 陆 名	台 湾 地 区 名
radiating plication	放射褶	放射褶
radicular fiber	根纤维	根纖維
radiculus	根卷枝	根卷枝
radiole	辐触手	輻觸手
radio tracking	无线电跟踪法	無線電追蹤
radius	①辐部(甲壳动物) ②桡骨(脊椎动物)	①輻部 ②橈骨
radix	①根片(蛛形类) ②根(棘皮动物)	①根部 ②根
radula	齿舌	齒舌
radula sac	齿舌囊	齒舌囊
rain forest	雨林	雨林
raphide	发状骨针	髮狀骨針
raptorial limb	攫肢	攫肢
rare species	稀有种	稀有種
rastellum	螯耙	耙器
Rathke's pouch	拉特克囊	雷克氏囊
raumparasitism(=parachorium)	体内共生	體內共生
ray	辐射束骨针	輻射束骨針
RBC(=red blood cell)	红细胞	紅血球
realized natality	实际出生率	實際出生率
realized niche	实际生态位	實際生態區位
realm	[动物地理]界	界
recapitulation law	重演律	重演律
recapitulation theory	重演论	重演論
receiving vacuole	收集泡	收集泡
recent species	现生种	現生種
receptaculum seminis uterirum	子宫受精囊	子宮受精囊
receptive hypha	受精丝	受精絲
reciprocal altruism	互利	互利
reciprocal mimicry	交互拟态	交互擬態
reciprocal parasitism	交互寄生	交互寄生
recruitment	补充量	加入量,補充量,入添量
rectal gland	直肠腺	直腸腺
rectal sac	直肠囊,粪袋	直腸囊
rectrix(=tail feather)	尾羽	尾羽
rectum	直肠	直腸
rectus abdominis muscle	腹直肌	腹直肌

英　文　名	祖国大陆名	台湾地区名
rectus femoris muscle	股直肌	股直肌
rectus muscle	直肌	直肌
recurrent flagellum	后向鞭毛	反向鞭毛
recurved loop	曲形腕环	曲形腕環
recycle index	再循环指数	再循環指數
red blood cell（RBC）（＝erythrocyte）	红细胞	紅血球
red gland	红腺	紅腺
redia	雷蚴	雷蚴
red muscle fiber	红肌纤维	紅肌纖維
red pulp	红髓	紅髓
reef	礁	礁
reef flat	礁平台,礁滩	礁灘
refertilization	再受精	再受精
reflex arc	反射弧	反射弧
refractile body	折射休	折射體
refractive body	折光体	折光體
regeneration	再生	再生
regional community	区域群落	區域群落
regressive character	退化性状	退化特徵
regular echinoid	正形海胆	正形海膽
regular triact	正三辐骨针	正三輻骨針
regulation	调节	調節
regulation egg	调整卵	調整卵
regulative cleavage	调整型卵裂	調整型卵裂
regulative development	调整式发育	調整式發育
regurgitation	回哺	回哺
rehabilitation	栖息地恢复	棲地復育
reintroduction	再引入	重新引進
Reissner's membrane（＝vestibular membrane）	前庭膜,赖斯纳膜	前庭膜
rejected name	废止学名,废弃名	廢棄名
releaser pheromone	释放信息素	釋放性費洛蒙
releasor	释放信号	釋放訊號
relict species	孑遗种,残遗种	殘存種
remex（＝flight feather）	飞羽	飛羽
remigration	再迁入	再遷入
renal capsule	肾小囊,鲍曼囊	腎小囊,鮑曼氏囊
renal column	肾柱	腎柱

英　文　名	祖国大陆名	台湾地区名
renal corpuscle	肾小体	腎小體
renal glomerulus	肾小球	腎小球
renal portal vein	肾门静脉	腎門靜脈
renal tubule	肾小管	腎小管
renewable resources	可再生资源	可再生資源
renin	肾素	腎素
reorganization band	改组带	改組帶
repellency	驱[避]性	忌避
replacement name(=substitute name)	替代学名	替換名稱
replication band	复制带	複製帶
reproduction	生殖	生殖
reproductive fitness	繁殖适度	生殖適度
reproductive isolation	生殖隔离	生殖隔離
reproductive organ(=genital organ)	生殖器官	生殖器官
reproductive potential(=biotic potential)	繁殖潜力	生殖潛力
reproductive success	繁殖成效	生殖成效
reproductive synchrony	生殖同步	生殖同步
reproductive system	生殖系统	生殖系統
reproductive viability	繁殖存活度	生殖存活度
reptile	爬行动物	爬蟲類動物
RES(=reticuloendothelial system)	网状内皮系统	網狀內皮系統
reservoir	储蓄泡	積儲泡
reservoir host	储存宿主,保虫宿主	儲存宿主
reservoir pool	储存库	儲存庫
residence time	滞留期	滯留期
resident [bird]	留鸟	留鳥
residual body	残体	殘體
residuum(=residual body)	残体	殘體
resilience	复原	復原
resilience stability	复原稳定性	復原穩定性
resistance stability	阻抗稳定性	阻抗穩定性
resources recycling	资源再循环	資源再循環
respiration	呼吸	呼吸
respiratory tree	呼吸树	呼吸樹
resting egg	休眠卵	休眠卵
rete mirabile	奇网	迷網
retention	滞留	滯留
rete testis	睾丸网	睾丸網

英　文　名	祖国大陆名	台湾地区名
reticular fiber	网状纤维	網狀纖維
reticular formation	网状结构	網狀結構
reticular lamina	网板	網狀板
reticular layer	网状层	網狀層
reticular tissue	网状组织	網狀組織
reticulate cup	网状皿形体	網狀皿形體
reticulate sphere	网状球形体	網狀球形體
reticulocyte	网织红细胞	網織紅血球
reticuloendothelial system（RES）	网状内皮系统	網狀內皮系統
reticulopodium	网足	網足
reticulum	网胃	網胃
retina	视网膜	視網膜
retina cell	［视］网膜细胞	［視］網膜細胞
retinaculum	支持带	支持帶
retinal pigment	［视］网膜色素	［視］網膜色素
retractor analis muscle	臀鳍缩肌	臀鰭牽縮肌
retractor dorsalis muscle	背鳍缩肌	背鰭牽縮肌
retractor fiber	牵缩纤维	牽縮纖維
retractor ventralis muscle	腹鳍缩肌	腹鰭牽縮肌
retral process	反突	反突
retrodesmal fiber	牵缩丝纤维	牽縮絲纖維
retrogression	退化	退化
retrogressive development	逆行发育	逆向發育
retrogressive evolution	退行性进化,退行性演化	退化性演化
retrogressive metamorphosis	逆行变态	逆行變態
retrogressive succession	退化演替	退化型演替
retrolateral spine	后侧刺	後側刺
retromargin	后齿堤	後牙堤
reversed evolution	反向进化	反向演化
revision	订正［研究］	校訂
r-extinction	r 灭绝	r 滅絕
rhabd	主杆	桿
rhabdite（寄生蠕虫）（=rhabdos）	杆状体	桿狀體
rhabdocyst	杆丝胞	桿絲胞
rhabdos	杆状体	桿狀體
rhabdus amphioxea	杆状二尖骨针	桿狀二尖骨針
rhabtidiform larva	杆状蚴	桿狀蚴

英 文 名	祖国大陆名	台湾地区名
rhagon	复沟型	複溝型
rheophile	适溪流性,嗜溪流性	嗜溪流性
rheoplankton	流水浮游生物	流水浮游生物
rheotaxis	趋流性	趨流性
rhino horn	犀角	犀角
rhinophora	嗅角	嗅角
rhipidura(=tail fan)	尾扇	尾扇
rhizoclad	根枝骨针	根枝骨針
rhizoclone	根杆骨针	根桿骨針
rhizoid	①根个虫 ②拟根共肉, 匍匐根	①根個蟲 ②匍匐根
rhizoplast	根丝体	根毛體
rhizopodium	根足	根足
rhizostyle	根柱	根柱
rhodopsin	视紫[红]质	視紫質
rhoium	溪流群落	溪流群落,溪流群聚
rhombencephalon	菱脑	菱腦
rhombogen	菱形体	菱形體
rhopalium(=cordylus)	感觉棍	感覺棍
rhopalocercous cercaria	棒尾尾蚴	棒尾尾蚴
rhopalostyle	叉针骨针	叉針骨針
rhoptry	棒状体	棒狀體
Rhynchocoela(拉)	吻腔动物	吻腔動物
rhythm	节律	節律
rib	肋骨	肋骨
ribonucleic acid(RNA)	核糖核酸	核糖核酸
richness	丰富度	豐富度
rickets	佝偻病	佝僂病
rictal bristle	嘴须(鸟)	嘴鬚(鳥)
right atrium	右心房	右心房
right ventricle	右心室	右心室
rima vulvae	阴门裂	陰門裂
rimule	裂管	裂管
ring coelom	环腔	環腔
ring fold	环状褶	環狀褶
ring placenta	环状胎盘	環狀胎盤
ring stage	环状体期	環狀體期
ritualization	仪式化	儀式化

英　文　名	祖国大陆名	台湾地区名
ritualized behavior	仪式化行为	儀式化行為
RNA（=ribonucleic acid）	核糖核酸	核糖核酸
rod	棍棒形骨针	棍棒形骨針
rod cell	视杆细胞	視桿細胞
rookery	筑巢处	築巢處
rooted head	根头形骨针	根頭形骨針
rooted leaf	根叶形骨针	根葉形骨針
rooting tuft	根束	根束
rootlet	根丝	小根
root-like system	根状系	根狀系
rosette	①玫瑰花形骨针 ②玫板 ③花纹样体	①玫瓣骨針 ②玫板 ③花紋樣體
rosette plate	玫瑰板	玫瑰板
rostal sinus	吻血窦	吻血竇
rostellar gland	顶突腺	頂突腺
rostellar hook	吻钩,吻囊	吻鉤
rostellum（寄生蠕虫）	顶突	頂突
rostrate pedicellaria	嘴状叉棘	嘴狀叉棘
rostro-lateral compartment	吻侧板	吻側板
rostrum	①顶鞘 ②额剑,额角 ③吻板 ④（=beak）吻	①顶鞘 ②额角 ③吻板 ④吻,喙
rotifer	轮形动物,轮虫	輪形動物
Rotifera（拉）（=rotifer）	轮形动物,轮虫	輪形動物
rotule	轮骨	輪骨
rounded wing	圆翼	圓翼
roundworm（=nematode）	线虫［动物］	線蟲動物
r-selection	r 选择	r 選擇
r-strategy	r 对策	r 策略
rubriblast（=proerythroblast）	原红细胞	原紅母血球
rubricyte（=polychromatophilic erythroblast）	中幼红细胞	中紅母血球
rudiment（=primodium）	原基	原基
rudimentary web	蹼迹	蹼跡
ruff	翎领	翎領
Ruffini's corpuscle	鲁菲尼小体	魯菲尼氏小體
rumen	瘤胃	瘤胃
ruminant	反刍类	反芻類

英　文　名	祖国大陆名	台湾地区名
rump	腰	腰
ruptured follicle	破裂卵泡	破裂卵泡

S

英　文　名	祖国大陆名	台湾地区名
saccule	①球［状］囊 ②小囊	①球［状］囊 ②小囊
sacral nerve	荐神经	薦神經
sacral vertebra	荐椎	薦椎
sacrococcygeal joint	荐尾关节	薦尾關節
sacroiliac joint	荐髂关节	薦髂關節
sacrophage(＝carnivore)	食肉动物	食肉動物
sacrospinalis muscle	荐棘肌	薦棘肌
sacrum	荐骨	薦骨
saddle of stigma	气门鞍	氣門鞍
Saefftigen's pouch	沙氏囊	沙氏囊
sagenetosome(＝bothrosome)	生网体	生網體
sagenogen(＝bothrosome)	生网体	生網體
sagital	羽状三辐骨针	羽狀三輻骨針
salinity	盐度	鹽度
salivary gland	唾液腺	唾液腺
salt gland	盐腺	鹽腺
salt marsh	盐沼	鹽澤
salt water	咸水	鹹水
sample plot(＝quadrat)	样方	樣區
sampling	取样	抽樣
sampling site	样点	樣點
sandy beaches	沙滩	沙灘
sanguicolous	血生型	棲血的
saniaster	板星骨针	板星骨針
saprobia	污水生物	污水生物
saprobic animal	污水动物	污水動物
saprobiotic animal(＝saprobic animal)	污水动物	污水動物
saprophage	食腐动物	食腐動物
saprophile	适腐性,嗜腐性	嗜腐性
saprophytism	腐生营养现象	腐生營養現象
saproplankton	污水浮游生物	污水浮游生物
saprotrophy	腐食营养	腐食營養

英 文 名	祖 国 大 陆 名	台 湾 地 区 名
saproxylobios	朽木生物,腐生生物	腐生生物
sapro-zoonosis	污染人兽互通病	污染人獸互通病
sarcocyst	肉孢囊	肉孢囊
sarcodictyum	胶泡表网	膠狀原生質帶
sarcolemma	①肌膜 ②内质膜	①肌膜 ②肌纖維膜,内質膜
sarcomatrix	胶泡基网	膠泡基網
sarcomere	肌节	肌節
sarcoplasm	肌质	肌質
sarcoplasmic reticulum	肌质网	肌質網
sarcoplegma	胶泡内网	膠泡内網
sarcostyle	囊胞体	囊胞體
sarcotubule	肌小管	肌小管
satellite	随伴体	衛星體
satellite cell	卫星细胞	衛星細胞
satiety	饱食感	飽食感
sauginnivore	食血动物	食血動物
saurognathism	蜥腭型	蜥腭型
scaffolding thread	支架丝	支架絲
scala media(拉)(=membranous cochlea)	膜蜗管	膜耳蝸
scala tympani	鼓室阶	鼓室階
scala vestibuli	前庭阶	前庭階
scale	①鳞[骨]片 ②鳞	①鳞片 ②鳞
scalenus muscle	斜角肌	斜角肌
scaling down	尺度下推	尺度下推
scaling up	尺度上推	尺度上推
scaphe	耳舟	耳舟
scaphocerite	第二触角鳞片	第二觸角鳞片
scaphognathite	颚舟片,颚舟叶	颚舟葉,颚舟片
scaphoid	舟形骨针	舟形骨針
scaphoid bone	舟骨	舟狀骨
scaphoideum(=scaphoid bone)	舟骨	舟狀骨
scapula	肩胛骨	肩胛骨
scapular	肩羽	肩羽
scapular spine	肩胛冈	髆棘
scapullet	肩板	肩板
scapus	体柱	體柱

英 文 名	祖 国 大 陆 名	台 湾 地 区 名
scavenger	食腐者	腐食者
scent gland	气味腺	氣味腺
schistosomulum	童虫(血吸虫)	童蟲(血吸蟲)
schizocoel	裂体腔	裂體腔
schizocoelic method	裂体腔法	裂體腔法
schizocystis gregarinoid	裂簇虫	裂簇蟲
schizodont（软体动物）（=carnassial tooth）	裂齿	裂齒
schizogeny	裂殖[生殖]	裂殖
schizognathism	裂腭型	裂腭型
schizogonic cycle	裂体生殖周期	裂配生殖週期
schizogonic stage	裂体生殖期	裂配生殖期
schizogony	裂体生殖	裂配生殖
schizont	裂殖体	裂殖體
schizophorus lophophore	裂冠型触手冠	裂冠型觸手冠
schizorhinal	裂鼻型	裂鼻型
Schwann cell（=neurolemmal cell）	神经膜细胞,施万细胞	神經膜細胞,施万细胞
scientific name	学名	學名
sclera	巩膜	鞏膜
sclere	骨针	骨針
sclerite	硬缘(苔藓动物)	硬緣(苔蘚動物)
scleroblast（=sclerocyte）	造骨细胞	造骨細胞
sclerocyte	造骨细胞	造骨細胞
sclerodermite	骨质簇	骨質簇
scleromyotome	生骨肌节	生骨肌節
sclerotic cartilage	巩膜软骨	鞏膜軟骨
sclerotic ring	巩膜[骨]环	鞏膜[骨]環
sclerotome	生骨节	生骨節
scolex	头节	頭節
scopula	帚胚	毛叢,帚胚
scopulary organelle	帚胚小器	帚胚小器
scopule	帚状骨针	帚狀骨針
scopuloid	类帚胚	類帚胚
scramble competition	扰乱竞争	分攤競爭
scrobicular ring	凹环	凹環
scrotum	阴囊	陰囊
sculpture	雕纹	雕紋
scute（脊椎动物）（=pelta）	盾	盾

英　文　名	祖国大陆名	台湾地区名
scutica	鞭钩原基	鞭鉤原基
scutum	①盾刺 ②盾板	①盾刺 ②盾板
scyphistoma	钵口幼体	鉢口幼體
sea farming(＝sea ranching)	海洋牧场	海洋牧場
sea ranching	海洋牧场	海洋牧場
seasonal aspect(＝aspection)	季相	季相
seasonal coloration	季节色	季節色
seasonal cycle	季节周期	季節週期
seasonal frequency	季节频率	季節頻率
seasonal history	季节生活史	季節生活史
seasonal maximum	季节最高量	季節最高值
seasonal minimum	季节最低量	季節最低值
seasonal succession	季节演替	季節性演替
sebaceous gland	皮脂腺	皮脂腺
second antenna	第二触角,大触角	第二觸角
secondary branchia	次生鳃	次生鰓
secondary bronchus	次级支气管	次級支氣管
secondary community	次生群落	次生群落
secondary egg envelope	次级卵膜	次級卵膜
secondary feather	次级飞羽	次級飛羽
secondary homonym	后同名	後同名
secondary hood	次巾膜	次巾膜
secondary metabolite	次生代谢物	次級代謝物
secondary oocyte	次级卵母细胞	次級卵母細胞
secondary orifice	次生室口	次生室口
secondary parasite	二重寄生物	二重寄生物,二重寄生蟲
secondary plate	次级板	次級板
secondary pollutant	二次污染物	二次污染物
secondary productivity	次级生产力	次級生產力
secondary septum	次级隔片	次級隔片
secondary spermatocyte	次级精母细胞	次級精母細胞
secondary spine	次棘	次棘
secondary succession	次生演替	次生演替
secondary tooth	亚齿	亞齒
secondary tubercle	中疣	中疣
second intermediate host	第二中间宿主	第二中間宿主
second maxilla(＝maxilla)	第二小颚	第二小顎

英 文 名	祖 国 大 陆 名	台 湾 地 区 名
secretin	促胰激素	促胰激素
section	派	段
secundaxil	次分歧腕板	次分歧腕板
secundibrachus	次分腕板	次分腕板
sedentariae	定居型	定居型
sedentary animal	固着动物	固著動物
sedentary polychaetes	隐居多毛类	隱居多毛類
sedimentary cycle	沉积物循环,沉积型循环	沉積物循環
segment	①节 ②节片	①節 ②節片
segmenta	分裂体	分裂體
segmental organ	体节器	體節器
segmental plate	体节板	體節板
segmentation cavity	卵裂腔	卵裂腔
segmenter	节体	節體
selection pressure	选择压力	選擇壓力
selenodont	月型齿	月型齒
self differentiation(=independent diffe-rentiation)	非依赖性分化	非依賴性分化
self-fertilization	自体受精	自體受精
self grooming	自梳理	自梳理
semen	精液	精液
semi-aquatic	半水生	半水生
semicircular canal	半规管	半規管
semi-diurnal tide	半日潮	半日潮
semilunar membrane	半月膜	半月膜
semilunar rhythm	半月節律	半月節律
semilunar valve	半月瓣	半月瓣
semi-membrane	半膜	半膜
seminal fluid(=semen)	精液	精液
seminal receptacle(=spermatheca)	纳精囊	納精囊
seminal vesicle	①精囊[腺] ②贮精囊	①精囊[腺] ②儲精囊
seminiferous epithelium	生精上皮	生精上皮
seminiferous tubule	生精小管	生精小管
semipalmate foot	半蹼足	半蹼足
semiperipheral growth	半缘生长	半緣生長
semipermeable membrane	半渗透膜	半滲透膜
semispinalis capitis muscle	头半棘肌	半頭夾肌

英　文　名	祖国大陆名	台湾地区名
semispinalis cervicis muscle	颈半棘肌	頸半棘肌
semiterrestrial	半陆生的	半陸生的
semi-zygodactylous foot	半对趾足	半對趾足
Semper's organ	森珀器	森珀器
senile	老体	老年體
senior homonym	首同名	首同名
senior synonym	首异名	首異名
sense-ecology	感觉生态学	感覺生態學
sense organ	感官	感覺器官
sense plate	感觉板	感覺板
sensitivity	敏感性	敏感性
sensory behavior	感觉行为	感覺行為
sensory impulse	感觉冲动	感覺衝動
sensory nerve ending	感觉神经末梢	感覺神經末梢
sensory organ	感觉器官	感覺器官
septal neck	隔颈	隔頸
septal pocket	中隔窝	中隔窩
septocosta	隔片珊瑚肋	隔片珊瑚肋
septotheca	隔片鞘	隔片鞘
septula testis	睾丸小隔	睾丸小隔
septum	①隔片 ②隔壁（苔藓动物）③（=diaphragm）隔［膜］（软体动物）	①隔片 ②隔板（苔蘚動物）③隔［膜］
seral community	演替系列群落	演替階段群落
seral unit	演替系列单位	演替階段單位
sere	演替系列	演替階段
series	组	組
sero-amnion cavity	浆羊膜腔	漿羊膜腔
serosa	浆膜	漿膜
serous acinus	浆液腺泡	漿液腺泡
serous gland	浆液腺	漿液腺
serration	锯齿列	鋸齒列
serratus anterior muscle	前锯肌	前鋸肌
serrulate seta	小锯齿刚毛	小锯齒剛毛
serrulate subspiral seta	小齿次旋刚毛	小齒次旋剛毛
Sertoli's cell	塞托利细胞	賽特利氏細胞
sessile acetabulum	无柄腹吸盘,座状腹吸	無柄腹吸盤

英 文 名	祖 国 大 陆 名	台 湾 地 区 名
	盘	
sessile avicularium	固着鸟头体	固著鳥頭體
sessile end	固着端	固著端
sessile organism	固着生物	固著生物
sessile papilla	无柄乳突,座状乳突	無柄乳突
sessoblast	固着性休芽	固著性休芽
seta	刚毛	剛毛
setal fascicle	刚毛束	剛毛束
setal follicle	刚毛泡	剛毛泡
setal lobe	刚叶	剛葉
setiger	刚节	剛節
setiger juvenile	刚节幼虫	剛節幼體
settling	着床	著床,著苗
sex	性别	性别
sex determination	性别决定	性别決定
sex ratio	性比	性比
sexual attraction	性引诱	性吸引力
sexual differentiation	性[别]分化	性别分化
sexual dimorphism	两性异形	兩性異型
sexual dysgenesis	性发育不全	性發育不全
sexuality(=sex)	性别	性别
sexual mosaic	雌雄嵌合体	雌雄鑲嵌合體
sexual polymorphism	性多态	性多型
sexual reproduction	有性生殖	有性生殖
sexual reproductive phase	有性生殖阶段	有性生殖階段
sexual selection	性选择	性選擇
shaft	①锚杆 ②羽轴	①錨桿 ②主軸
shank	小腿,胫	脛
Sharpey's fiber(=perforating fiber)	穿通纤维,沙比纤维	穿通纖維,沙比纖維
sheathed capillary(=ellipsoid)	椭球	橢圓球
shell	①(=chorion)卵壳	①卵殼 ②貝殼 ③殼
	②(=conch)贝壳	
	③(=corona)壳	
shell gland	壳腺	殼腺
shelter	隐蔽处,蔽所	蔽所
shield(蜥蜴类)(=scale)	鳞	鱗
short-handled seta	短柄齿片刚毛	短柄齒片剛毛
shuttle	棱脊状骨针	稜脊狀骨針

英　文　名	祖国大陆名	台湾地区名
sib	胞亲	胞親
sibling selection	亲缘种选择	親緣選擇
sibling species	亲缘种,同胞种	近緣種
side plate	边板	邊板
sieve area	筛区	篩域
sigma	卷轴骨针	卷軸骨針
sigmadragma	卷束骨针	卷束骨針
sigmaspire	卷旋骨针	卷旋骨針
sigmoid lophophore	S 形触手冠	S 形觸手冠
signal	信号	訊號
signal stimulus	信号刺激	訊號刺激
silicalemma	硅质膜鞘	矽質膜鞘
silver impregnation technique	浸银技术	浸銀技術
silverline system	银线系	銀線系
similarity	相似性	相似性
similarity index	相似性指数	相似性指數
simple epithelium	单层上皮	單層上皮
simple pointed chaeta	单尖刚毛	單尖剛毛
simple pore	单孔	單孔
simplex uterus	单子宫	單子宮
simulant model	模拟模型	模擬模型
single day tide	单日潮	日單潮
sinoatrial node	窦房结	竇房結
sinusoid	①窦状腺 ②(=blood sinusoid)血窦	①竇狀腺 ②血竇
sinus organ	窦器	竇器
sinus sac	窦囊	竇囊
siphon	①水管 ②虹管	①水管 ②虹管
siphonal retractor muscle	水管收缩肌	水管收縮肌
siphoning type	虹吸式	虹吸式
siphonoglyph	口道沟	口道溝
siphonoplax	水管板	水管板
siphonozooid	管状体	管狀個蟲
siphuncle	室管	室管
Sipuncula（拉）(=sipunculan)	星虫［动物］	星蟲動物
sipunculan	星虫［动物］	星蟲動物
sister group	姐妹群	姊妹群
skeletal muscle	骨骼肌	骨骼肌

英 文 名	祖国大陆名	台湾地区名
skeletal plaque	骨板粒	骨板粒
skeletogenous structure	生骨构造	造骨構造
skeleton	骨骼	骨骼
skin	皮肤	皮膚
skin fold	皮褶	皮褶
skin receptor	皮肤感受器	皮膚受器
skull	头骨	頭骨
slit	齿裂	裂縫
small egg strategy	小卵对策	小卵對策
small intestine	小肠	小腸
smooth muscle	平滑肌	平滑肌
snout(鱼)(=beak)	吻	吻,喙
sociability	集群性	群集性
social dominance	社群优势	社會優勢
social drift	社群漂移	社群漂移
social hierarchy	社群等级	社會階級
social homeostasis	社群稳态	社群穩態
sociality	社群性	社群性
socialization	社群化	社群化
social mimicry	社群拟态	社會性擬態
social selection	社群选择	社會選擇
social stress	社群压力	社會壓力
social structure	社群结构	社會結構
socies	演替系列组合	演替階段組合
sociobiology	社群生物学,社会生物学	社會生物學
sociocline	社群渐变群	社群漸變群
sociogram	社群图	社群圖
socket plate	槽板	槽板
socket ridge	槽脊	槽脊
soft palate	软腭	軟腭
solar-day clock	太阳日时钟	太陽日時鐘
sole of foot	脚掌	脚掌
solenaster	月星骨针	月星骨針
solenium(=ductulus)	小管	小管
solenocyte	管细胞	管細胞
solenoglyphic tooth	管牙	管牙
soleus muscle	比目鱼肌	比目魚肌

英　文　名	祖国大陆名	台湾地区名
solitary	单体的	單體的
solitary lymphatic nodule	孤立淋巴小结	孤立淋巴小結
somatic-meridian	体子午线	體子午線
somatic peritoneum	腹膜壁层,体壁腹膜	體壁腹膜
somatization	体部分化	體部分化
somatogenesis	体质发生	體質發生
somatoneme	体肌丝	體肌絲
somatopleura	胚体壁	胚體壁
somatotrop[h]	促生长激素细胞	促生長激素細胞
somatotrop[h]ic cell(=somatotrop[h])	促生长激素细胞	促生長激素細胞
somite	体节	體節
sonagram	声波图	聲波圖
song	鸣啭,歌鸣	鳴唱
sorocarp	孢堆果	孢堆果
sorogenesis	孢堆果发生	孢堆果發生
sorus	孢子堆	孢子囊群
spadix	肉穗	肉穗
spasmoneme	牵缩丝	柄肌
spatial and temporal scale	时空尺度	時空尺度
spatial isolation	空间隔离	空間隔離
spatulate seta	匙状刚毛	匙狀剛毛
spawning(=oviposition)	产卵	產卵,排放配子,排放幼體
spawning migration	产卵洄游	產卵迴游
spear(=stylet)	口锥,口针	口針
specialization	特化	特化
speciation	物种形成	種化
species	种,物种	種,物種
species-area curve	种数–面积曲线	種數–面積曲線
species boundary	物种界限	物種界限
species complex	复合种	複合種
species conservation	物种保护,物种保育	物種保育
species diversity	物种多样性	物種多樣性
species extinction	物种灭绝	物種滅絕
species group	种组	種群
species hybridization	种间杂交	種間雜交
species indeterminata	未定种	未定種
species name	种名	種名

英 文 名	祖国大陆名	台湾地区名
species odor	物种气味	物種氣味
species redundancy	种冗余	種的冗餘
species resources	物种资源	物種資源
species scaling law	物种度量定律	物種尺度定律
species selection	物种选择	物種選擇
specific name	种本名	種本名
specific nerve energy	特定神经能	特定神經能
specimen	标本	標本
speculum	翼镜,翅斑	翼鏡
sperm	精子	精子
spermaceti organ	鲸蜡器	鯨腦油器
spermaductus(=vas deferens)	输精管	輸精管
sperm-agglutinin	精子凝集素	精子凝集素
spermatheca	纳精囊	納精囊
spermatozoon(=sperm)	精子	精子
spermateleosis(=spermiogenesis)	精子形成	精子形成
spermathecal orifice	受精囊孔	受精囊孔
spermatiation(=fertilization)	受精	受精
spermatic cord	精索	精索
spermatid	精子细胞	精細胞
spermatocyte	精母细胞	精母細胞
spermatogenesis	精子发生	精子發生
spermatogenic epithelium(=seminiferous epithelium)	生精上皮	生精上皮
spermatogonium	精原细胞	精原細胞
spermatophore	精包,精荚	精荚
spermatophore sac	精荚囊	精荚囊
sperm funnel	精漏斗	精漏斗
spermiogenesis	精子形成	精子形成
sperm penetration	精子穿入	精子穿入
sperm penetration path	精子穿入道	精子穿入道
sperm web	精网	精網
sphaerae(=spheres)	球状骨针	球狀骨針
sphaeraster	球星骨针	球星骨針
sphaeridium	球棘	球棘
sphaeroclone	球杆骨针	球桿骨針
sphaerohexaster	球六星骨针	球六星骨針
sphaeromastigote	球鞭毛体	球鞭毛體

英　文　名	祖国大陆名	台湾地区名
sphenoid bone	蝶骨	蝶骨
sphenotic bone	蝶耳骨	蝶耳骨
spheres	球状骨针	球狀骨針
spherical colony	球形群体	球形群體
spherohexact	球六辐骨针	球六輻骨針
spherohexactine(=spherohexact)	球六辐骨针	球六輻骨針
spheroid	球形骨针	球形骨針
spherule(=globule)	小球骨针	小球骨針
spherulous cell	小球细胞	小球細胞
sphincter	括约肌	括約肌
sphincter muscle of pupil	瞳孔括约肌	瞳孔括約肌
spicula	骨片	骨片
spicular pouch(=spicular sac)	交合刺囊	交接刺囊
spicular sac	交合刺囊	交接刺囊
spicular sheath	交合刺鞘	交接刺鞘
spicule	①交合刺 ②(=sclere) 骨针	①交接刺 ②骨針
spiderling	幼蛛	幼蛛
spigot	纺管	吐絲管
spinal cord	脊髓	脊髓
spinal nerve	脊神经	脊神經
spination	锯齿状	鋸齒狀
sp. indet. (=species indeterminata)	未定种	未定種
spindle	纺锤形骨针	紡錘形骨針
spine	刺,棘	刺,棘
spiniger	刺状刚毛	刺狀剛毛
spinoblast	刺状休芽	刺狀休芽
spinous pocket	刺袋	刺袋
spinule	小刺	小刺
spiny rosette	刺玫瑰花形骨针	刺玫瑰花形骨針
spiny shell	具刺壳	具刺殼
spiracle	喷水孔	噴水孔
spiral arm	螺旋腕	螺旋腕
spiral cleavage	螺旋卵裂	螺旋卵裂
spiral ganglion	螺旋神经节	螺旋神經節
spiral ligament	螺旋韧带	螺旋韌帶
spiral limbus	螺旋缘	螺旋緣
spirally striated muscle(=obliquely stria-	斜纹肌	斜紋肌

英　文　名	祖国大陆名	台湾地区名
ted muscle)		
spiral valve	螺旋瓣	螺旋瓣
spiral whorl	螺层	螺層
spiral zooid	螺状体	螺狀體
spiramen(=medium pore)	中央孔	中央孔
spiraster	旋星骨针	旋星骨針
spire	①旋转骨针 ②螺旋部 ③螺旋体(腕足动物)	①旋轉骨針 ②螺旋部 ③螺旋體(腕足動物)
spirolophorus lophophore	螺冠型触手冠	螺冠型觸手冠
splanchnic layer	脏壁层	臟壁層
splanchnic mesoderm	脏壁中胚层	臟壁中胚層
splanchnic peritoneum	腹膜脏层,脏壁腹膜	臟壁腹膜
splanchnocranium	脏颅	臟顱
splanchnopleura	胚脏壁	胚臟壁
spleen	脾	脾
splenic artery	脾动脉	脾動脈
splenic cord	脾索	脾索
splenic follicle(=splenic nodule)	脾小结	脾小結
splenic nodule	脾小结	脾小結
splenius capitis muscle	头夹肌	頭夾肌
splitters	主分派	主分派
sp. nov. (=new species)	新种	新種
spondylium	匙板	匙板
sponge	多孔动物,海绵动物	海綿動物,有孔動物
spongin(海绵)(=spongioplasm)	海绵质	海綿質,海綿素
spongin fiber	海绵丝	海綿絲
sponging type	舐吸式	舐吸式
spongioblast	海绵丝细胞	海綿絲細胞
spongioplasm(原生动物)	海绵质	海綿質,海綿素
spongocoel	海绵腔	海綿腔
spongocyte	海绵质细胞	海綿質細胞
spongy bone	骨松质,松质骨	疏鬆骨
spongy organ	海绵器	海綿器
spool	细纺管	小吐絲管
sporadin	散在分裂体	散在分裂體
sporangium	孢子果	孢子果
sporocarp(=sporangium)	孢子果	孢子果

英　文　名	祖国大陆名	台湾地区名
spore	孢子	孢子
sporoblast	孢[子]母细胞	孢子母細胞
sporocyst	①孢[子]囊 ②胞蚴	①孢子囊 ②胞蚴
sporoduct	孢子管	孢子管
sporogenesis	孢子发生	孢子發生
sporogonic cell	孢子生殖细胞	孢子生殖細胞
sporogony	孢子生殖	孢子生殖
sporokinete	动性孢子	動孢子
sporont	母孢子	母孢子
sporoplasm	孢质[团]	孢原質
sporozoite	子孢子	孢子體
sporulation	孢子形成	孢子形成
springborsten	弹跳纤毛	彈跳纖毛
spring molt	春季换羽	春季換羽
spring-neap cycle	大潮-小潮周期	大潮 小潮週期
spring tide	大潮	大潮
spur	距	距
spurious parasite(=pseudoparasite)	假寄生虫	假寄生蟲
squama	鳞状膜片	鱗狀膜片
squamodisc	鳞盘	鱗盤
squamosal bone	鳞骨	鱗骨
squamous alveolar cell(=type I alveolar cell)	I 型肺泡细胞	I 型肺泡細胞
squamous epithelium	扁平上皮	扁平上皮
square scale	方鳞	方鱗
square wing	方翼	方翼
squel	惊叫声	驚叫聲
ssp. nov. (=new subspecies)	新亚种	新亞種
stabilimentum	匿带	隱帶
stabilising selection	稳定选择	穩定選擇
stagnophile	静水生物	靜水生物
standing crop	现存量	現存量
standing pool	现存库	現存庫
standing stock(=standing crop)	现存量	現存量
stapedial muscle	镫骨肌	鐙骨肌
stapes	镫骨	鐙骨
stasimorphy	发育停滞	發育停滯
statoblast	休[眠]芽	休眠芽

英　文　名	祖国大陆名	台湾地区名
statoconium（＝otoconium）	耳砂,耳石	耳石
statoconium membrane（＝otoconium membrane）	耳砂膜,耳石膜	耳石膜
statocyst	平衡胞,平衡囊	平衡胞
statolith	平衡石,平衡砂	平衡石
statospore	休眠孢子	休眠孢子
stauract	十字骨针	十字骨針
stauractine（＝stauract）	十字骨针	十字骨針
stellate cell	星形细胞	星形隙胞
stemmate	侧眼	侧眼
stenobathic	狭深性	狭深性
stenoecic	狭栖性	狭棲性
stenohaline	狭盐性	狭鹽性
stenohydric	狭湿性	狭濕性
stenoky	狭域性	狭域性
stenooxybiotic	狭氧性	狭氧性
stenophagy	狭食性	狭食性
stenopodium	杆状肢	桿狀肢
stenothermal	狭温性	狭溫性
stenotope（＝stenoecic）	狭栖性	狭棲性
stenotropy	狭适性	狭適性
stenozone	狭带性	狭帶性
stentorin	喇叭虫素	喇叭蟲素
stereocilium	①静纤毛 ②立体纤毛,硬纤毛	①實體纖毛 ②硬纖毛
stereogastrula	实原肠胚	實原腸胚
stereoral pocket（＝rectal sac）	直肠囊,粪袋	直腸囊
stereotaxis	趋实性	趨實性
sterile zooid	不育个虫	不育個蟲
sterility（＝infertility）	不育	不育
sterilizing immunity	消除性免疫	消除性免疫
sternal groove	腹甲沟	腹甲溝
sternal rib	胸肋	胸肋
sternal sulcus（＝sternal groove）	腹甲沟	腹甲溝
sternite（节肢动物）	腹甲	腹甲
sternocostal joint	胸肋关节	胸肋關節
sternomastoideus muscle	胸乳突肌	胸乳肌
sternum	①（＝hypoplax）腹板	①下板,腹板 ②胸板

英　文　名	祖国大陆名	台湾地区名
	②胸板	
sterraster	实星骨针	實星骨針
Stewart's organ	斯氏器	斯氏器
stichodyad	双型膜	雙型膜
stichomonad	单型膜	單型膜
stieda body	栓体	栓體
stiff stem	硬茎	硬莖
stigma	①气门 ②(= eye spot) 眼点	①氣門 ②眼點
stigmatic shield	气门板	氣門板
stimulating factor	刺激因子	刺激因子
sting cell	刺细胞	刺細胞
stink gland	臭腺	臭腺
stipe	茎片	幹部
stirodont type	脊齿型	脊齒型
stochastic model	随机模型	隨機模型
stolon	①匍匐水螅根 ②匍茎	匍茎
stolonization	匍匐繁殖,匍茎生殖	匍茎生殖
stomach	胃	胃
stomato-gastric system	胃腹神经系	胃腹神經系
stomatogenesis	口器发生	口部生成
stomatogenic field	生口区	生口區
stomatogenous meridian	生口子午线	生口子午線
stomoblastula	口道囊胚	口道囊胚
stomochord	口索	口索
stomodaeum	口道	口道
stone canal	石管	石管
straggler	迷鸟	迷鳥
straight pedicellaria	直形叉棘	直形叉棘
stratification	分层	分層
stratified epithelium	复层上皮	複層上皮
stratobios	底层生物	底層生物
stratum basale	基底层,生成层	基底層
stratum corneum	角质层	角質層
stratum germinativum(= stratum basale)	基底层,生成层	基底層
stratum granulosum	颗粒层	顆粒層
stratum lucidum	透明层	透明層
stratum spinosum	棘层	棘層

英 文 名	祖国大陆名	台湾地区名
streptaster	链星骨针	鏈星骨針
streptospondylous articulation	捩椎关节	捩椎關節
striated area	横纹面	横紋面
striated border	纹状缘	紋狀緣
striated duct	纹状管	紋狀管
stria vascularis	血管纹	血管紋
stridulating organ	[磨擦]发声器	發聲器
stridulating ridge	发声脊	發聲脊
strobila	链体	横裂體
strobilation	节片生殖	節裂
strobilocercus	链尾蚴	鏈尾蚴
stroke volume	每搏输出量	搏出量
strongylaster	棒星骨针	棒星骨針
strongyle	棒状骨针	棒狀骨針
strongyloelad	棒枝骨针	棒枝骨針
strongyloxea	棒尖骨针	棒尖骨針
stubby horn	瘤角	瘤角
stygobiont	暗层生物	暗層生物
style	针状骨针	針狀骨針
style base	吻针基座	吻針基座
stylet	口锥,口针	口針
stylet knob	口锥球	口針球
stylet protector	口锥套	口針套
stylet shaft	口锥杆	口針鞘
stylode	指突	指突
stylohyal bone	茎舌骨	茎舌骨
stylopharyngeus muscle	茎突咽肌	茎咽肌
subadult	亚成体	亞成體
subanal fasciole	肛下带线	肛下帶線
subanal plastron	肛下盾板	肛下盾板
subarachnoid space	蛛网膜下隙	蛛網膜下隙
subarticular tubercle	关节下瘤	關節下瘤
sub-biramous parapodium	亚双叶型疣足	雙葉型疣足
subbranchial region	鳃下区	鰓下區
sub-chela	亚螯	亞螯
sub-chelate	亚螯状	亞螯狀
subclass	亚纲	亞綱
subclavian artery	锁骨下动脉	鎖下動脈

英 文 名	祖国大陆名	台湾地区名
subclavian vein	锁骨下静脉	鎖下靜脈
subcutaneous tissue（=hypodermis）	皮下组织	皮下組織
subdigital lamella	趾下瓣	趾下瓣
subfamily	亚科	亞科
subgenital pit	生殖下窝	生殖下窩
subgenital porticus	生殖下腔	生殖下腔
subgenus	亚属	亞屬
subgular vocal sac	咽下声囊	咽下聲囊
subhepatic region	肝下区	肝下區
subintestinal vein	肠下静脉	腸下靜脈
subjective synonym	主观异名	主觀異名
subkinetal microtubule	毛基索下微管	毛基索下微管
subkingdom	亚界	亞界
sublate seta	突锥状刚毛	突錐狀剛毛
sublethal temperature	亚致死温度	次緻死溫度
sublingual gland	舌下腺	舌下腺
sublittoral	亚沿岸带	亞潮帶
sublittoral community	亚沿岸带群落	亞潮帶群落
submaxillary gland	颌下腺	頜下腺
submedian carina	亚中[央]脊	亞中脊
submedian denticle	亚中小齿	亞中小齒
submedian tooth	亚中齿	亞中齒
submission	屈从	順從
submucosa	黏膜下层	黏膜下層
subnekton	下层游泳生物	下層游泳生物
suboesophageal ganglion	食道下神经节	食道下神經節
subopercular bone	下鳃盖骨	下鰓蓋骨
suboperculum	亚厣	次口蓋
suboptimal temperature	亚适温	次適溫
suboral	口下的	口下的
suborbital gland	眶下腺	眶下腺
suborbital region	眼下区	眼下區
suborbital tooth	眼下齿	眼下齒
suborder	亚目	亞目
subordinate	从属者	從屬者
subpellicular microtubule	表膜下微管	表膜下微管
subpharyngeal ganglion	咽下神经节	咽下神經節
subphylum	亚门	亞門

英　文　名	祖 国 大 陆 名	台 湾 地 区 名
subpopulation	亚种群	亞族群
subradular organ	齿舌下器	齒舌下器
subscapularis muscle	肩胛下肌	肩胛骨下肌
subsere	次生演替系列	次生階段演替
subspecies	亚种	亞種
subspecies differentiation	亚种分化	亞種分化
subsp. nov. (= new subspecies)	新亚种	新亞種
substitute community	替代群落	替代群聚
substitute name	替代学名	替換名稱
substratum(=basis)	基底	基底
subtegulum	亚盾片	亞盾板
subterranean animal	地下动物	地下動物
subtidal community	潮线下群落	潮線下群落,潮線下群聚
subtidal zone	潮下带	潮下帶
subumbrella	下伞	下傘
succession	演替	演替,消長
successive zooid	后续个虫	後續個蟲
sucker(=sucking disk)	吸盘	吸盤
sucker ratio	[口腹]吸盘比	[口腹]吸盤比
sucking disk	吸盘	吸盤
sucking stomach	吸胃	吸胃
sucking tentacle(=endosprit)	吸吮触手	吸吮觸手
suctorial mouth parts	吸吮型口器	吸吮型口器
suctorial tentacle(=endosprit)	吸吮触手	吸吮觸手
sulcus	①脑沟 ②(=groove)沟	①腦溝 ②溝,槽
sulfur cycle	硫循环	硫循環
summator	累积物	累積物
summer egg	夏卵	夏卵
summer migrant	夏候鸟	夏候鳥
summer plankton	夏季浮游生物	夏季浮游生物
summer stagnation	夏季停滞[期]	夏季停滯期
summer statoblast	夏休芽	夏休芽
superciliary stripe	眉纹	眉線
supercooling	过冷	過冷
super-family	总科	首科
superficial cleavage	表面卵裂	表面卵裂
superior antenna	上触角	上觸角

英 文 名	祖 国 大 陆 名	台 湾 地 区 名
superior colliculus	上丘	上视丘
superior concha	上鼻甲	上鼻甲
superior oblique muscle	上斜肌	上斜肌
superior rectus muscle	上直肌	上直肌
superior umbilicus	上脐	上脐孔
supernumerary kinetosome	超额数毛基体	超额數毛基體
super-order	总目	首目
superparasitism	超寄生	超寄生
superposition eye	重复相眼	重複相眼
super-species	超种	超種
supplementary bristle	副须(鸟)	副鬚(鳥)
supplementary mouth shield	副口盾	副口盾
supplementary plate	辅助片	輔助片
supplementary tooth	副齿	附齒
supporting apparatus	支持器	支持器
supporting cell	支持细胞	支持細胞
supporting kenozooid	支持性空个虫	支持性空個蟲
supporting loop	支持腕环	支持腕環
supporting ridge	支持脊	支持脊
suppressor T cell	抑制性 T 细胞	抑制性 T 细胞
supra-ambulacral ossicle	上步带骨	上步帶骨
suprabranchial chamber	鳃上腔	鳃上腔
supra-dorsal membrane	背上膜	背上膜
suprahyoid muscle	舌骨上肌	舌骨上肌
supralabial gland	上唇腺	上唇腺
supramarginal plate	上缘板	上緣板
supranekton	上层游泳生物	上層游泳生物
supraneural pore	神经上孔	神經上孔
supranotoligule	上背舌叶	上背舌葉
supraoccipital bone	上枕骨	上枕骨
supraoesophageal ganglion	食道上神经节	食道上神經節
supraoptic nucleus	视上核	视上核
supraorbital bone	眶上骨	上眶骨
supraorbital spine	眼上刺	眼上刺
suprapharyngeal ganglion	咽上神经节	咽上神經節
supraspecific	种上的	種上的
supraspinatus muscle	冈上肌	棘上肌
supraspinous fossa	冈上窝	棘上窝

英　文　名	祖国大陆名	台湾地区名
supratidal zone	潮上带	潮上帶
surface water	表层水	表層水
surfactant	表面活性物质	表面活性物質
survival（＝survivorship）	存活	存活
survival potential	存活潜力,生存潜力	存活潜力
survivioship curve	存活曲线	存活曲線
survivor	存活者,生存者	存活者
survivorship	存活	存活
survivorship curve	存活曲线	存活曲線
suspension feeder（＝filter feeder）	滤食动物	濾食動物
suspensorium	悬器	懸器
sutural lamina	缝合片	縫合片
suture	①缝合线 ②骨缝	①縫合線 ②骨縫
suture line	缝线	縫線
swamp	沼泽	沼澤
swarm	群游	群游
swarmer	游动孢子	游動孢子
swathing band	缠带	捕帶
sweat gland	汗腺	汗腺
swim bladder	鳔	鰾
swimming leg	游泳足	泳足
sycon	双沟型	雙溝型
symbiont	共生生物	共生生物
symbiosis	共生	共生
symmetrical cleavage plane	对称卵裂面	對稱卵裂面
symmetrical second division	对称第二次分裂	對稱第二次分裂
symmetrogenic fission	镜像对称分裂	鏡像對稱分裂
symparasitism	共寄生	共寄生
sympathetic chain	交感神经链	交感神經鏈
sympathetic nervous system	交感神经系统	交感神經系統
sympatric	同域的	同域的
sympatric hybridization	同域杂交	同域雜交
sympatric speciation	同域物种形成	同域種化
sympatric species	同域物种	同域物種
sympatry	同域分布	同域分佈
symphile	①适共生,嗜共生 ②蚁客	①嗜共生 ②蟻客
symphilia	互惠集群	互惠群集

英　文　名	祖国大陆名	台湾地区名
symphotia	趋光集群	趨光群集
symplectic bone	续骨	接續骨
symplesiomorphy	共同祖征	共同祖徵
sympodium	合轴	合軸
sympolyandria	杂居集群	雜居群集
symporia	迁徙群聚	遷徙群聚
synanthropic	近宅的	共居性
synapomorphy	共同衍征	共同衍徵
synapse	突触	突觸
synaptic cleft	突触缝隙	突觸縫隙
synaptic fissure（=synaptic cleft）	突触缝隙	突觸縫隙
synaptic gap	突触间隙	突觸間隙
synaptic vesicle	突触泡	突觸泡
synapticulae	合隔桁	合隔衍
synarthrial tubercle	合关节疣	合關節疣
synarthrosis(脊椎动物)（=syzygy）	不动关节	不動關節
synarthry	合关节	合關節
syncheimadia	越冬集群	越冬群集
synchondrosis	软骨结合	軟骨連合
synchoropaedia	幼体集群	幼體群集
synchronizer	同步因子	同步因子
synchronous	同步的	同步的
syncilium	合纤毛	合纖毛
syncollesia	黏附集群	黏附群集
syncyanosen	共生蓝藻	共生藍藻
syncytial	多核体的	多核體的
syncytial cement	合胞体黏腺	合胞體黏腺
syncytial theory	合胞体说	合胞體論
syncytiotrophoblast	合体细胞滋养层	合體細胞營養層
syncytium	合胞体	合胞體
syndactylous foot	并趾足	駢趾足
syndesmochorial placenta	结缔绒膜胎盘	結締絨膜胎盤
synecology	群体生态学	群體生態學
synhesia	交配集群	交配群集
synhymenium	合膜	合膜
synkaryon	合核(纤毛虫学)	合子核
synoecium	合巢集群	合巢群集
synonym	[同物]异名	[同物]異名

英　文　名	祖国大陆名	台湾地区名
synopsis	[分类]纲要	綱要
synovial joint	滑膜关节	滑膜關節
synovial membrane	滑膜	滑膜
synsacrum	合荐骨	癒合薦骨
syntype	全模标本,总模标本	總模式
syrinx	鸣管	鳴管
system ecology	系统生态学	系統生態學
systematic collection	系统收藏	系統收藏
systematics	系统[分类]学	系統分類學
systemic arch	体动脉弓	體動脈弧
systemic circulation	体循环	體循環
systems biology	系统生物学	系統生物學
syzygy	①融合体 ②不动关节	①融合體 ②不動關節

T

英　文　名	祖国大陆名	台湾地区名
table	桌形体	桌形體
tabula	横板	橫板
tachyzoite	速殖子	速殖子
tactile cilium	触[觉]纤毛	觸覺纖毛
tactile process	触觉突起	觸覺突起
tactile receptor	触[觉]感受器	觸覺受器
tagging(=marking)	标记,标志	標記
tagging-recapture method(=marking-recapture method)	标记重捕法,标志重捕法	標記重捕法
tail	尾[部]	尾部
tail fan	尾扇	尾扇
tail feather	尾羽	尾羽
tail fluke	尾叶(鲸)	尾鰭(鯨)
tail plate	尾板	尾板
talocalcanean joint	距跟关节	距跟關節
talonid	跟座	跟座
talus	距骨	距骨
tangential fiber	切向纤维	切向纖維
tapetum	反光色素层	反光色素層
tapetum lucidum	反光膜,银膜	反光膜
tapeworm(=cestode)	绦虫	絛蟲

英　文　名	祖国大陆名	台湾地区名
tarantism	舞蹈病	舞蹈病
Tardigrada（拉）（=tardigrade）	缓步动物	緩步動物
tardigrade	缓步动物	緩步動物
target organ	靶器官	靶器官
tarsal bone	跗骨	跗骨
tarsal fold	跗褶	跗褶
tarsal gland	睑板腺,迈博姆腺	瞼板腺
tarsal organ	跗节器	跗節器
tarsal plate	睑板	瞼板
tarsometatarsal joint	跗蹠关节	跗蹠關節
tarsometatarsus	跗蹠骨	跗蹠骨
tarsus	①（=tarsal plate）睑板 ②跗节	①瞼板 ②跗節
tastcilien	感觉纤毛	感覺纖毛
taste bud	味蕾	味蕾
tatiform	答答型[初虫]（苔藓动物）	答答型[初蟲]（苔蘚動物）
tautonymy	重名	重名關係
taxis	趋性	趨性
taxodont	列齿	列齒
taxon	分类单元	分類單元,分類群
taxonomic character	分类性状	分類特徵
tears	泪液	淚液
teat（=nipple）	乳头	乳頭
tectorial membrane	盖膜	蓋膜
tectum mesencephali	中脑盖	中腦蓋
tegmen	上盖	上蓋
tegmentum	①盖层 ②大脑脚盖	①蓋層 ②大腦腳蓋
tegulum	盾片	盾板
tegument（蠕虫）（=dermal epithelium）	皮层	皮層
tegumental cell	皮层细胞	皮層細胞
tegumental spine	皮棘	皮棘
tela corticalis（=lamina corticalis）	皮质层	皮質層
telamon	副引带	副引帶
telencephalon	端脑	端腦
teloblast	端细胞	端細胞
telodendrion	终树突	終樹突
telokinetal（=apokinetal）	毛基索端生型	毛基索端生型

英 文 名	祖国大陆名	台湾地区名
telolecithal egg	端黄卵	端黄卵
telomerozoite	晚裂殖子	晚裂殖子
telopod	端肢	端肢
telotroch	①游泳体 ②端纤毛环	①游泳體,尾擔輪體 ②端纖毛環
telson	尾节	尾節
temperature coefficient	温度系数	溫度係數
temperature-humidity graph(=thermohygrogram)	温湿图	溫濕圖
temporal bone	颞骨	顳骨
temporal fold	颞褶	顳褶
temporal fossa	颞孔,颞窝	顳窩
temporal lobe	颞叶	顳葉
temporary cold stupor	暂时低温昏迷	暫時性低溫昏迷
temporary heat stupor	暂时高温昏迷	暫時性高溫昏迷
temporary host	暂时宿主	暫時宿主
temporary parasite	暂时[性]寄生虫	暫時寄生蟲
temporary plankton(=meroplankton)	阶段浮游生物,半浮游生物	半浮游生物
temporomandibular joint	颞颌关节	顳顎關節
tensor tympani muscle	鼓膜张肌	鼓膜張肌
tentacle	触手	觸手
tentacle ampulla	触手坛囊	觸手壇囊
tentacle coiling	触手卷曲	觸手捲曲
[tentacle] collar	触手襟	觸手襟
tentacle girdle	触手带	觸手帶
tentacle pore	触手孔	觸手孔
tentacle scale	触手鳞	觸手鱗
tentacle sheath	触手鞘	觸手鞘
tentacular arm	触腕	觸腕
tentacular circlet(=tentacular crown)	触手环	觸手環
tentacular cirrus	围口触手	圍口觸手
tentacular club	触腕穗	觸腕穗
tentacular crown	触手环	觸手環
tentacular fringe	触手缘	觸手緣
tentacular lumen	触手细腔	觸手細腔
tentacular muscle	触手肌	觸手肌
tentacular sphincter	触手括约肌	觸手括約肌

英　文　名	祖国大陆名	台湾地区名
teratogenesis	畸形发生,畸胎发生	畸胎發生
teratoma	畸胎瘤	畸胎瘤
terebratelliform loop	贯壳型腕环	貫殻型腕環
tergite(=tergum)	背甲	背甲
tergopore(苔藓动物)(=dorsal pore)	背孔	背孔
tergum	①背板 ②背甲	①背板 ②背甲
terminal apophysis(蜘蛛)	顶突	頂突
terminal bulb	端球	端球
terminal cisterna	终池	終池
terminal claw	端爪	端爪
terminal comb	端栉	端櫛
terminal membrane	端膜	端膜
terminal nerve	终神经	末端神經
terminal organ	端器	端器
terminal plate	端板	端板
terminal process	末端突起	末端突起
terminal sucker	端吸盘	端吸盤
terminal tentacle	端触手	端觸手
terminal vesicle	端囊,端泡	端泡
terrestrial animal	陆生动物	陸生動物,陸棲動物
terrestrial animal community	陆生动物群落	陸域動物群聚
terricole	陆地生物	陸地生物
territoriality	领域性	領域性
territory	领域	領域
tertiary bronchus	三级支气管	三級支氣管
tertiary egg envelope	三级卵膜	三級卵膜
tertiary feather	三级飞羽	三級飛羽
tertiary septum	三级隔片	三級隔片
testicular lobule	睾丸小叶	睾丸小葉
testis	精巢	睪丸,精巢
tetrabasal	四基板	四基板
tetraclad	四枝骨片	四枝骨片
tetraclone(=tetraclad)	四枝骨片	四枝骨片
tetracrepid	四轴骨片	四軸骨片
tetracrepid desma(=tetraclad)	四枝骨片	四枝骨片
tetract(=tetractine)	四辐骨针	四輻骨針
tetractine	四辐骨针	四輻骨針
tetradactylous pedicellaria	四指叉棘	四指叉棘

英　文　名	祖国大陆名	台湾地区名
tetraene	四叉骨针	四叉骨針
tetrahymenium	四膜式[口]器	四膜式口器
tetralophous microcalthrops	四冠骨针	四冠骨針
tetrapod	四足动物	四足動物
tetrathyridium	四盘蚴	四盤蚴
tetraxon	四轴骨针	四軸骨針
thalassophile	适海性,嗜海性	嗜海性
thanatosis	假死[状]态	假死狀態
theca	鞘	鞘
theca cell	卵泡膜细胞	卵泡膜細胞
theca folliculi(=follicular theca)	卵泡膜	卵泡膜
theca lutein cell	卵泡膜黄体细胞	卵泡膜黃體細胞
thecodont	槽生齿	槽生齒
thecoplasm	鞘质	鞘質
the limits of tolerance	耐性限度	耐性限度
thelycum	体外纳精器,雌性交接器	雌性交接器
thenar(=pulvinus)	垫	墊
theory of center of origin	起源中心论	起源中心論
theory of pangenesis	泛生论	泛生理論
theory of phylembryogenesis	胚胎系统发育论	胚胎系統發育論
theriology(=mammalogy)	哺乳动物学,兽类学	哺乳動物學
thermal adaptation	温度适应	溫度適應
thermal pollution	热污染	熱污染
thermium	温泉群落	溫泉群落,溫泉群聚
thermocline	温跃层	溫躍層
thermoconformation	温度顺应	溫度順應
thermogenesis	产热	產熱
thermo-hygrogram	温湿图	溫濕圖
thermoperiod	温周期	溫週期
thermophile	适温性,嗜温性	嗜溫性
thermoregulation	温度调节	溫度調節
thermotaxis	趋温性	趨溫性
theront	掠食体	掠食體
thesocyte	储蓄细胞	儲物胞
thick filament	粗肌丝	粗肌絲
thigh	大腿,股	股
thigmotaxis	趋触性	趨觸性

英　文　名	祖国大陆名	台湾地区名
thin filament	细肌丝	細肌絲
thinicole	沙丘生物	沙丘生物
thinium	沙丘群落	沙丘群落
thinophile	适沙丘性,嗜沙丘性	嗜沙丘性
third ventricle	第三脑室	第三腦室
thoracic aorta	胸主动脉	胸大動脈
thoracic appendage	胸肢	胸肢
thoracic cavity	胸腔	胸腔
thoracic sinus	胸窦	胸竇
thoracic vertebra	胸椎	胸椎
thorax	胸[部]	胸部
thornstar	棘星形骨针	棘星形骨針
thorny arm spine	刺腕棘	刺腕棘
thorny-headed worm(=acanthocephalan)	棘头动物,棘头虫	棘頭動物,鈎頭蟲,鈎頭動物
threatened species	受胁[物]种	受威脅物種
threshold	阈值	閾值,阈值
throat gland(=laryngeal gland)	喉腺	喉腺
thrombin	凝血酶	凝血酶
thromboplastin	凝血激酶	凝血激酶
thrombocyte	凝血细胞	血栓細胞
thrombopoiesis	凝血细胞发生	凝血細胞發生
thylakoid	类囊体	類囊體
thymic corpuscle	胸腺小体	胸腺小體
thymic cyst	胸腺小囊	胸腺小囊
thymocyte	胸腺细胞	胸腺細胞
thymus	胸腺	胸腺
thyroarytenoid muscle	甲杓肌	甲杓肌
thyrohyal bone	甲舌骨	甲舌骨
thyroid cartilage	甲状软骨	甲狀軟骨
thyroid gland	甲状腺	甲狀腺
thyrotrop[h]	促甲状腺素细胞	促甲狀腺素細胞
thyrotrop[h]ic cell(=thyrotrop[h])	促甲状腺素细胞	促甲狀腺素細胞
thyroxine	甲状腺素	甲狀腺素
tibia	①胫骨 ②胫节	①脛骨 ②脛節
tibial gland	胫腺	脛腺
tibialis anterior muscle	胫骨前肌	前脛骨肌
tibiofibular joint	胫腓关节	脛腓關節

英 文 名	祖国大陆名	台湾地区名
tibiotarsus	胫跗骨	脛跗骨
tidal air	潮气量	潮氣量
tidal amplitude cycle	潮汐涨幅周期	潮汐漲幅週期
tidal clock	潮汐钟	潮汐時鐘
tidal creek	潮溪	潮溪
tidal cycle	潮汐周期	潮汐週期
tidal flat	潮汐滩地	潮汐灘地
tidal pool	潮池	潮池
tidal rhythm	潮汐节律	潮汐節律
tides	潮汐	潮汐
Tiedemann's body	蒂德曼体	蒂德曼體
Tiedemann's diverticulum	蒂德曼盲囊	蒂德曼盲囊
tight junction	紧密连接,闭锁小带	緊密連接,閉鎖小帶
tiphicole	池塘生物	池塘生物
tiphium	池塘群蓄	池塘群落,池塘群聚
tiphophile	适池沼性,嗜池沼性	嗜沼澤性
tirium	瘠地群落	瘠地群落,瘠地群聚
T lymphocyte	T 淋巴细胞	T 淋巴細胞
toe	趾	趾
tolerance	耐性	耐性
tomite	仔体	仔體
tomitogenesis	仔体发生	仔體發生
tomont	分裂前体	分裂體
tongue	舌	舌
tongue worm(=pentastomid)	五口动物	五口動物
tonofibril	张力原纤维	張力原纖維
tonsil	扁桃体	扁桃體,扁桃腺
tonsil crypt	扁桃体隐窝	扁桃體隱窩
tooth	[牙]齿	[牙]齒
tooth crown	齿冠	齒冠
tooth cusp	齿尖	齒尖
tooth neck	齿颈	齒頸
tooth papilla	齿棘	齒棘
tooth root	齿根	齒根
tooth socket	齿窝	齒窩
tooth-socket device	齿槽装置	齒槽裝置
topotype	地模标本	產地模式
top species	顶级物种	頂級物種

英　文　名	祖国大陆名	台湾地区名
torch	火炬形骨针	火炬形骨針
torfaceous(=paludine)	沼生	沼生
tornote	楔形骨针	楔形骨針
torpor	蛰伏	蟄伏
torus	脊状疣足	脊狀疣足
total effective temperature	有效积温	有效積溫
totipotency	全能性	全能性
toxa	弓形骨针	弓形骨針
toxadragma	弓束骨针	弓束骨針
toxaspire	弓旋骨针	弓旋骨針
toxicyst	毒丝胞	毒絲胞
trabecula	横枝(苔藓动物)	橫枝(苔蘚動物)
trace fossil	遗迹化石	痕跡化石
trachea	气管	氣管
tracheal cartilage	气管软骨	氣管軟骨
tracheal ring	气管环	氣管環
tracheal system	气管系统	氣管系統
tracheole	微气管	微氣管
trail ending	蔓条样末梢	路徑樣末梢
trail pheromone	踪迹信息素	追蹤性費洛蒙
trail substance(=trail pheromone)	踪迹信息素	追蹤性費洛蒙
trajectory stability	轨迹稳定性	軌跡穩定性
transect	样带	穿越線
transformation	转化	轉化
transit bird	过境鸟	過境鳥
transition segment	过渡节	過渡節
transitional cell	移行细胞	移行細胞
transitional helix	过渡螺旋	過渡螺旋
transitory plankton(=meroplankton)	阶段浮游生物,半浮游生物	半浮游生物
transocular stripe	贯眼纹	過眼線
transplantation	移植	移植
transport host (=paratenic host)	转续宿主,输送宿主	轉續宿主
transverse arytenoid muscle	杓横肌	橫杓肌
transverse colon	横结肠	橫結腸
transverse dorsal hood	横背巾膜	橫背巾膜
transverse fiber	横向纤维	橫向纖維
transverse process	横突	橫突

英　文　名	祖国大陆名	台湾地区名
transverse rod	横杆	橫桿
transverse tarsal joint	跗横关节	跗橫關節
transverse tubule	横小管	橫小管
transversospinalis muscle	横突棘肌	橫突棘肌
transversus abdominis muscle	腹横肌	腹橫肌
trapezium bone	斜方骨,大多角骨	大多角骨
trapezius muscle	斜方肌	斜方肌
trapezoid〔bone〕	棱形骨,小多角骨	小多角骨
trapline	陷丝	陷絲
trapping	诱捕	誘捕
tree-climbing adaptation	攀树适应	攀樹適應
trematode	吸虫	吸蟲
trematodiasis	吸虫病	吸蟲病
trematology	吸虫学	吸蟲學
trepon	端齿区	端齒區
triact(=triactine)	三辐骨针	三輻骨針
triactine	三辐骨针	三輻骨針
triad	三联体	三聯體
triaene	三叉骨针	三叉骨針
triangular notch(=delthyrium)	三角孔	三角孔
triaxon	三轴骨针	三軸骨針
tribe	族	族
tribocytic	黏器	黏器
triceps muscle	三头肌	三頭肌
trichite	刺杆	刺桿
trichobothrium	听毛	聽毛
trichobranchiate	丝〔状〕鳃	絲鰓
trichocercous cercaria	毛尾尾蚴	毛尾尾蚴
trichocyst	刺丝胞	刺絲胞
trichodragma	毛束骨针	毛束骨針
trichogyne(=receptive hypha)	受精丝	受精絲
trichotriaene	三次三叉骨针	三次三叉骨針
tricuspid valve	三尖瓣	三尖瓣
tridactylous foot	三趾足	三趾足
tridentate pedicellaria	三叉叉棘	三叉叉棘
trifora	三孔型	三孔型
trigeminal nerve	三叉神经	三叉神經
trigeminate	三对孔板	三對孔板

英 文 名	祖 国 大 陆 名	台 湾 地 区 名
triggering factor	引发因子	引發因子
trigonid	三角座	下臼齒三尖
trilobite larva	三叶幼体	三葉幼體
trilophous microcalthrops	三冠骨针	三冠骨針
trimorphism	三态	三態
trinominal nomenclature	三名法	三名法
triod	三杆骨针	三桿骨針
triosseal canal	三骨管	三骨管
triphyllous pedicellaria	三叶叉棘	三葉叉棘
triple-stomodeal budding	三口道芽	三口道芽
triploblastic	三胚层	三胚層
triploparasitism	三重寄生	三重寄生
tripus	三脚骨	三腳骨
trispermy	三精入卵	三精入卵
trivium	三道体区	三道體區
trivoltine	三化	三化
trixeny [parasite]	三主寄生	三重寄生
trochal band	轮带	輪帶
trochanter	转节	轉節
trochlear nerve	滑车神经	滑車神經
trocholophorus lophophore	盘冠型触手冠	盤冠型觸手冠
trochophora	担轮幼体	擔輪幼體
troglobiont(=cave animal)	穴居动物	穴洞動物
troglophile	适洞性,嗜洞性	嗜洞性
trophallaxis	亲子交哺	親子互哺
trophectoderm	滋养外胚层	營養外胚層
trophic diversity	营养水平多样性	營養水平多樣性
trophic level	营养级	營養層級
trophic niche	营养生态位	營養生態區位
trophic nucleus	营养核	營養核
trophic structure	营养结构	營養結構
trophoblast	①滋养层 ②营养细胞	①營養層 ②營養細胞
trophont	滋养体	營養體
trophozoite	营养子	營養蟲
tropomyosin	原肌球蛋白	原肌球蛋白
troponin	肌原蛋白	肌原蛋白
tropybasic type	脊底型[颅]	脊底型[顱]
trunk	躯干[部],胴部	軀幹部

英　文　名	祖国大陆名	台湾地区名
trunk coelom	体躯腔	體軀腔
trunk limb	躯干肢	軀幹肢
trunk septum	体躯隔[壁]	體軀隔
trunk vertebra	躯椎	軀幹椎
trypaniform stage	锥虫体期	錐蟲體期
trypomastigote	锥鞭毛体	錐鞭毛體
T tubule(=transverse tubule)	横小管	橫小管
tubal bladder	输尿管膀胱	輸尿管膀胱
tube cell	管细胞(内肛动物)	管細胞(內肛動物)
tubercle	①疣粒 ②(=verruca) 　疣(棘皮动物)	①疣粒 ②瘤
tuberculum of rib	肋结节	肋結節
tuberculum puberty(=puberty wall)	性隆脊	性隆脊
tubulus rectus	直精小管	直精小管
tunic	被囊	被囊
tunica albuginea	白膜	白膜
tunica externa	外膜	外膜
tunica fibrosa bulbi(=fibrous tunic)	眼球纤维膜	眼球纖維膜
tunica intima	内膜	內膜
tunica media	中膜	中膜
tuning fork	音叉骨针	音叉骨針
turbinal bone	鼻甲骨	鼻甲骨
turnover	周转	轉換
turnover rate	周转率	轉換率
turnover time	周转期	轉換期
tusk	獠牙	獠牙
tutaculum	护器(蛛形类)	護器
twilight migration	晨昏迁徙	晨昏遷徙
twin ancestrula	双生初虫	雙生初蟲
tychoplankton	偶然浮游生物	偶然浮游生物
tylaster	头星骨针	頭星骨針
tyloclad	头枝骨针	頭枝骨針
tylostyle	大头骨针	大頭骨針
tylote	双头骨针	雙頭骨針
tyloxea	头尖骨针	頭尖骨針
tympanic bone	鼓骨	鼓骨
tympanic bulla	鼓泡	鼓泡
tympanic cavity	鼓室	鼓室

英　文　名	祖国大陆名	台湾地区名
tympanic ligament	鼓韧带	鼓韌帶
tympanic membrane	鼓膜	鼓膜
tympanohyal bone	鼓舌骨	鼓舌骨
tympano-periotic bone	鼓围耳骨	鼓圍耳骨
type I alveolar cell	I 型肺泡细胞	I 型肺泡細胞
type Ⅱ alveolar cell	Ⅱ型肺泡细胞	Ⅱ型肺泡細胞
type genus	模式属	模式屬
type host	模式宿主	模式宿主
type locality	模式产地	模式產地
type of ecosystem	生态系类型	生態系類型
type selection	模式选定	模式選擇
type series	模式组	模式系列
type species	模式种	模式種
type specimen	模式标本	模式標本
typhlosole	肠沟	腸溝
typhlosolis	肠盲道	腸盲道
typology	模式概念	①模式概念 ②模式物種學

U

英　文　名	祖国大陆名	台湾地区名
ulna	尺骨	尺骨
ultimate causation(=ultimate cause)	远因,终极导因	遠因
ultimate cause	远因,终极导因	遠因
ultimobranchial body	后鳃体	後鰓體
ultra[nanno] plankton(=picoplankton)	超微型浮游生物	超微型浮游生物
umbel	伞序	傘序
umbilical side	脐面	臍面
umbilicus	脐	臍,臍孔
umbo	壳顶	殼頂
umboloid	盾胞型	盾胞型
umbrella	①伞膜 ②(=fimbria) 伞部	①傘膜 ②傘部
unciform bone	钩骨	鉤骨
uncinate	勾棘骨针	勾棘骨針
uncinate process	[肋骨]钩突	[肋骨]鉤突
unciniger	齿片刚节	齒片剛節

英 文 名	祖国大陆名	台湾地区名
uncinus	齿片刚毛	齒片鈎毛
underpopulation	过低种群密度	過低族群密度
undifferentiated cell	未分化细胞	未分化細胞
undulating membrane	波动膜	波動膜
undulipodium	波动足	波動足
unequal cleavage	不等卵裂	不等卵裂
unequal coeloblastula	不等卵囊腔胚	不等卵囊腔胚
unfertilized hyaline layer	未受精透明带	未受精透明帶
unguiffrate	多齿爪状骨针	多齒爪狀骨針
unguligrade	蹄行	蹄行
unilaminar	单层的	單層的
unilocular	单室的	單室的
unilocular fat(=white fat)	白脂肪,单泡脂肪	白脂肪,單泡脂肪
unipolar immigration	单极内迁	單極内遷
unipolar neuron	单极神经元	單極神經元
uniporous	单孔的	單孔的
Uniramia(拉)(=uniramian)	单肢动物	單肢動物
uniramian	单肢动物	單肢動物
uniramous appendage	单枝型附肢	單枝型附肢
uniramous parapodium	单叶型疣足	單葉型疣足
uniserial	单列的	單列的
univoltine	一化	一化
unmyelinated nerve fiber	无髓神经纤维	無髓神經纖維
upper flagellum	上鞭	上鞭
urbanization	城市化	都市化
ureter	输尿管	輸尿管
urethra	尿道	尿道
uricotelic	排尿酸的	排尿酸的
urinary bladder	膀胱	膀胱
urinary pole	尿极	尿極
Urochordata（拉)(=urochordate)	尾索动物	尾索動物
urochordate	尾索动物	尾索動物
urodeum	尿殖道	尿生殖道
urogenital aperture	尿殖孔	尿生殖孔
urogenital organ	尿殖器官	泌尿生殖器官
urogenital papilla	尿殖乳突	尿生殖突
urohyal bone	尾舌骨	尾舌骨
urohypophysis	尾垂体	尾垂體

英　文　名	祖国大陆名	台湾地区名
uropoda	尾肢	尾肢
uropodite(=uropoda)	尾肢	尾肢
uroproct	尿肠管	尿腸管
uropygial gland	尾脂腺	尾脂腺
urostyle	尾杆骨	尾柱骨
uterine bell	子宫钟	子宮肌鐘
uterine branch	子宫枝	子宮枝
uterine gland	子宫腺	子宮腺
uterine pore	子宫孔	子宮孔
uterine sac	子宫囊	子宮囊
uterine vesicle	子宫泡	子宮泡
uterus	子宫	子宮
utricle	椭圆囊	橢圓囊

V

英　文　名	祖国大陆名	台湾地区名
vagabundae	游猎型	遊獵型
vagil-benthon	漫游底栖动物	漫游底棲動物
vagina	阴道	陰道
vaginal tube	阴道管	陰道管
vagrant bird(=straggler)	迷鸟	迷鳥
vagus nerve	迷走神经	迷走神經
valid name	确立学名,有[效]学名	有效名
valvate pedicellaria	瓣状叉棘	瓣狀叉棘
valve	①瓣 ②(=compart-ment)壳板	①瓣 ②殼板
valve ovicell	瓣卵胞	瓣卵胞
vane	羽片	羽瓣
variability	变异性	變異性
variety	变种	變異體
vasa vasorum(=nutrient vessel)	血管滋养管,营养血管	營養血管
vascular pole	血管极	血管極
vascular tunic of eyeball	眼球血管膜	眼球血管膜
vas deferens	输精管	輸精管
vasoperitoneal tissue	毛管腹膜组织	毛管腹膜組織
vastus intermedius muscle	股中间肌	股間肌
Vater-Pacini corpuscle(=Pacinian cor-	环层小体,帕奇尼小	環層小體,帕奇尼小

英 文 名	祖国大陆名	台湾地区名
puscle)	体	體
vegetal pole	植物极	植物極
vegetative nervous system (=autonomic nervous system)	自主神经系统,植物性神经系统	自主神經系統
vegetative nucleus(=trophic nucleus)	营养核	營養核
vegetative pole(=vegetal pole)	植物极	植物極
vein	静脉	靜脈
velarium	假缘膜	假緣膜
veliger	面盘幼体	面盤幼體
veloid(=velum)	罩膜	緣膜
velum	①罩膜 ②(=facial disk) 面盘(软体动物) ③缘膜(腔肠动物、头索动物)	①緣膜 ②面盤 ③緣膜
velvet	鹿茸	鹿茸
venom gland(=poison gland)	毒腺	毒腺
venous sinus	静脉窦	靜脈竇
ventral abdominal appendage	腹突起	腹突起
ventral arm plate	腹腕板	腹腕板
ventral cirrus	腹须	腹鬚
ventral fin	腹鳍	腹鳍
ventral ganglion	腹神经节	腹神經節
ventral gland	腹腺	腹腺
ventral-lateral plate	腹侧板	腹側板
ventral mesentery	①腹肠系膜(环节动物) ②腹肠隔膜(腕足动物)	①腹腸繫膜 ②腹腸隔膜
ventral nerve cord	腹神经链	腹神經鏈
ventral plug	腹塞	腹塞
ventral pouch	腹囊(腕足动物)	腹囊(腕足動物)
ventral process	腹突	腹突
ventral rib	腹肋	腹肋
ventral root	腹根	腹根
ventral shield	腹盾	腹盾
ventral sinus	腹窦	腹竇
ventral spine	腹刺	腹刺
ventral sucker(=acetabulum)	腹吸盘	腹吸盤
ventral valve	腹瓣	腹瓣

英　文　名	祖国大陆名	台湾地区名
ventricle	心室	心室
ventrolateral compartment	侧腹腔	侧腹腔
venule	微静脉	小静脉
vermes	蠕虫	蠕蟲
vermiform appendix	阑尾	闌尾
vermiform movement	蠕状运动	蠕狀運動
verruca	疣	瘤
vertebra	椎骨	脊椎骨
vertebral arch	椎弓	椎弧
vertebral artery	椎动脉	椎動脈
vertebral canal	椎管	椎管
vertebral column	脊柱	脊柱
vertebral gland	脊腺	脊腺
vertebral rib	椎肋	椎肋
vertebral spine	椎棘	髓棘
Vertebrata（拉）（=vertebrate）	脊椎动物	脊椎動物
vertebrate	脊椎动物	脊椎動物
vertebrate zoology	脊椎动物学	脊椎動物學
vertex（=crown）	头顶	頭冠
vertical budding	垂直出芽	垂直出芽
vertical budding colony	垂直出芽群体	垂直出芽群體
vertical cleavage	垂直卵裂	垂直卵裂
vertical distribution	垂直分布	垂直分佈
vertical migration	垂直迁徙	垂直遷徙
vesicle	泡状体(苔藓动物)	泡狀體(苔蘚动物)
vesicular dissepiment	泡状鳞板	泡狀鱗板
vesicula seminalis（拉）（=seminal vesi-cle）	贮精囊	儲精囊
vestibular canal	前庭管	前庭管
vestibular concavity	前庭窝	前庭窩
vestibular dilator	前庭扩张肌	前庭擴張肌
vestibular groove	前庭沟	前庭溝
vestibular labyrinth	前庭迷路	前庭迷路
vestibular membrane	前庭膜,赖斯纳膜	前庭膜
vestibular pore	前庭孔	前庭孔
vestibule	①前庭 ②前庭器	①前庭 ②前庭器
vestibule of vagina	阴道前庭	陰道前庭
vestibulocochlear nerve	前庭蜗神经	前庭耳蝸神經

英 文 名	祖国大陆名	台湾地区名
vestibulocochlear organ	前庭蜗器	前庭蝸器
vestibulum	孔腔(有孔虫)	孔腔(有孔蟲)
veterinary parasitology	兽医寄生虫学	獸醫寄生蟲學,家畜寄生蟲學
vibraculum	振鞭体	振鞭體
vibratile corpuscle	振动小体	振動小體
vibratile spine	振动小棘	振動小棘
vibration	振动	振動
vibrissae	触须(哺乳动物)	觸鬚(哺乳動物)
vicariance	离散,隔离分化	地理分隔
vicarious avicularium	代位鸟头体	代位鳥頭體
vicarious ovicell	代位卵胞	代位卵胞
villus	绒毛	絨毛
virgalia	芽骨	芽骨
virgin cell	处女[型]细胞	處女細胞
visceral ganglion	脏神经节	臟神經節
visceral layer	脏层	内臟層
visceral mass	内脏团	内臟團
visceral mesoderm(=splanchnic meso-derm)	脏壁中胚层	臟壁中胚層
visceral nerve	脏神经	臟神經
visceral nervous system	脏神经系	臟神經系
visceral peritoneum	脏体腔膜	臟體腔膜
visceral skeleton	内脏骨骼	内臟骨骼
viscerocranium(=splanchnocranium)	脏颅	臟顱
viscosity	黏度	黏度
visual organ	视觉器官	視覺器官
vital capacity	生活力,生命力	生命力
vital index	生命指数	生命指數
vitalism(=vital theory)	生机论	生機論
vitality(=vital capacity)	生活力,生命力	生命力
vital optimum	生命最适度	生命最適度
vital process	生命过程	生命過程
vital sac	活体囊	活體囊
vital statistics	生命统计	生命統計
vital theory	生机论	生機論
vitellarium(=vitelline gland)	卵黄腺	卵黄腺
vitelline artery	卵黄动脉	卵黄動脈

英　文　名	祖 国 大 陆 名	台 湾 地 区 名
vitelline duct(=yolk duct)	卵黄管	卵黄管
vitelline follicle	卵黄滤泡	卵黄濾泡
vitelline gland	卵黄腺	卵黄腺
vitelline membrane	卵黄膜	卵黄膜
vitelline reservoir	卵黄贮囊	卵黄貯囊
vitelline vein	卵黄静脉	卵黄静脈
vitellus	卵黄体	卵黄體
vitrein	玻璃[体]蛋白	玻璃體蛋白
vitreous body	玻璃体	玻璃體
vitreous humor	玻璃状液	玻璃状液
vitreous space	玻璃体腔	玻璃體腔
viviparity	胎生	胎生
viviparous animal	胎生动物	胎生動物
vocal cord	声带	聲帶
vocal sac	声囊	聲囊
vocalization	发声	發聲
Volkmann's canal(=perforating canal)	穿通管,福尔克曼管	穿通管,福尔克曼管
voluntary muscle	随意肌	隨意肌
volvent	卷[缠刺]丝囊	捲絲胞
vomer bone	犁骨	鋤骨
vomerine ridge	犁骨脊	鋤骨脊
vomerine tooth	犁骨齿	鋤骨齒
vulnerable species	渐危种	漸危種
vulva	阴门	陰門

W

英　文　名	祖 国 大 陆 名	台 湾 地 区 名
waggle-taggle dance	摇摆舞	摇擺舞
Wagner parsimony	瓦氏简约法	韋格納檢約性
walking leg(=pereiopod)	步足	步足
wandering	游荡的	遊蕩的
wandering bird	漂鸟	漂鳥
warning coloration	警戒色	警戒色
warning mark	警戒标志	警戒標誌
wart	①瘰粒 ②(=verruca) 疣(腔肠动物)	①疣 ②瘤
water balance	水分平衡	水分平衡

英　文　名	祖国大陆名	台湾地区名
water cycle	水循环	水循環
water lung	水肺	水肺
water masses	水团	水團
water vascular system	水管系	水管系
wattle	肉垂	肉垂
waving display	挥舞展示	揮舞展示
WBC(=white blood cell)	白细胞	白血球
web	蹼	蹼
webbed foot(=palmate foot)	蹼足	蹼足
Weber's organ	韦伯器[官]	韋伯器[官]
Weber's ossicle	韦伯小骨	韋伯小骨
web of life	生命网	生命網
wetland	湿地	濕地
wetland ecology	湿地生态学	濕地生態學
wheel	轮形体	輪形體
wheel papilla	轮疣	輪疣
white blood cell(WBC) (=leukocyte)	白细胞	白血球
white fat	白脂肪,单泡脂肪	白脂肪,單泡脂肪
white matter	白质	白質
white muscle fiber	白肌纤维	白肌纖維
white pulp	白髓	白髓
whorl	螺环	螺層,渦輪生
wildlife conservation	野生生物保护	野生動物保育
wildlife management	野生生物管理	野生動物經營
wildlife resources	野生生物资源	野生生物資源
wing	翼,翅	翼
wing covert	翼覆羽	翼覆羽
winter egg	冬卵	冬卵
winter hardiness	耐冬性	耐冬性
winter migrant	冬候鸟	冬候鳥
winter plankton	冬季浮游生物	冬季浮游生物
winter resistance(=cold resistance)	抗寒性	抗寒性
winter sleep	冬睡	冬睡
winter stagnation	冬季停滞[期]	冬季停滯期
Wolffian duct	沃尔夫管,中肾管	中腎管
womb(=uterus)	子宫	子宮
wormlike convolution	蠕状曲折	蠕狀曲折
wrist	①腕 ②(=carpopo-	①腕 ②腕節

英　文　名	祖国大陆名	台湾地区名
	dite) 腕节	
wrist joint	腕关节	腕關節

X

英　文　名	祖国大陆名	台湾地区名
xanthosome	黄素体	黄素體
xenoma	异体	異體
xenosome	异生小体	異生小體
xerarch succession	旱生演替	旱生演替
xerocole	旱生动物	旱生動物
xeromorphosis	适旱变态	適旱變態
xerophile	适旱性,嗜旱性	嗜旱性
xerophobe	厌旱性	厭旱性
xerosere	旱生演替系列	旱生階段演替
xiphidiocercaria	矛口尾蚴	矛口尾蚴
xiphiplastron	剑板	劍腹板
X-organ	X 器	X 器
xylophage(=hylophage)	食木动物	食木動物
xylophile	适木性,嗜木性	嗜木性

Y

英　文　名	祖国大陆名	台湾地区名
yearling	周岁幼体	週齡幼體
yellow crescent	黄新月	黄新月
yolk	卵黄	卵黄
yolk cell	卵黄细胞	卵黄細胞
yolk cleavage	卵黄分裂	卵黄分裂
yolk duct	卵黄管	卵黄管
yolk endoderm	卵黄内胚层	卵黄内胚層
yolk gland(=vitelline gland)	卵黄腺	卵黄腺
yolk plug	卵黄栓	卵黄栓
yolk sac	卵黄囊	卵黄囊
Y-organ	Y 器	Y 器
Y-shaped cartilage	Y 形软骨	Y 形軟骨

Z

英　文　名	祖国大陆名	台湾地区名
zigzag ribbon	之形带,Z形带	之形帶
Z line	Z 线,Z 膜	Z 線,Z 膜
Z membrane(=Z line)	Z 线,Z 膜	Z 線,Z 膜
zoarium	硬体	硬體
zoea larva	溞状幼体	溞狀幼體
zona fasciculata	束状带	束狀帶
zona glomerulosa	球状带	球狀帶
zona pellucida	透明带	透明帶
zona reticularis	网状带	網狀帶
zonary placenta	环带胎盘	環帶胎盤
zonation	成带现象,带状分布	成帶現象,帶狀分佈
zone of effective temperature	有效温度带	有效溫度帶
zone of growth	生长带	生長帶
zone of immediate death	即时致死带	即時緻死帶
zone of intergration	间渡区	過渡區
zone of sperm transformation	精子生成带	精子生成帶
zonula adherens(=intermediate junction)	中间连接,黏着小带	中間連接,黏著小帶
zonula occludens (=tight junction)	紧密连接,闭锁小带	緊密連接,閉鎖小帶
zoo	动物园	動物園
zooanthropozoonosis	人传人兽互通病	人傳人獸互通病
zoobiocenose(=animal community)	动物群落	動物群聚
zoochlorella	虫绿藻	蟲綠藻
zoocoenosis(=animal community)	动物群落	動物群聚
zooecicule	微虫室	微蟲室
zooecium	虫室	蟲室
zoogenetics	动物遗传学	動物遺傳學
zoogeography	动物地理学	動物地理學
zooid	个虫	個蟲
zooidal fascicle	个虫束	個蟲束
zooidal row	个虫列	個蟲列
zooid group	个虫群	個蟲群
zoology	动物学	動物學
zoonosis	人兽互通病	人獸互通病

英　文　名	祖国大陆名	台湾地区名
zoophyte	植形动物,植虫	植蟲
zooplankton	浮游动物	浮游動物
zoopurpurin	动物紫	動物紫
zoospore	动孢子	動孢子
zootaxy(＝animal taxonomy)	动物分类学	動物分類學
zooxanthella	虫黄藻	蟲黄藻
zygapophysial joint	关节突间关节	關節突間關節
zygocyst	合子囊	卵母細胞
zygodactylous foot	对趾足	對趾足
zygolophorus lophophore	双冠型触手冠	雙冠型觸手冠
zygomatic arch	颧弓	顴弧
zygospondylous articulation	节椎关节	節椎關節
zygote	合子	合子
zymogram	酶谱	酶譜,腜譜